《绿色经济与绿色发展经典系列丛书》编委会

组编单位：西南林业大学绿色发展研究院

编　　委：罗明灿　陈国兰　蓝增全

绿 色 经 济 与 绿 色 发 展 经 典 系 列 丛 书

棕榈植物与绿色发展

王慷林　著

中国林业出版社

图书在版编目(CIP)数据

棕榈植物与绿色发展/王慷林著 . —北京：中国林业出版社，2022. 10
（绿色经济与绿色发展经典系列丛书）
ISBN 978-7-5219-1917-2

Ⅰ.①棕… Ⅱ.①王… Ⅲ.①棕榈-基本知识 Ⅳ.①S792.91

中国版本图书馆 CIP 数据核字（2022）第 194410 号

本著作野外工作由下列项目提供资助

重要竹藤种质生物质形成的地理分异（"十四五"国家重点研发计划课题，项目编号：
  2021YFD2200501）
云南棕榈植物生物资源数字化（云南省重大科技专项——生物资源数字化开发应用，项目编
  号：202002AA100007-9）
西南林业大学绿色发展研究院专项经费（云南省科技厅、财政厅资助项目，项目编号：LX2017-
  005）

中国林业出版社·建筑家居分社
责任编辑：樊　菲

出　　版：中国林业出版社
　　　　　（100009　北京市西城区刘海胡同 7 号）
网　　站：http://www.forestry.gov.cn/lycb.html
印　　刷：北京博海升彩色印刷有限公司
发　　行：中国林业出版社
电　　话：（010）83143610
版　　次：2022 年 10 月第 1 版
印　　次：2022 年 10 月第 1 次印刷
开　　本：787mm×1092mm　1/16
印　　张：17
字　　数：333 千字
定　　价：98.00 元

前　言

　　棕榈植物是单子叶植物中一个非常特殊的类群，也是热带亚热带地区最重要的植物之一。全世界 200 余属 3 000 多种棕榈植物，主要分布在热带美洲及亚洲，少数产于非洲。棕榈植物具有多样性，其食用类型多样、医药利用较多、编织形态各异、文化价值多彩，促进了绿色产业的发展，进而在绿色食品构成、美丽乡村建设和绿色经济发展等方面起到非常重要的作用，因而棕榈科是"热带具有强烈标帜性的自然大科"（吴征镒 等，2003）。

　　棕榈植物生态习性各异、形态独特多样，其树形优美而秀立，枝叶婆娑而洒脱（掌状叶雄浑劲健，羽状叶典雅清奇），花果典雅而妩媚，其根、茎、叶、花、果均有着自身特有的美，集形态美、色彩美、风格美于一体，体现出极高的观赏价值。某些种类茎干单生，株形较大，树密雄伟，可做主景树、行道树和园景树，孤植、对植、丛植、列植、混植、群植成林或与其他植物配植于公园、小区、广场、草地、水体堤岸、山石旁等，均可形成雅致独特的景观，如大叶蒲葵、贝叶棕、董棕、鱼尾葵和椰子等；有的茎干丛生，树影婆娑，宜做配景植物，可群植、丛植于草地、庭院，如短穗鱼尾葵、散尾葵、瓦理棕类和江边刺葵等；有的株形低矮、秀丽，适做盆景观赏，如棕竹类、山槟榔类、龙棕、璎珞豪爵椰、袖珍椰、花叶轴榈等。少落叶、少修剪、节约地面空间、抗性丰富等特性，造就了棕榈植物"最佳观赏植物之一"的美誉，表现出热带亚热带园林的自然清幽、风格独特的优雅风格，是绿化、美化、净化、优化人类生活环境不可多得的优良树种。

　　棕榈植物为人类提供美味的食品。花序、果实和果序，乃至茎干、茎尖、嫩叶等，构成棕榈食品多彩的世界。如：桄榔的花序汁液可制糖、酿酒，髓心含淀粉可食用，种子的胚乳可用糖煮成蜜饯，嫩茎可作为蔬菜食用；南巴省藤、盈江省藤、云南省藤等的果实直接食用或代替醋用；高地钩叶藤、钩叶藤、柳条省藤和黄藤等种类的藤笋民间用作蔬食。棕榈未开放的花苞又称"棕鱼"，在云南德宏、腾冲作为蔬菜食用，颇具民族风味，价值甚至高于猪肉。董棕的髓心所产淀粉加工产品即为西米，其嫩茎叶可食用，味道优于茭白，属美味山珍，种仁含有丰富的淀粉和蛋白质，磨粉后可食用或做牲畜饲料。鱼尾葵、贝叶棕等茎髓含大量淀粉，亦可食。民间美味，棕榈植物不落于伍。

棕榈植物彰显了植物药用价值的多样性。槟榔是中国著名四大南药之一，其种子、果皮、花苞和花均可入药，果实杀虫，破积，可降气行滞、行水化湿。香桄榔种子用作清血药，果皮为滋养强壮剂。糖棕根入药，治肝炎。鱼尾葵的根和茎治感冒、发热、咳嗽、肺结核、胸痛、小便不利；外敷治跌打损伤，骨折。董棕的花、果、棕根及叶基等可加工入药，主治金疮、疥癣、带崩、便血、痢疾等多种疾病。桄榔粉具有无脂、低热能、高纤维等特点，除丰富的碳水化合物外，还含有人体所需微量元素（铜、铁、锌等）、膳食纤维以及 B 族维生素等，有清肺解暑、生津止渴、消毒祛炎之功能，对小儿疳积、发热、中暑、伤寒、腹泻、痢疾、疮痈肿痛、咽喉炎症等有辅助治疗功效，久服还有补益赢损、治腰脚无力、达身轻辟谷之效。

棕榈植物乐于参与建筑，制作各种器具。较多棕榈种类的叶片、茎干在民间被作为建盖茅屋的材料。砂糖椰子叶鞘上的黑色纤维具有耐水浸的特性，可制作刷子和扫帚；鱼尾葵边材坚硬，可制作手杖和筷子等；椰子纤维可制作毛刷、地毯、缆绳等；短穗鱼尾葵叶鞘纤维可制作绳索、扫把；董棕叶鞘纤维可制作扫帚、毛刷、蓑衣、枕垫、床垫、水塔过滤网等；棕皮可制绳索；棕竹秆可做筷子和拐杖。

棕榈植物的文化价值深入民间。贝叶棕制成的佛教圣经"贝叶经"，是傣族民族文化的载体；槟榔有"吉祥""喜庆""团结和睦"和"步步高升"等寓意，在不同民族中有各自的文化含义。海枣也出现在伊拉克流通币（1967 年版）的正面，说明其经济文化影响的重要性。大量棕榈植物在民间习俗中得到利用，彰显出棕榈植物在民族绿色文化中的重要作用。

环境保护方面，棕榈植物不甘落后。某些棕榈植物，应用于去除甲醛、二氧化碳、苯等装修产生的有害物质，也植于工厂周围，既美化环境，还去除污染。假槟榔、鱼尾葵、棕榈、蒲葵有抗二氧化硫的作用，棕榈、假槟榔、鱼尾葵、散尾葵可抗氯气，假槟榔、蒲葵、棕榈抗氟化氢等。袖珍椰子对房间内的多种有毒物质都有比较强的净化作用，可以清除空气里的甲醛、苯及三氯乙烯，被叫做生物界的"高效空气净化器"，尤其适宜置于刚装潢完的房间内。此外，袖珍椰子亦具有很高的蒸腾效率，可以提高房间里的负离子浓度，对人们的身体健康十分有利。

　　基于 30 多年野外调查和深入研究，结合大量国内外原始和最新的文献资料，笔者完成了本书的编著。特别感谢西南林业大学、云南省科技厅、云南省科学技术院，以及中国科学院昆明植物研究所、西双版纳热带植物园、华南植物园、国际竹藤中心、中国林业科学研究院等单位给予的各种支持，使本书得以顺利完成。少数民族朋友也与著者分享了他们传统的知识和经验。在此一并表示衷心感谢。

王慷林

2022 年 7 月 17 日

目 录

前 言

1 棕榈植物概述 ……………………………………………………… (1)
　1.1 棕榈植物的生长习性 ……………………………………… (2)
　　1.1.1 乔木状棕榈植物 …………………………………… (2)
　　1.1.2 灌木状棕榈植物 …………………………………… (2)
　　1.1.3 藤本状棕榈植物 …………………………………… (3)
　　1.1.4 无茎型棕榈植物 …………………………………… (3)
　　1.1.5 匍匐/蔓生型棕榈植物 …………………………… (3)
　1.2 棕榈植物的根 ……………………………………………… (3)
　　1.2.1 初生根 ……………………………………………… (3)
　　1.2.2 不定根 ……………………………………………… (4)
　1.3 棕榈植物的茎 ……………………………………………… (5)
　　1.3.1 茎的大小 …………………………………………… (5)
　　1.3.2 茎的形状 …………………………………………… (5)
　　1.3.3 茎的颜色 …………………………………………… (7)
　1.4 棕榈植物的叶 ……………………………………………… (8)
　　1.4.1 叶鞘 ………………………………………………… (8)
　　1.4.2 叶柄 ……………………………………………… (11)
　　1.4.3 叶轴 ……………………………………………… (11)
　　1.4.4 叶片 ……………………………………………… (12)

　　　　1.4.5　纤鞭 ……………………………………………………（15）
　1.5　棕榈植物的花和花序 ……………………………………………（16）
　1.6　棕榈植物的果实 …………………………………………………（18）
　1.7　棕榈植物的种子 …………………………………………………（18）
2　棕榈植物的分类与分布 ………………………………………………（20）
　2.1　棕榈植物的分类 …………………………………………………（20）
　　　　2.1.1　世界棕榈植物的分类 …………………………………（20）
　　　　2.1.2　中国棕榈植物的分类 …………………………………（50）
　2.2　棕榈植物的分布 …………………………………………………（51）
　　　　2.2.1　世界棕榈植物的分布 …………………………………（51）
　　　　2.2.2　中国棕榈植物的分布 …………………………………（51）
3　棕榈植物的绿色特性 …………………………………………………（57）
　3.1　绿色概念 …………………………………………………………（57）
　　　　3.1.1　绿色经济 ………………………………………………（57）
　　　　3.1.2　生态经济 ………………………………………………（58）
　　　　3.1.3　循环经济 ………………………………………………（58）
　　　　3.1.4　低碳经济 ………………………………………………（60）
　　　　3.1.5　可持续发展 ……………………………………………（60）
　　　　3.1.6　绿色发展 ………………………………………………（61）
　3.2　棕榈植物与绿色发展的可持续性 ………………………………（61）
　　　　3.2.1　经济可持续性 …………………………………………（61）
　　　　3.2.2　社会可持续性 …………………………………………（62）
　　　　3.2.3　生态/环境可持续性 …………………………………（63）
4　棕榈植物与园林景观 …………………………………………………（64）
　4.1　观干棕榈植物 ……………………………………………………（65）
　　　　4.1.1　观干棕榈植物分类 ……………………………………（65）
　　　　4.1.2　观干棕榈植物中国分布及栽培种类 …………………（69）
　4.2　观叶棕榈植物 ……………………………………………………（87）
　4.3　观花棕榈植物 ……………………………………………………（119）
　4.4　观果棕榈植物 ……………………………………………………（122）
　4.5　冠形和冠茎观赏棕榈植物 ………………………………………（131）
　　　　4.5.1　冠形和冠茎观赏棕榈植物分类 ………………………（131）
　　　　4.5.2　冠形和冠茎观赏棕榈植物分布及栽培种类 …………（133）
　4.6　代表性观赏棕榈植物 ……………………………………………（139）

4.6.1 王棕 *Roystonea regia*（Kunth）O. F. Cook ·············（139）

4.6.2 鱼尾葵 *Caryota maxima* Blume ·············（140）

4.6.3 棕竹 *Rhapis excelsa*（Thunberg）Henry ex Rehder ······（141）

4.6.4 董棕 *Caryota obtusa* Linn. ·············（142）

4.6.5 加那利海枣 *Phoenix canariensis* Chabaud ·············（144）

4.6.6 酒瓶棕 *Hyophorbe lagenicaulis*（L. Bailey）H. Moore ······（144）

5 棕榈植物与绿色食品·············（146）

5.1 蔬食棕榈植物 ·············（147）

5.2 果食棕榈植物 ·············（152）

5.3 油料棕榈植物 ·············（156）

5.4 制糖棕榈植物 ·············（157）

5.5 制酒、醋棕榈植物 ·············（158）

5.6 淀粉类可食棕榈植物 ·············（159）

5.7 代表性食用棕榈植物 ·············（161）

5.7.1 油棕 *Elaeis guineensis* Jacquin ·············（161）

5.7.2 椰子 *Cocos nucifera* Linn. ·············（163）

5.7.3 桄榔 *Arenga westerhoutii* Griff. ·············（164）

5.7.4 菜棕 *Sabal palmetto*（Walt.）Lodd. ex Roem. et Schult. f. ···（165）

6 棕榈植物与医药健康·············（167）

6.1 棕榈植物的医药价值 ·············（167）

6.2 代表性药用棕榈植物 ·············（171）

6.2.1 槟榔 *Areca catechu* Linn. ·············（171）

6.2.2 蒲葵 *Livistona chinensis*（Jacq.）R. Br. ex Mart. ·········（174）

7 棕榈植物与建筑用具·············（177）

7.1 棕榈植物与绿色建筑 ·············（177）

7.2 棕榈植物与工艺编织及生活用具 ·············（180）

7.3 棕榈植物其他用途 ·············（185）

7.4 代表性纤维棕榈植物 ·············（186）

7.4.1 棕榈 *Trachycarpus fortunei*（Hook.）H. Wendl. ·········（186）

7.4.2 椰子 *Cocos nucifera* L. ·············（187）

8 棕榈植物与绿色文化·············（189）

8.1 贝叶文化 ·············（189）

8.1.1 贝叶经 ·············（189）

8.1.2 贝叶文化 ·············（192）

8.2 棕榈植物的民俗文化 ……………………………………… （193）

    8.2.1 棕扇舞 ……………………………………………… （193）

    8.2.2 棕包脑 ……………………………………………… （193）

    8.2.3 棕编 ………………………………………………… （194）

    8.2.4 棕蓑衣 ……………………………………………… （195）

    8.2.5 其他民间习俗 ……………………………………… （196）

8.3 代表性文化棕榈植物 …………………………………… （197）

    8.3.1 贝叶棕 *Corypha umbraculifera* Linn. ………… （197）

    8.3.2 槟榔 *Areca catechu* Linn. …………………… （198）

9 棕榈植物与环境保护 ……………………………………… （201）

9.1 棕榈植物与环境 ………………………………………… （201）

9.2 代表性环境保护棕榈植物 ……………………………… （203）

    9.2.1 散尾葵 *Dypsis lutescens*（H. Wendl.）Beentje & J. Dransf. … （203）

    9.2.2 棕榈 *Trachycarpus fortunei*（Hook. F.）H. Wendl. …… （204）

参考文献 ……………………………………………………… （206）

中文名索引 …………………………………………………… （218）

拉丁名索引 …………………………………………………… （233）

亚科、族、亚族及属名索引 ………………………………… （243）

民族名索引 …………………………………………………… （246）

民族名代码 …………………………………………………… （247）

形态名词解释 ………………………………………………… （248）

致　谢 ………………………………………………………… （254）

1 棕榈植物概述

棕榈植物，不是单一的棕榈［*Trachycarpus fortunei*（Hook.）H. Wendl.］，而是棕榈科（Palmae/Arecaceae）所包含的所有种类。

棕榈科，也称为"槟榔科"，隶属于被子植物门（Angiospermae）单子叶植物纲（Monocotyledoneae）槟榔目（Arecales）。也有学者将棕榈科划分为两个科，即棕榈科和省藤科（Calamaceae）（林有润，2003）。但这一分类体系，未获得广泛的支持。

名称上，掌状或扇形叶的叫"棕""榈"或"葵"，羽状叶的叫"椰"，而攀缘类的多为羽状叶，称"藤"，但并非所有的名称都遵循这一规律，如：

（1）叶掌状分裂：棕榈属（*Trachycarpus*）、蒲葵属（*Livistona*）、丝葵属（*Washingtonia*）、棕竹属（*Rhapis*）、轴榈属（*Licuala*）、贝叶棕属（*Corypha*）、糖棕属（*Borassus*）、菜棕属（*Sabal*）、石山棕属（*Guihaia*）、琼棕属（*Chuniophoenix*）等。

（2）叶羽状分裂：包括不同的分裂方式。①二回羽状全裂，鱼尾葵属（*Caryota*）。②一回羽状全裂，基部羽叶退化为刺，包括刺葵属（*Phoenix*）、油棕属（*Elaeis*）等。③一回羽裂，有两类，叶鞘扁，部分抱茎，包括椰子属（*Cocos*）、金山葵属（*Syagrus*）等；叶鞘筒状，全抱茎周，在茎一端形成一段"冠茎"，包括王棕属（*Roystonea*）、马岛椰属（*Dypsis*，《中国植物志》等早期著作将其单独为散尾葵属 *Chrysalidocarpus*）、假槟榔属（*Archontophoenix*）等。

（3）攀缘藤：叶柄、叶鞘常具皮刺，果皮被覆瓦状鳞片，如省藤属（*Calamus*）、钩叶藤属（*Plectocomia*）、类钩叶藤属（*Plectocomiopsis*）等。

（4）不含"棕""榈""葵""椰"和"藤"的：如槟榔属（*Areca*）、山槟榔属（*Pinanga*）、假槟榔属（*Archontophoenix*）、密穗槟榔属（*Nenga*）、小山槟榔属（*Lepidorrhachis*）、岩槟榔属（*Loxococcus*）的种类，以及桄榔属（*Arenga*）的某些种类。

1

形态学上，棕榈植物包括营养器官（根、茎、叶）和生殖器官（花、果实、种子）等（Blatter，1926；Tomlinson，1957，1961a、b、c、d，1962；Uhl et al.，1987；刘海桑，2002；王慷林 等，2002a、b；Henderson，2009；廖启炍 等，2012；江泽慧 等，2013；Jiang et al.，2018）。

1.1 棕榈植物的生长习性

棕榈植物多具有乔木状单一、不分枝的茎干，多形成枝叶顶生的冠状树冠。然而，也有部分棕榈植物无茎、灌木状、多茎丛生，甚至成为攀缘棕榈（如棕榈藤；见图 1-1）。即棕榈植物包括乔木、灌木、藤本、无茎和匍匐/蔓生等类型，具有多样的生长习性。

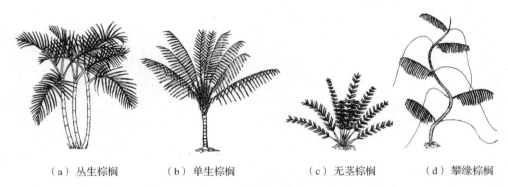

（a）丛生棕榈　　　（b）单生棕榈　　　（c）无茎棕榈　　　（d）攀缘棕榈

图 1-1　棕榈植物的生长习性（江泽慧 等，2013；Henderson，2009）

1.1.1　乔木状棕榈植物

许多热带的观赏棕榈植物是乔木状的，有常绿、单干的乔木类型，如王棕（*Roystonea regia*）、贝叶棕（*Corypha umbraculifera*）、霸王棕（*Bismarckia nobilis*）、大叶蒲葵（*Livistona saribus*）、椰子（*Cocos nucifera*）、金山葵（*Syagrus romanzoffiana*）、槟榔（*Areca catechu*）、假槟榔（*Archontophoenix alexandrae*）、糖棕（*Borassus flabellifer*）和董棕（*Caryota obtusa*）等，往往高 10~20 m，盛者高达 60 m，有直插云霄之感。也有丛生乔木类型，如短穗鱼尾葵（*Caryota mitis*）、桃棕（*Bactris gasipaes*）、林刺葵（*Phoenix sylvestris*）和孔雀椰（*Aiphanes horrida*）等。乔木状棕榈植物通常不分枝，叶大并集中在树干顶部，叶多为掌状分裂或羽状复叶。

1.1.2　灌木状棕榈植物

灌木类棕榈植物种类较多，有丛生型和单生型两类。丛生型灌木类种类较多，如刺葵（*Phoenix loureiroi*）、棕竹（*Rhapis excelsa*）、散尾葵（*Dypsis lutescens*）、琼棕（*Chuniophoenix hainanensis*）、三药槟榔（*Areca triandra*）和单穗鱼尾葵（*Caryota monostachya*）等。单生灌木类种类相对较少，种类如矮刺葵（*Phoenix humilis*）、轴

桐属种类［*Licuala* spp.，如圆叶轴桐（*L. grandis*）、澳洲轴桐（*L. ramsayi*）、沙捞越轴桐（*L. sarawakensis*）］、酒瓶椰（*Hyophorbe lagenicaulis*）、小果水柱椰（*Hydriastele microcarpa*）、夏威夷金棕（*Pritchardia hillebrandii*）、扇葵（*Thrinax excelsa*）和墨西哥星果棕（*Astrocaryum mexicanum*）等。

1.1.3 藤本状棕榈植物

有些棕榈植物呈攀缘状，主要指棕榈藤（Rattan），包括 13 个属的绝大部分种类，如云南省藤（*Calamus acanthospathus*）、小省藤（*C. gracilis*）、黄藤（*C. jenkinsiana*）、高地省藤（*C. nambariensis* var. *alpinus*）、宽刺藤（*C. platyacanthoides*）、白藤（*C. tetradactylus*）、高地钩叶藤（*Plectocomia himalayana*）和钩叶藤（*P. pierreana*）等。这类棕榈植物明显特征是攀缘，茎外部常常包被有刺叶鞘，当棕榈藤被砍下后，须用工具将其外部带刺叶鞘剥离，从而使其变成光滑的藤条（cane），这是加工工业和民间编织的重要材料（江泽慧 等，2013；Jiang et al.，2018）。少数棕榈藤种类是直立的，如直立省藤（*Calamus erectus*）、电白省藤（*C. dianbaiensis*）和乔状省藤（*C. arborescens*）等。除棕榈藤外，还有少量其他棕榈植物也是攀缘的，如藤蔓袖珍椰（*Chamaedorea elatior*）、藤蔓马岛椰（*Dypsis scandens*）和直刺美洲藤（*Desmoncus orthacanthos*）等。

1.1.4 无茎型棕榈植物

一些棕榈植物无茎，枝叶从茎基长出，如龙棕（*Trachycarpus nanus*）、琴叶瓦理棕（*Wallichia caryotoides*）和滇西蛇皮果（*Salacca griffithii*）等（王慷林，2015）；或近无茎，如无茎马岛椰（*Dypsis acaulis*）、菱叶棕（*Johannesteijsmannia altifrons*）、轮羽椰（*Allagoptera arenaria*）和无茎刺葵（*Phoenix acaulis*）等。

1.1.5 匍匐/蔓生型棕榈植物

少量棕榈植物茎干是匍匐/蔓生型的，如美洲油椰（*Elaeis oleifera*）、中东矮棕（*Nannorrhops ritchiana*）、匍茎玲珑椰（*Chamaedorea stolonifera*）和微小省藤（*Calamus minutus*）等。

1.2 棕榈植物的根

棕榈植物归类为单子叶植物，很多为须根，较少种类有粗大的主根。根据不同的生长期，棕榈植物的根可分为初生根和不定根两类。

1.2.1 初生根

初生根是种子发芽时由胚根所形成的，对苗木起着锚定、吸收水分和养分的作用；其通常为灰白色，含水量高且呈肉质，故较脆，易折断。植物根生长点在根尖，一旦受损折断，往往影响根的生长，甚至停止生长，直至死亡。有些具有主根的棕榈植物幼苗，如根系受损，又不能形成发达的侧根体系，吸收功能丧失，多造成"蹲苗"现象，甚至可能导致苗木死亡。

1.2.2　不定根

初生根通过短暂的生命过程，相继死亡，逐渐被须根取代。须根皆为不定根（adventitious root），其从茎基部特定的生根区长出，粗细相近，不具有次生生长能力（少数须根的直径可以略微变大），多数呈肉质而不会木栓化，容易受损。这些不定根组成的不定根系，对棕榈植物起到支持和固定植株、吸收水分和养分等作用，促进棕榈植物的生长发育。

与大多数单子叶植物一样，棕榈植物的根属于浅根系，多生长于 20 ~ 90 cm 的土层，在疏松的沙壤土中，有些根系向下可达 3 ~ 4 m，如巨籽棕（*Lodoicea maldivica*）和高根柱椰（*Socratea exorrhiza*）等；有些根甚至可达 5.5 m。一些棕榈植物的横向生长能力特强，可达 3 ~ 4 m，形成网状形的根系，并起到固定、支撑作用。

一些棕榈植物体形高大，不仅茎基部形成膨大的茎座（常称为"座茎"），并从茎基部生成较多的须根，明显露出地面，可牢固锚定植株，有效避免强风将植株从基部折断。如王棕、海枣（*Phoenix dactylifera*）和袖苞椰（*Manicaria saccifera*）等。

此外，一些棕榈植物的根从远离地面的茎上长出，即气生根/呼吸根，也称"裸露根"，如阔羽椰属（*Drymophloeus*）种类。有的根较长，形成支撑作用，也称"支撑根/支持根"，如竹马刺椰（*Verschaffeltia splendida*）、湿地棕（*Acoelorraphe wrightii*）等。有些气生根较短，大量着生于叶痕处，也具有特殊的意义，如袖珍椰（*Chamaedorea elegans*）等；甚至形成根球，如刺葵属植物（图 1-2）。

（a）裸露根　　　　（b）支持根　　　　（c）根球

图 1-2　气生根形态

某些种类的气生根上具刺，可能也是自我保护的一种方式。如叉刺棕属（*Cryosophila*）和根刺鳞果棕属（*Mauritiella*）的一些种类。

1.3 棕榈植物的茎

棕榈植物茎的形态差异巨大，在大小、形态和覆被物等方面，因种类不同而存在极大的差异。某些具有特殊生态功能（如表面具刺起保护作用等），某些观赏价值极高（如茎之大小、形状、覆被物颜色等）。

1.3.1 茎的大小

棕榈植物茎的粗细、高矮差异极大。粗者，直径达 60~100 cm。哥伦比亚的蜡椰属（*Ceroxylon*）植物，如巨蜡椰（*C. quindiuensis*），其树干直径 0.5 m，高 60 m 以上，是棕榈植物中最高的种类。壮蜡棕（*Copernicia baileyana*）直径可达 66 cm 或更粗；国内引种的加那利海枣（*Phoenix canariensis*）、大丝葵（*Washingtonia robusta*）、丝葵（*W. filifera*）和智利蜜椰（*Jubaea chilensis*）等，均又粗又高。较小者，粗仅 0.5~2 cm，如哥斯达黎加的袖珍椰属（*Chamaedorea*）植物，茎粗 2 cm 以内，高不到 25 cm（Uhl et al.，1987）；6~7 cm 径粗的种类较多，如红椰（*Cyrtostachys renda*）、圆叶轴榈等。

茎的高度/长度差异更大。如攀缘的棕榈藤，通常可高达几十米（王慷林 等，2002），匍匐于地，茎长可达百米，盛者达 200 m（路统信，1979）。国内许多南方城市和滨海地区种植的王棕和菜王棕（*Roystonea oleracea*），高达 40 m 以上；稍小者一般低于 20 cm，而一些种类，近于无茎或无茎，如龙棕、滇西蛇皮果、硕大黄藤（*Calamus ingens*）和矮小省藤（*C. pygmaeus*）等。

1.3.2 茎的形状

棕榈植物的茎千变万化，绚丽多姿。

棕榈植物茎基具有一定的变化。大多数种类的棕榈植物茎基是圆柱形（如太平洋棕），有些种类的茎基基部膨大（如王棕）或略膨大，如红脉椰属（*Acanthophoenix*）、塞舌尔王椰属（*Deckenia*）；又如酒瓶椰，其茎干从基部开始膨大，至冠茎（由茎顶端的管状叶鞘形成的明显的圆筒）基部突然缢缩，整个茎干就像一个酒瓶（图1-3）。

某些棕榈植物茎干表面光滑，如王棕、垂裂棕（*Borassodendron machadonis*），或形成芦苇状，如袖珍椰属（*Chamaedorea*）的种类（图1-4）。而许多棕榈植物叶片脱落留下的痕迹，造就了棕榈植物茎干的多样性。

棕榈植物的叶片从茎干上脱落后所留下的痕迹，称为"叶痕"，如叶柄基部的叶鞘完全包裹茎干，则叶痕呈显著的环状，称为"叶环痕"。叶环痕的形态多样，有窄的或宽的、扁平的或凸起的、环状的或倾斜的，如槟榔属、假槟榔属、

（a）圆柱形（太平洋棕）　　　（b）基部膨大（王棕）　　　（c）一边鼓起（酒瓶椰）

图 1-3　茎基形状

（a）假槟榔　　　　　　（b）马达加斯加棕　　　　　　（c）大董棕

图 1-4　光滑茎干

马岛椰属等具有环状、阶梯状的叶环痕；蜡棕属（*Copernicia*）具有斜环痕，如海地蜡棕（*C. ekmanii*）具有小的、不连续的叶痕条纹；而百慕大菜棕（*Sabal bermudana*）更具有粗糙的、木栓质的环纹（图 1-5）。一些种类常覆以残存叶柄的基部，组成网状结构，如砂糖椰子（*Arenga pinnata*）和丝葵等。

有些留下斑块状痕，如刺葵茎干上具有大的、扁平状的叶痕，蒲葵（*Livistona chinensis*）具有密集的、鳞茎状叶基（图 1-6）。

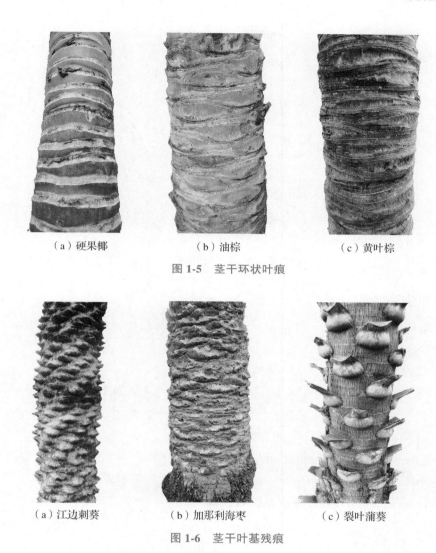

（a）硬果椰　　　　　　　（b）油棕　　　　　　　（c）黄叶棕

图 1-5　茎干环状叶痕

（a）江边刺葵　　　　　（b）加那利海枣　　　　　（c）裂叶蒲葵

图 1-6　茎干叶基残痕

　　一些棕榈植物茎干具刺，如桃棕属（*Bactris*）植物，茎多为丛生型，高大至矮小，常具黑刺，又如孔雀椰（*Aiphanes aculeata*）、塞舌尔王椰（*Deckenia nobilis*）等，也常具密集的黑刺。而叉刺棕属，其为单干型，稀丛生，茎的基部常形成分叉的根刺；桃棕属于丛生型，高达 18 m，茎上有利刺（图 1-7）。

1.3.3　茎的颜色

　　棕榈科植物的茎多为褐色、灰白色和绿色，但也有红色、橙色、黄色等其他颜色，呈现多姿多彩的茎干美景（详见第 3 章）。

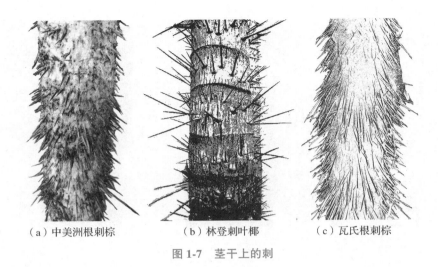

（a）中美洲根刺棕　　　　　　（b）林登刺叶椰　　　　　　（c）瓦氏根刺棕

图 1-7　茎干上的刺

1.4　棕榈植物的叶

棕榈植物的叶由叶鞘、叶柄、叶轴和叶片等部分组成，攀缘性棕榈植物有些还有纤鞭。

1.4.1　叶鞘

叶柄基部下面扩大，形成一个完全包围着整个茎干或部分包被的管状物，称为"叶鞘"，在成熟过程中或成熟之后常常劈裂。叶鞘具有支撑、连接和保护叶片的作用。

一些棕榈植物具有明显的冠茎，有些种类的冠茎是圆筒状包被的，如王棕；有些叶鞘深裂，如樱桃椰（*Pseudophoenix sargentii*），叶鞘形成很短的灰绿色冠茎；有的叶鞘在叶柄对面劈裂，如根锥椰属（*Gaussia*）（图 1-8）。

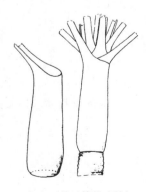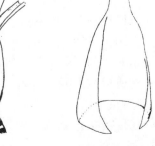

（a）王棕（管状叶鞘）　　　（b）樱桃椰属（鞘深裂）　　　（c）根锥椰属（叶鞘劈裂）

图 1-8　叶鞘类型

在非攀缘性的种类或非攀缘阶段（即在攀缘性的种类幼龄的叶鞘上尚未抽出纤鞭的阶段），长出的叶鞘则在腹面是开张的。而一些种类的叶鞘宿存，形成网状结构，如鱼尾葵属的叶鞘，呈纤维状宿存；帝王椰属（*Attalea*）也具宿存、纤维状叶基，银叶棕（*Coccothrinax argentata*）具有网状的叶鞘，对茎干起到较好的保护作用（图 1-9）。

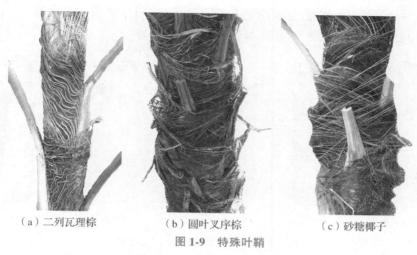

（a）二列瓦理棕　　　（b）圆叶叉序棕　　　（c）砂糖椰子

图 1-9　特殊叶鞘

而叶鞘基部形成各种类型，如冻椰属（*Butia*）叶基宿存，不开裂，重叠或随着时间推移逐渐脱落；菜棕属叶基宿存，劈裂，而使茎干呈网格状，后脱落；马岛椰属叶鞘圆筒形，包茎，叶基成 3 列；彩叶棕属（*Latania*）叶基基部劈裂，具内耳（图 1-10），展现出较好的观赏价值。

多数棕榈植物的叶鞘是光滑的，而一些棕榈植物的叶鞘往往具刺或其他覆被物。如棕榈藤叶鞘通常具刺，少数种类的叶鞘少刺（如麻鸡藤 *Calamus menglaensis*）。

（a）加那利海枣　　　（b）普莫斯菜棕　　　（c）高大贝叶棕

图 1-10　叶基类型

刺的形态、排列各式各样，是种类鉴定的重要依据。有的刺微小，仅 1 mm 长；而有的刺长达 30 cm 或更长。有的刺呈组状整齐排列，如钩叶藤属；而有的刺凌乱排列，大刺之间具有小刺，如许多省藤属的种类。刺的质地变异很大，有的柔软纸质，有的木质化，有的坚硬或非常易碎。叶鞘口（即顶端）处常延伸成舌状体，称为"托叶鞘"（Ocrea，图 1-6），托叶鞘常常是劈裂的和边缘卷起的或最终凋落；而有些种类如直立省藤，托叶鞘在叶鞘开口的边缘上，在叶柄两侧各一半，呈长耳状，而且上面密被粗硬毛（图 1-11）。

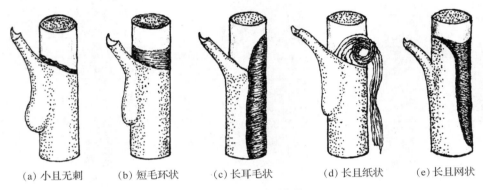

(a) 小且无刺　　(b) 短毛环状　　(c) 长耳毛状　　(d) 长且纸状　　(e) 长且网状

图 1-11　托叶鞘类型（江泽慧 等，2013）

许多攀缘性的种类中，叶柄基部或叶轴下部的叶鞘上有一个隆起膨大的部位，称为"囊状凸起""膝凸"或"膝突"（Knee，图 1-7），如大部分省藤属的种类；而在所有的戈塞藤属（*Korthalsia*）、钩叶藤属、类钩叶藤属、多鳞藤属（*Myrialepis*）和少数省藤属的种类中，这一囊状凸起并不存在。这表明囊状凸起存在与否，与植株攀缘习性具有密切的关系。Furtado（1956）认为，囊状凸起是叶柄基部组织收缩形成的、达到纤鞭或叶轴刺的着生而适应树体支撑的器官。棕榈藤，特别是省藤属，膝突上往往具刺（图 1-12）。

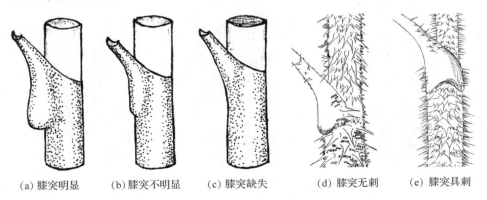

(a) 膝突明显　　(b) 膝突不明显　　(c) 膝突缺失　　(d) 膝突无刺　　(e) 膝突具刺

图 1-12　膝突形态

1.4.2 叶柄

叶鞘上部的末端，变狭成为叶柄。通常在成熟的植株中，叶柄缺失或不明显，而幼龄植株的叶柄往往存在；叶柄上有时覆被保护植株本身的大刺，有的排列整齐，有的排列凌乱，或大刺中分布有小刺。如：大丝葵叶柄两侧具棕红色或黄色刺齿；大叶蒲葵(*Livistona saribus*)叶柄长，两侧具粗刺；封开蒲葵(*L. fengkaiensis*)叶柄粗壮，两侧密生黑褐色弯锐刺；紫苞冻椰(*Butia eriospatha*)叶柄明显弯曲下垂，具刺，因此也称"弓葵"；糖棕叶柄粗壮，边缘具齿状刺；白藤叶柄基部具倒钩刺。有些种类的叶柄基部是宿存的，如一些银叶棕属(*Coccothrinax*)种类(图 1-13)。

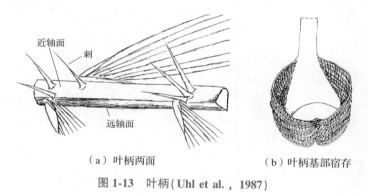

（a）叶柄两面　　　　　（b）叶柄基部宿存

图 1-13　叶柄(Uhl et al. , 1987)

1.4.3 叶轴

叶柄延续形成叶轴，即叶柄上面着生羽片的轴。叶柄伸长至叶身形成的叶轴为"主叶轴"，主叶轴上分枝而得的叶轴称"次叶轴"，小叶(羽片)长在次叶轴上，或与叶轴呈同一平面排列，如鱼尾葵属种类、大果红心椰(*Chambeyronia macrocarpa*)、环羽椰(*Dictyosperma album*)和阔羽椰(*Drymophloeus hentyi*)等，羽状整齐排列于叶轴上；或呈辐射状排列，如狐尾椰(*Wodyetia bifurcata*)，其羽片轮生于叶轴上，形似狐尾而得名。竹茎袖珍椰(*Chamaedorea seifrizii*)的羽片在叶轴上排成 2 列，马岛椰(*Dypsis madagascariensis* 'White form')羽片在叶轴上排成 3 列，王棕羽片呈 4 列排列。某些羽片沿叶轴两侧完全分裂，而在先端部分合生，故叶片沿叶轴两侧形成窗孔状缝隙，如产于中美洲的窗孔椰属(*Reinhardtia*)的一些种类。

一些棕榈藤的叶轴顶端延伸成为一具倒钩刺的纤鞭，它起着攀缘器官的作用。叶轴的背面及两侧常着生爪状刺，如棕榈藤的种类，这为植株攀缘到支柱树上起到一定的作用。

1.4.4 叶片

棕榈植物的叶通常轮生，螺旋状排列，质地坚韧。根据叶片形状，棕榈植物叶可分为掌状叶和羽状叶两大类。

掌状叶形状犹如伸开的手掌，故称"掌状叶"。其具掌状脉，整个叶片再分裂成多个裂片。掌状叶又分为无肋掌状叶与具肋掌状叶两类（图1-14）。具肋掌状叶的叶柄向叶片延伸，从叶片基部延伸至叶片尖端的部分称为"中肋"，如：太平洋棕（*Pritchardia pacifica*）和菜棕（*Sabal palmetto*）等，而菱叶棕属（*Johannesteijsmannia*）和巨籽棕属（*Lodoicea*）种类的中肋，几乎贯穿于整个掌状叶的叶身。

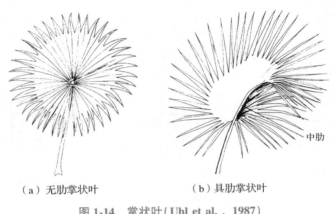

（a）无肋掌状叶　　　　　　　（b）具肋掌状叶

图1-14　掌状叶（Uhl et al.，1987）

掌状叶裂片深浅不一，显现多样特性（图1-15）。少数种类的掌状叶裂片全缘状不分裂，仅叶折顶端浅二裂，如圆叶轴榈、蒲葵和丝葵等，裂片也较浅。裂片深裂可至基部轴心处（如棕竹、棕榈等），种类较多，裂片形态各异。如高干轴榈，其掌状叶深裂，而具有辐条状楔形的裂片，裂片先端具齿，紧密排列，直径达2 m。有的裂片常为单折，也有的为数折，如：中东矮棕，掌状叶深裂，裂片单折，顶端深二裂；竹棕属植物叶片多深裂，裂片2至多数，数折，先端具齿；纤细帽棕（*Lanonia gracilis*）和红果轴榈（*Licuala beccariana*），裂片几折，深裂；龟果榈属（*Chelyocarpus*）种类裂片几折，中央裂劈至基部。有些裂片下垂，如蒲葵裂片先端深裂，下垂，澳州蒲葵（*Livistona australis*）、裂叶蒲葵（*L. decora*）、昆士兰蒲葵（*L. drudei*）和红叶蒲葵（*L. mariae*）等都具有下垂的裂片，而大叶蒲葵和密叶蒲葵（*L. muelleri*），其叶裂片都不下垂。裂片坚挺，向外直伸，如霸王棕、太平洋棕等的裂片浅裂至1/3，坚挺。锯齿棕（*Serenoa repens*）裂片单折，坚韧，先端二叉状。有些种类裂片具丝状纤维，如菜棕的裂片连接处具一丝状纤维，而丝葵的裂片边缘具非常明显卷曲的丝状纤维，因而得名"丝葵"。

掌状叶上常具有特殊的三角形或圆弧状凸起物结构，着生于叶柄上面、背面

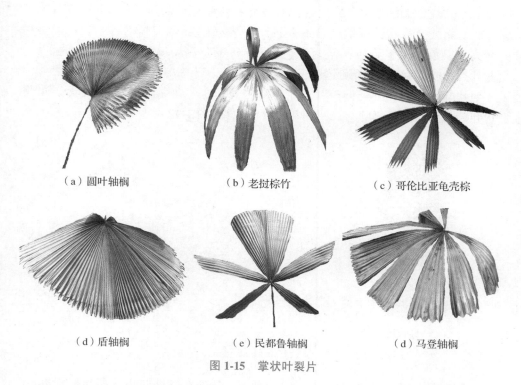

（a）圆叶轴榈　　　　　　　（b）老挝棕竹　　　　　　　（c）哥伦比亚龟壳棕

（d）盾轴榈　　　　　　　（e）民都鲁轴榈　　　　　　　（d）马登轴榈

图 1-15　掌状叶裂片

或叶的两面，且常与叶柄垂直，称为"戟突（hastula）"（图 1-16）。有的种类叶面、叶背均具明显的戟突，如矮菜棕（*Sabal minor*，膜质戟突）、刺鞘棕属（*Trithrinax*）和轮刺棕属（*Zombia*）。有的戟突仅在叶面上，而叶背面没有，如霸王棕、豆棕属（*Thrinax*）、糖棕属、贝叶棕属和棕榈等。或戟突特别，如：叉干棕（*Hyphaene*

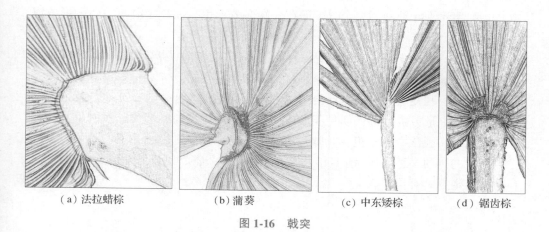

（a）法拉蜡棕　　　　　　（b）蒲葵　　　　　　　（c）中东矮棕　　　　　　（d）锯齿棕

图 1-16　戟突

thebaica)、霸王棕的戟突明显歪斜，不对称；轮刺棕（*Zombia antillarum*）戟突三裂；蒲葵属戟突杯状；湿地棕（*Acoelorraphe wrightii*），戟突显著、条裂；丝葵属戟突大，三角形，干膜质；裙蜡棕（*Copernicia macroglossa*）戟突似巨大的舌头。少数种类的叶面和叶背均不具戟突，如中东矮棕、琼棕属和巨籽棕属等种类。

羽状叶的叶柄也可延伸至叶片中，称为"叶轴"。根据叶轴分枝与否，可将羽状叶分为一回羽状复叶与二回羽状复叶两大类（图1-17）。

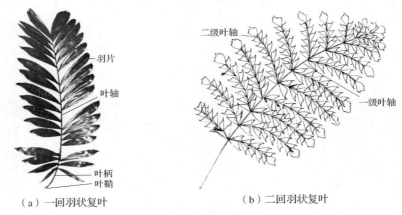

（a）一回羽状复叶　　　　（b）二回羽状复叶

图 1-17　羽状复叶（Uhl et al.，1987）

一回羽状复叶的叶轴不分枝，小叶（羽片）分排在叶轴两边，如加那利海枣、散尾葵和黄藤等。二回羽状复叶的叶轴仍有主次之分：由叶柄伸长至叶身形成的叶轴为"主叶轴"。从主叶轴上分枝而得的叶轴为"次叶轴"。小叶则长在次叶轴上，或与叶轴呈同一平面排列，如鱼尾葵属；或呈辐射状排列，如狐尾椰属（*Wodyetia*）。产于中美洲的窗孔椰属个别种，还有一种特殊的不完全的羽状分裂方式，即羽片沿叶轴两侧完全分裂而在先端多少合生，故叶片沿叶轴两侧形成窗孔状缝隙。

羽状叶一般长 3~5 m，最长达 25 m，宽 0.3~1.5 m，最宽可达 4 m。叶轴通直、弯曲或旋转，光滑或具茸毛，省藤类的叶轴常具刺。

叶片呈羽状复叶状，即羽状全裂，裂片即所称的"羽片（leaflet）"，其形状通常为线形、剑形或椭圆形，偶见菱形或扇形。羽片先端通常渐尖，具刚毛，具数条纵向叶脉，通常中脉较粗，叶脉及羽片边缘通常具微刺或刚毛。

羽片的排列多种多样（图1-18）。羽片的形状、是否具刺、毛被及排列状况，在种类鉴定上具有重要意义。

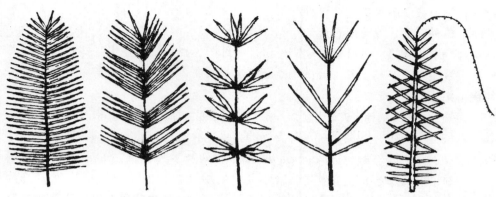

（a）整齐排列　　（b）不整齐排列　　（c）成组排列　　（d）不规则排列　（e）部分成组、部分整齐排列

图 1-18　羽片的排列（江泽慧 等，2013）

1.4.5　纤鞭

纤鞭是棕榈植物中棕榈藤类群中特有的器官。

多数棕榈藤由于具有攀缘习性，因此攀缘器官在地上茎发育中产生，支持棕榈藤的攀缘。由于其攀缘习性的差异，棕榈藤中存在两种功能和结构完全不同的攀缘器官。一种是叶轴顶端延伸成的具刺纤鞭，称"叶鞭（cirrus）"；另一种是着生在囊状凸起附近叶鞘上的纤鞭，称为"鞘鞭（flagellum）"（图 1-19）。鞘鞭与着生在叶鞘上的花序是同源器官，它们与花序几乎发育于同一位置，但在同一叶鞘中不可能同时发现纤鞭和花序。这种纤鞭似乎是不发育的花序，即有时生长在花序或果序的顶端，因此也称为"花序纤鞭"。两种攀缘器官都是鞭状的，并着生成簇的、反折的短刺或爪状刺，通常它们是彼此独立存在的。

叶轴顶端延伸成叶鞭的种类，通常在叶鞘上不具纤鞭，角裂藤属（*Ceratolobus*）、钩叶藤属、类钩叶藤属、多鳞藤属和戈塞藤属的几乎所有种和绝大部分省藤属种类均具此种纤鞭。它们可长达 2 ~ 3 m，在下表面具有间距成组的小锚状

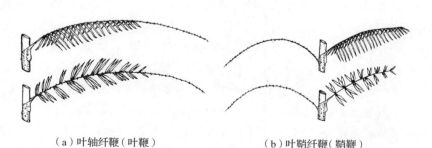

（a）叶轴纤鞭（叶鞭）　　　　　　　（b）叶鞘纤鞭（鞘鞭）

图 1-19　纤鞭类型（江泽慧 等，2013）

刺。在幼苗或幼龄植株中，这种纤鞭往往不存在，只有在藤茎延长生长产生成熟叶时，该种纤鞭才发育出现。

叶鞘上具鞘鞭，其叶轴顶端则不延伸为纤鞭，往往仅存在于某些省藤属种类中。也就是说，叶鞘上具纤鞭的种类必属于省藤属。纤鞭的排列成组或散生，往往反折像小锚。

当然，叶轴顶端延伸成叶鞭，并不代表叶鞘上就绝对没有纤鞭存在，如某些省藤属种类，不仅叶鞘上具有发育良好的鞘鞭，有时在它们的叶顶端亦着生有叶鞭；同样的如兴楼省藤（*Calamus endauensis*）和乌鲁尔省藤（*C. ulur*）的叶轴顶端具有明显的叶鞭，叶鞘上亦着生发育不良的鞘鞭。无茎的所有棕榈藤种类几乎都没有两种纤鞭的存在，似乎意味着攀缘习性的退化。某些具攀缘习性的棕榈藤属种叶轴顶端既无纤鞭，叶鞘亦未着生纤鞭，但它们攀缘高度往往较低，藤茎长度亦不超过 5 m，如美苞藤（*Calamus calospathus*）、疏穗省藤（*C. laxissimus*）、霹雳省藤（*Calospatha perakensis*）和魏氏省藤（*C. whitmorei*）等。

1.5　棕榈植物的花和花序

棕榈植物常常具有小型的花，但可以组成极大的花序；花的结构相对简单，但着生方式比较复杂。

棕榈植物的花很小，常无花梗，由 3 个花萼、3 个花瓣、6 枚雄蕊或退化雄蕊和 1 个 3 室的子房或退化雌蕊组成；子房上位，在未成熟时往往由反折的纵列鳞片所包被，柱头通常较大而反折；每个子房小室中着生 1 个胚珠。

棕榈植物的花大部分为单性花，包括雄花和雌花，但也有两性花存在（如樱桃椰属），甚至存在"中性花"，如省藤属的种类，每朵雌花侧边往往伴生 1 朵不育、形似雄花，但较细小的花，称为"中性花（neuter flower）"。

棕榈植物的花序显现高度复杂的结构。花序单生于叶腋，通常是花序轴的下部贴生在节间，同时也是在下片叶的叶鞘上，形成一条纵脊，这是向花序输送养分的维管束隆起的痕迹。在花序未抽出时，往往由管状、舟状或其他形状的大苞片 [Dransfield，1979；Uhl et al.，1987；Dransfield et al.，1993；称为"苞片"，Beccari（1908、1911、1913、1918）和其他早期的分类学家称之为"佛焰苞（spathe）"]完全或不完全的包被；套在花序主轴上的第一个苞片称为"先出叶（prophyll）"，着生于花序梗和主轴上的苞片或佛焰苞（无分枝花序抽生的）称为"花序梗苞片（peduncular bracts）"或"一级佛焰苞（primary spathe）"。

在花序轴的一级苞片苞口或附近着生的花序称为"分枝花序（partial inflorescences）"，着生于一级分枝花序轴上的苞片称为"花序轴苞片（rachis bracts）"或"二级佛焰苞（secondary spathe）"，最末一级着生花朵的分枝称为"小穗轴（rachilla）"，着生于此上的佛焰苞称为"小穗轴苞片(rachilla bracts)"或"三级佛焰苞(tertiary spathe)"。

花序有的是直立的,有的由于有分枝花序而下垂。花序的类型多样,有穗状花序、指状花序、复花序等。

花序的最末一级分枝通常呈穗状,其上直接着生花朵,花着生于小穗轴的苞片内,称为"小穗状花序(spikelet)"。分枝形式或多或少是相同的。通常的,大多数棕榈植物,雄花序比雌花序具有更多的分枝,如省藤属的雌花序通常是二回分枝,而雄花序往往具有三级分枝。省藤属种类中,在雌花或雄花的花被外面往往有一个杯状(罕为环状、小苞片状)的梗,称为"总苞(involucre)"(图 1-20),在总苞外面套着或托着的杯状或小苞片状的部分称为"总苞托(involucrophore)",在雄花总苞外侧有一个着生中性花的通常为新月形的孔眼,称为"小空隙(areola)"。

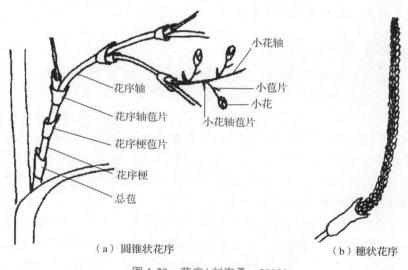

（a）圆锥状花序　　　　　　　　　　（b）穗状花序

图 1-20　花序(刘海桑, 2002)

数个花序并生于茎干上的同一节[如绳序椰属(*Wettinia*)],或花序的基部即花序梗的基部合生而形成并生花序[如垂羽豪威椰(*Howea forsteriana*)],称为"复花序"。而由数个花穗聚生于花序轴的末端而成的花序(如霸王棕),称为"指状花序"。在雌雄异株的棕榈植物中,如果雄花序和雌花序在外形结构上差异巨大,称为"异型花序",如水椰的雄花序为穗状花序,生于花序的侧面,而雌花序为头状花序,密集地生于花序顶部;银玲珑椰(*Chamaedorea metallica*)的雄株花序为圆锥状花序,而雌株花序则常为穗状花序。

棕榈植物既有雌雄同株,也有雌雄异株,对棕榈植物的有性繁殖具有重要的意义。肿胀藤属(*Oncocalamus*)、钩状叶藤属(*Ancistrophyllum*)和单苞藤属(*Eremospatha*)

是雌雄同株。此外，雌雄同株的雄花和雌花若位于同一花序上，则称为"雌雄同序"；反之，雄花和雌花若位于不同的花序上，则称为"雌雄异序"。

棕榈植物有不同的开花结实习性。棕榈植物开花可分为两种类型，即单次开花（hapaxanthic）和多重开花（pleonanthic）。单次开花的种类（如钩叶藤属），由于其具有将制造的营养贮存于其髓里的特点，因此其茎具有较软的髓部，并造成采收的藤茎易受虫害和真菌的侵袭，而使藤茎使用价值较低。多重开花的植株往往并不同时开花，而是可持续开花，花后植株可继续生长发育。多次开花的种类（如省藤属），其藤茎往往具均匀的结构，质地良好。

对应的，棕榈植物存在单次结实（monocarpy）和多次结实（polycarpy）。单次开花并不代表单次结实，大多数单次开花的种类往往是丛生棕榈植物，开花后1个植株死亡，而其他植株由于吸管的繁殖功能仍能继续生长直至结实，如棕榈藤植物，仅钩叶藤属种类是单次结实的。

1.6 棕榈植物的果实

棕榈植物的果实多数是球形、卵形和椭圆形，少数种类呈扁球形、心形和菱形等形状；幼果多为绿色，成熟后则色泽丰富多彩，有红、黄、蓝、绿、黑和白等颜色。果实多以浆果或核果为主，少数种类果实紧密地排列成头状，称为"聚花果"，仅见于水椰亚科（Nypoideae）和象牙椰亚科（Phytelephantoideae），如水椰、象牙椰等。果实表面多平滑，少具棱、刺或毛等；而果实的外果皮覆盖着一层有光泽、覆瓦状排列整齐、纵列的鳞片的，称为"鳞果"，包括所有省藤亚科（有的学者也称其为"鳞果亚科"）成员。

省藤亚科果实发育成熟时，花被裂片保留在果实的基部，称为结果时的花被，简称"果被"；若果被浅裂，则形成杯状或钟状，称为"果被梗状"，若深裂，则呈平展或扁平状。鳞片的特征和列数是鳞果亚科重要的分种特征。鳞片下面是果皮，最里面是种子，种子包着一层肉质种皮。果实成熟度可由鳞片的颜色变化指示出来，当鳞片颜色由绿色变成淡黄色、灰白色、橙红色或红褐色时，即表明果实已成熟。不同种类的果实鳞片颜色是不同的。

1.7 棕榈植物的种子

有的果实仅有1颗种子发育成熟，如椰子、红脉椰（*Acanthophoenix rubra*）、刺干椰（*Acrocomia aculeata*）、拱叶椰（*Actinorhytis calapparia*）和石山棕属等；有的果实具有1~3颗种子，如香桄椰（*Arenga engleri*）、糖棕、紫苞冻椰和短穗鱼尾椰等。种子形状通常为稍扁椭圆状或球状，表面平滑，或有小瘤状凸起，或带多棱角的面。种子的胚乳由于种皮（或珠被）的侵入而形成暗色的、极不平整的纹理，如被嚼过一样，称为"胚乳嚼烂状"，如假槟榔、短穗鱼尾葵、壮蜡棕、菜椰（*Euterpe edulis*）、石山棕（*Guihaia argyrata*）、酒瓶椰（*Hyophorbe lagenicaulis*）、三角椰（*Dypsis decaryi*）、欧洲矮棕（*Chamaerops humilis*）和豪威椰属（*Howea*）等的胚乳；有的胚乳全部为白色，则称为"胚乳均匀"，如油棕（*Elaeis guineensis*）、王马岛椰（*Dypsis decipiens*）和散尾葵等的胚乳。胚位于一个浅孔穴内，基生或侧生果实和种子的形状、大小、颜色也是区别种类的重要依据。

2 棕榈植物的分类与分布

全世界共有棕榈植物 190(~200)属、2 650~3 000 种，主要分布于美洲及亚洲的热带地区，少数属、种产于非洲，欧洲和北美最少，各有 1(~2)属。中国棕榈科植物较为丰富，约 29 属 88(~102)种，主要分布于南部和西南部的云南、海南、广西、广东、福建、台湾等省(自治区、直辖市)，贵州、湖南、四川、浙江、江西、西藏、香港、澳门等也有少数种类分布。

2.1 棕榈植物的分类

2.1.1 世界棕榈植物的分类

基于 Harold E. Moore 的工作，1987 年 Uhl 等出版了 *Genera Palmarum - A Classification of Palms：Based on the Work of Harold E. Moore，Jr.*，将棕榈科分为 6 个亚科，进而分亚科到族或亚族，提供了亚科、族或亚族和属的分类系统，以及各属的分布、生态学、原始记录、通用名、利用特性等。此后，Govaerts et al.(2005)、Henderson(2009，2020)、Vorontsova et al.(2016)等，对一些属种进行了调整，但并未给出亚科、族、亚族等新的分类体系。

本书翻译了 Uhl 和 Dransfield 的亚科、族、亚族的分类检索表，利于中国学者、园艺工作者研究、引种、培育棕榈植物参考。有以营养体编制检索表的，不再引用生殖体编制的检索表；部分检索表内容根据新的资料，给予调减或删除(如属的合并、分布区域等)。

分亚科检索表

1a 叶掌状或具肋掌状，罕为全缘，内向折叠，罕为外向折叠(但为离生心皮果)或内向/外向折叠的混合(轴榈属)，或叶羽状，但内向折叠和羽片具全缘的顶尖（刺葵属 *Phoenix*）；花单生或簇生，绝无 3 朵聚生（即中央为雌花，两侧各 1 朵雄花）·········· Ⅰ. 贝叶棕亚科 Coryphoideae

1b 叶羽状，二回羽状或全缘和具肋羽状，或罕为掌状但为外向折叠和花为合心皮，外向折叠或罕为内向折叠，但羽片具啮蚀状顶尖；花单生或簇生，常常 3 朵聚生 ······················· 2

2a 子房和果实被以覆瓦状鳞片；花两性或单性，但罕为二形花，单个排列或成对排列或罕为蝎尾状聚伞花序 ·········· Ⅱ. 省藤亚科 Calamoideae

2b 子房和果实为球形或具盾状的或底着的鳞片、毛、木栓质的瘤，或具刺但不具覆瓦状鳞片；花两性或单性，常为二形，单生或 3 朵聚生，或由 3 朵聚生变为成对着生 ······················· 3

3a 雌花着生在一个顶生的头状花序上，每朵花具 3(～4) 个离生的、大小不对称心皮和 6 个小的花被片；雄花拥挤着生位于雌花序下部的花序分枝顶部的穗状花序上，每朵花具 6 个线形离生的花被片和 3 个花药着生在一个实心的梗上 ·········· Ⅲ. 水椰亚科 Nypoideae

3b 雌花不着生在一个顶生的头状花序上，或若是这样，则植株为雌雄异株，且花分成多个部分；雄花具离生或各式合生的雄蕊花丝，极罕见形成一个实心的梗 ······················· 4

4a 雌花着生在一个具短花序梗的头状花序上，极大，每朵花具多数的螺旋状排列的萼片和花瓣及一个伸长的圆柱形花柱，雌蕊（群）具 5～10 室和胚珠；果实具木栓质的瘤，种子 5～10 颗；雄花大，无梗或具梗，花托扁平或杯状，具退化的单列的花被或花被几乎无法辨别，雄蕊多数 ············ Ⅵ. 象牙椰亚科 Phytelephantoideae

4b 雌花不着生在一个顶生的头状花序上，雌、雄花均具萼片和花瓣，呈 2 轮排列，花柱通常短，非长的圆柱形，1～3 室，罕更多 ······················· 5

5a 花通常为单性，罕为两性，单生或成列着生，极罕见为 3 朵成簇着生，但雄花在雌花的上部而花序梗苞片多数 ·········· Ⅳ. 蜡椰亚科 Ceroxyloideae

5b 花总是单性，3 朵聚生或由 3 朵聚生变为成对着生，极罕见雄花在雌花的上部，但花序梗苞片为 1 个 ·········· Ⅴ. 槟榔亚科 Arecoideae

2.1.1.1 贝叶棕亚科 Coryphoideae

分族检索表

1a 叶羽状；基部羽片退化成刺 ·········· 刺葵族 Phoeniceae

1b 叶掌状，具肋掌状或全缘；无刺状叶 ······················· 2

2a　花两性或杂性，罕为严格的雌雄异株；若为雌雄异株，则花不为二形或仅少量的二形花；小花穗无深的凹穴；内果皮通常很薄，壳质或骨质 ………………………………………………………………… 贝叶棕族 Corypheae

2b　雌雄异株；花通常为明显的二形花；雄花和有时雌花着生于小穗轴苞片合生和贴生而形成的深凹穴里，内果皮极厚而硬 ………… 糖棕族 Borasseae

2.1.1.1.1　贝叶棕族 Corypheae

分属检索表

1a　叶外向折叠 ……………………………………………… 石山棕属 *Guihaia*

1b　叶内向折叠 ………………………………………………………………… 2

2a　雌蕊群具 1~3 个离生的心皮；雄蕊 5~25 枚 ……………………………… 3

2b　雌蕊群具 3 个心皮，仅在细的直立的花柱部位合生，或在其中部合生，或完全合生；雄蕊 6 枚 ……………………………………………………… 15

3a　花被 2 轮；心皮 1~3 个；雄蕊 5~25 枚 …………………………………… 4

3b　花被 1 轮；通常具 6 齿；心皮 1 个；雄蕊 5~15 枚 ……………………… 13

4a　心皮 1 个 …………………………………………………………………… 5

4b　心皮 2~4 个 ………………………………………………………………… 6

5a　花具一长梗状的基部，在每个小穗轴下部的花为两性花，上部的花为雄花；雄蕊 6 个 ………………………………………………… 单心棕属 *Schippia*

5b　花不具长梗状的基部，全为两性花；雄蕊 18~24 枚 ……… 银叶桐属 *Itaya*

6a　雄蕊花丝离生 …………………………………………………………… 7

6b　雄蕊花丝合生成管状或上部 3 花丝着生于花冠上 ……………………… 10

7a　花单生 …………………………………………………………………… 8

7b　花 2~4 朵，呈蝎尾状聚伞花序 ………………………………………… 9

8a　叶片中央不分裂至叶轴(但在二扇叶刺鞘棕 *Trithrinax biflabellata* 为深裂)；萼片约合生 1/3 的长度；雄蕊具离生的细长花丝，长长伸出，2 倍长于花冠；种子具裂片状的种皮侵入 …………………………… 鞘刺棕属 *Trithrinax*

8b　叶片中央分裂至叶轴，裂片楔形；萼片覆瓦状排列，离生，几达基部；雄蕊具肉质的粗的花丝，仅稍微伸出；种子无明显的裂片状的种皮侵入物 …………………………………………………………… 龟果桐属 *Chelyocarpus*

9a　叶鞘无刺，纤维状，叶片沿近轴面的肋脉分裂至不同长度；花序从叶鞘中伸出；种子肾形或长圆形，并在种脊面具沟，种皮侵入深 ……………………………………………………………………… 棕榈属 *Trachycarpus*

9b 叶鞘具粗壮的针状纤维；叶片通常在叶折之间分裂；花序隐藏在叶鞘之间；种子长圆形，种皮在种脊下面变厚，但不明显 ⋯⋯ 针棕属 *Rhapidophyllum*

10a 花杂性异株；雄蕊花丝合生成一个外倾的杯状；胚乳嚼烂状 ⋯⋯⋯⋯⋯⋯⋯⋯⋯⋯⋯⋯⋯⋯⋯⋯⋯⋯⋯⋯⋯⋯ 欧洲矮棕属 *Chamaerops*

10b 花杂性异株或两性；雄蕊花丝合生成一个直立的杯状或着生于花冠上；胚乳均匀 ⋯⋯⋯⋯⋯⋯⋯⋯⋯⋯⋯⋯⋯⋯⋯⋯⋯⋯⋯⋯⋯⋯⋯⋯⋯ 11

11a 茎基部具显著的根刺；花萼裂片与花瓣几乎等长；雄蕊花丝合生成一个直立的杯状而不贴生于花瓣上，花药反折，开花时呈辐射状；心皮具渐狭的花柱 ⋯⋯⋯⋯⋯⋯⋯⋯⋯⋯⋯⋯⋯⋯⋯⋯⋯⋯⋯⋯⋯ 叉刺棕属 *Cryosophila*

11b 茎无根刺；花萼裂片远短于花瓣；雄蕊花丝离生，着生于花瓣上或着生于萼片前的花丝离生，或着生于花瓣上的全部花丝合生成杯状，但花药几不伸出；心皮无渐狭的花柱 ⋯⋯⋯⋯⋯⋯⋯⋯⋯⋯⋯⋯⋯⋯⋯⋯⋯⋯⋯ 12

12a 茎细，芦苇状；叶在叶折之间分裂成多折，裂片平截；花被轮肉质，萼片合生；雄蕊花丝离生，着生于花瓣上 ⋯⋯⋯⋯⋯⋯⋯⋯ 棕竹属 *Rhapis*

12b 茎几不为芦苇状，较粗壮；叶沿近轴面叶折分裂成单折，裂片顶端急尖或二裂；花被轮革质，萼片离生，覆瓦状排列；雄蕊花丝着生于花瓣上合生成杯状，或离生并着生于花瓣上 ⋯⋯⋯⋯⋯ 岩棕属 *Maxburretia*

13a 叶鞘基部的叶柄部位劈裂，花序出现在整个劈裂部位；种子脐状，具孔穴，或在种脐下面完全穿孔，胚乳不具沟槽 ⋯⋯⋯⋯⋯⋯ 扇葵属 *Thrinax*

13b 叶鞘基部的叶柄部位不劈裂；种子由于沟槽而深深地穿孔 ⋯⋯⋯⋯ 14

14a 叶鞘分解成整齐的纤维网，纤维顶端反折，刺状；花在小穗轴上近 2 列排列；果实成熟时白色；种子深二裂，裂片再不整齐地分成二裂 ⋯⋯⋯⋯⋯⋯⋯⋯⋯⋯⋯⋯⋯⋯⋯⋯⋯⋯⋯⋯⋯⋯⋯ 轮刺棕属 *Zombia*

14b 叶鞘纤维非反折或刺状；花螺旋状着生；果实黄褐色，粉红色，红色或黑色；种子具深沟槽 ⋯⋯⋯⋯⋯⋯⋯⋯⋯ 银叶棕属 *Coccothrinax*

15a 雌蕊群具 3 个心皮，基部离生，仅在花柱部位合生 ⋯⋯⋯⋯⋯⋯⋯ 16

15b 雌蕊群具 3 个完全融合的心皮，或心皮基部合生而花柱离生 ⋯⋯⋯⋯ 27

16a 叶片不分裂，钻石形(菱形)，具羽状脉，中肋凸出；叶柄和叶片基部边缘具钩状齿；每个花序具几个膨大的花序梗苞片；果实具瘤；胚乳被种皮深深地而不规则地侵入 ⋯⋯⋯⋯⋯⋯ 菱叶棕属 *Johannesteijsmannia*

16b 叶片分裂，若不分裂则不为钻石形(菱形)且叶片基部边缘不具齿；每个花序具几个膨大的花序梗苞片；果实光滑，若果实具木栓质瘤则叶片分裂 ⋯⋯⋯⋯⋯⋯⋯⋯⋯⋯⋯⋯⋯⋯⋯⋯⋯⋯⋯⋯⋯⋯⋯⋯⋯⋯⋯⋯ 17

17a 叶片沿着远轴面叶折分裂到叶柄成单折(罕见)至几折，裂片通常楔形，平

截，或不分裂 ······························· 轴榈属 *Licuala*

17b 叶片沿着近轴面叶折分裂成单折或几折，但裂片不平截 ···················· 18

18a 花序具长的花序梗，分枝仅在其顶部或在基部产生 2~4 个多少等长的轴，其分枝也在其顶部，每个腋部出现超过 1 个花序的现象；花冠裂片在开花时脱落，露出凸出的雄蕊群管；种皮不侵入胚乳 ······ 太平洋棕属 *Pritchardia*

18b 花序分枝不限于其顶部；花冠裂片在开花时不脱落，极罕见缓慢地凋落 ··· 19

19a 花序轴苞片在一侧劈裂并下垂，剑形；花瓣大，扁平，膜片状，内表面无沟槽，在开花时强烈地反折；花柱伸长，约 3 倍长于雌蕊群的子房部分；花和果实具梗；果实具宿存的膜片状花萼 ·············· 丝葵属 *Washingtonia*

19b 花序轴苞片管状，开花时不劈裂成剑形的片状；花瓣既不扁平也非膜片状，与花药相对的内表面具沟槽；花柱与子房部分等长，或罕为 2~2.5 倍长于子房部分(锯齿棕属 *Serenoa*) ····························· 20

20a 果实大而平滑(成熟时直径约 5 cm)；中果皮海绵状具短纤维靠近并紧贴在内果皮上，内果皮具基部三角形的凸起，在一侧为圆的，在另外三侧具龙骨状凸起；胚顶生，偏离中心，胚乳具明显的、裂片状的种皮侵入物 ····································· 脊果棕属 *Pritchardiopsis*

20b 果实大小不一，若是大的则通常具木栓质瘤；内果皮平滑，不具龙骨状凸起，没有基部凸起物；胚侧生或基生，(胚乳)有或无种皮侵入物 ········ 21

21a 叶柄和边缘和/或叶脉具短粗的齿，败育的心皮在果实顶端；种子胚乳嚼烂状 ······································· 蜡棕属 *Copernicia*

21b 叶柄具齿或无，叶无齿；败育的心皮通常在果实基部；种子胚乳均匀，有时被裂片状的种皮侵入物所贯穿 ····························· 22

22a 胚乳具种皮侵入物 ································· 25

22b 胚乳无种皮侵入物 ································· 23

23a 树干单生，有时在或靠近中部处一侧鼓起；叶柄不具刺；雄蕊群管凸出于花冠裂片之外 ······························· 瓶棕属 *Colpothrinax*

23b 树干丛生，直立或匍匐而分枝；叶柄多刺；雄蕊(群)管不凸出于花冠裂片之外 ······································· 24

24a 茎直立，密集丛生；花为蝎尾状聚伞花序，但向小穗轴顶部逐渐变为对生或单生；萼片离生或在基部稍合生，覆瓦状排列；雄蕊花丝在基部合生成环状，离生部分短，急尖；果实球形；种脊短，很少长于种子的一半 ········ ······································· 湿地棕属 *Acoelorraphe*

24b 茎平卧，罕为直立；花单生或偶尔成对着生；萼片管状，短三裂；雄蕊花丝在基部稍微合生，离生部分逐渐变狭；果实椭圆球形；种脊延伸至整个种子的长度 ·· 锯齿棕属 *Serenoa*

25a 萼片离生，覆瓦状排列 ······························ 长穗棕属 *Brahea*

25b 萼片基部连合 ·· 26

26a 叶片深裂成复裂片，再浅裂成单折的裂片；雄蕊环显著，厚，在基部几乎分离，单独的花丝细长而非阔圆；雌蕊陀螺形；果实很大(成熟时直径至少 6 cm)，通常具木栓质的瘤(仅金氏球棕 *Pholidocarpus kingianus* 是光滑的) ·· 金球棕属 *Pholidocarpus*

26b 叶片整齐分裂成单折的裂片，极罕见为复裂片［大叶蒲葵(*Livistona saribus*)］；雄蕊环顶端具宽的圆齿，着生于花瓣上；雌蕊在室上面最宽，向花柱急渐狭；果实小(成熟时直径罕见超过 4 cm)，平滑 ······ 蒲葵属 *Livistona*

27a 雌雄异株；叶片上表面暗绿色，背面灰白色；全部花序轴被一层厚的多细胞毛；花瓣嵌在花萼上面宽的花梗上；心皮基部仅在子房部位合生，花柱完全分离；胚乳浅嚼烂 ·································· 泰国棕属 *Kerriodoxa*

27b 植株具两性花；叶背面非灰白色；小花穗轴被各式茸毛或无毛；具花梗或发育不良；心皮在其子房部位和通常整个花柱合生；胚乳均匀或嚼烂状 ··· 28

28a 植株丛生；无小戟突；小花穗轴苞片管状 ························· 29

28b 植株单生；近轴面存在小戟突；小花穗轴苞片小，三角状 ················ 30

29a 植株细长，多次开花结实；花序穗状或分枝至 2 级；胚乳均匀或嚼烂状 ··· ··· 琼棕属 *Chuniophoenix*

29b 植株中等大小，一次开花结实，无茎或具直立的常常是分枝的茎；花序为圆锥花序，多分枝；胚乳均匀 ············· 中东矮棕属 *Nannorrhops*

30a 大型植株，一次开花结实；叶柄边缘具齿；花为贴生的蝎尾状聚伞花序；雌蕊具 3 沟槽，向花柱急变狭，花柱道 3 ············· 贝叶棕属 *Corypha*

30b 植株无茎至粗壮、直立，多次开花结实；叶柄无齿；花单生；雌蕊具浅三裂，花柱延长、宽，仅稍窄于子房部分，花柱道 1 ············· 菜棕属 *Sabal*

2.1.1.1.2　刺葵族 Phoeniceae

仅 1 个属，即刺葵属 *Phoenix*。

2.1.1.1.3　糖棕族 Borasseae

分属检索表

1a 小戟突无 ·· 2

1b　小戟突有 ·· 3

2a　叶片苍白色，解剖学上属背腹性叶（异面叶），劈裂至裂片长度的 2/3，中肋
　　短，横小脉不明显 ······································· 北非棕属 *Medemia*

2b　叶片非苍白色，解剖学上属等面叶，劈裂至裂片长度的 1/3～1/2，中肋长，
　　几乎达到叶的顶端，横小脉明显 ·················· 巨籽棕属 *Lodoicea*

3a　叶柄具刺 ··· 4

3b　叶柄不具刺 ··· 5

4a　叶柄上的刺大，规则，多数向上；叶片横小脉不明显 ··· 叉干棕属 *Hyphaene*

4b　叶柄边缘具不规则的齿；叶片横小脉明显 ·············· 糖棕属 *Borassus*

5a　叶片劈裂程度不一，有些劈裂很深，几达到小戟突，叶片在解剖学上属等面
　　叶，横小脉明显 ····························· 垂裂棕属 *Borassodendron*

5b　叶片劈裂整齐，稍浅，叶片在解剖学上属背腹性叶，横小脉不明显 ········· 6

6a　小戟突明显地偏向一侧，中肋长而弯 ··············· 霸王棕属 *Bismarckia*

6b　小戟突整齐，中肋短，通常是直的 ················· 彩叶棕属 *Latania*

2.1.1.2　省藤亚科 Calamoideae

分族检索表

1a　叶羽状或羽状具肋（老世界分布，酒椰属 *Raphia* 一种除外）·····················
　　··· 省藤族 Calameae

1b　叶掌状或掌状具肋（新世界分布）················· 鳞果族 Lepidocaryeae[①]

省藤族 Calameae 分亚族检索表

1a　花簇组成双生的两性花 ··········· 钩状叶藤亚族（非洲藤亚族）Ancistropyllinae

1b　花簇不组成双生的两性花 ·· 2

2a　小穗轴柔荑花序状，既着生双生的两性花和雄花，又着生单个的两性花 ···
　　······································ 西谷棕（西谷椰）亚族 Metroxylinae

2b　小穗轴通常非柔荑花序状（若是则无两性花）······························ 3

3a　植株杂性，小穗轴着生单个的，显然顶端是双生的，每个由两性花和雄花组
　　成，但在某段时间里只有一种花明显；雄蕊 20～70 枚；果实大，具有很小的
　　不整齐的鳞片，内果皮厚，内部具 6 或 12 个脊 ······ 刺果椰亚族 Eugeissoninae

3b　雄同株或异株，小穗轴各式；雄蕊 6 枚（除酒椰属 *Raphia* 为 6～30 枚外）；果

---

① Ulh et al.（1987）编制了省藤族的亚族检索表，未编制鳞果族分属检索表，而直接编制了省藤亚科
的分属检索表。

实通常具整齐的鳞片，缺内果皮 ……………………………………… 4

4a 雌雄同株 ……………………………………………………………… 5

4b 雌雄异株 ……………………………………………………………… 6

5a 攀缘棕榈植物，着生带刺叶的叶鞭(cirri)；小穗轴苞片包围着3~11朵花组成的花簇，中央的为雌花，两侧为蝎尾状聚伞花序，基部着生0~1朵雌花和几朵远基的雄花 …………………… 肿胀藤亚族(聚花藤亚族)Oncocalaminae

5b 粗大无茎或乔木状棕榈植物；小穗轴苞片包围着单生的花，基部为雌花，远基的为雄花 ………………………………………………… 酒椰亚族 Raphiinae

6a 多次开花结实，单生，很高的乔木状棕榈植物；小穗轴具小的苞片，在雄花中包着双生的花，在雌花中包着单生花 …………………… 金刺椰亚族 Pigafettinae

6b 多次开花结实或一次开花结实，无茎、灌木状或攀缘棕榈植物；小穗轴通常具显著的苞片 …………………………………………………………… 7

7a 一次开花结实，雄花小穗轴的苞片包着成对或单生的花，在雌花小穗轴上仅有单生的花 ………………………………………… 钩叶藤亚族 Plectocomiinae

7b 一次开花结实(极常见不育的雄花存在)或多次开花结实，攀缘或无茎；雄花序具成对或单生的花；雌花序着生双生的不育雄花和雌花(*Salacca* 组的 *Leiosalacca* 和 *Retispatha* 无不育的雄花除外) …………… 省藤亚族 Calaminae

省藤亚科 Calamoideae 分属检索表

1a 叶羽状或罕为简单分叉但具羽状脉序 …………………………………… 2

1b 叶掌状，通常具多数的外向折叠的裂片 ……………………………… 21

2a 花两性，单个着生，或双生或3朵聚生(攀缘棕榈植物) ………………… 3

2b 花杂性，雌雄同株或雌雄异株(攀缘，无茎或乔木状) ………………… 5

3a 多次开花的棕榈藤；小穗轴苞片小，不完全；花无小苞片；花冠管状，很厚，具3短裂片；花丝合生成肉质环着生于花瓣上 …… 单苞藤属 *Eremospatha*

3b 一次开花的棕榈藤；小穗轴苞片显著，完全或不完全；花具小苞片(但在戈塞藤属 *Korthalsia* 中花的小苞片被毛掩盖着)；花冠革质，基部管状，具3个舟状裂片；花丝不合生成肉质环 ……………………………………… 4

4a 花双生，罕为3朵聚生；小穗轴苞片2列排列，无毛；为片线状披针形，全缘 ………………………………………………… 脂种藤属 *Laccosperma*

4b 花单生；小穗轴苞片螺旋状排列，形成紧密的柔荑花序，通常充满毛；羽片披针形至宽的钻石形(菱形)，啮蚀状 ………………… 戈塞藤属 *Korthalsia*

5a 杂性植株；花为1朵两性花和1朵雄花的双生 …………………………… 6

5b 雌雄同株或雌雄异株 …………………………………………………… 7

6a　花很大，着生在由 7~11 个覆盖苞片组成紧密的杯状体里；花瓣多少木质化，具锐尖；雄蕊 20~70 枚；果实卵形，具喙，覆盖有小鳞片；中果皮具纤维；内果皮厚，木质，具 6 或 12 个内部纵向的凸缘贯穿的种子 ……………………………………………………………………………………… 刺果椰属 *Eugeissona*

6b　花小，每对着生于充满毛的小穗轴苞片的腋部；花瓣既不木质化也无带刺有尖；雄蕊 6 枚；果实圆，具大鳞片，无喙；中果皮厚，很少纤维；无内果皮 ……………………………………………………………… 西谷棕属 *Metroxylon*

7a　雌雄同株 ……………………………………………………………………… 8

7b　雌雄异株 ……………………………………………………………………… 9

8a　植株攀缘；花约 5~11 朵成簇着生于覆盖着二列苞片的腋部，中央 1 朵或 3 朵雌花，其余两侧为雄性蝎尾状聚伞花序；果实多少圆形，小，覆盖有小鳞片 ……………………………………………………… 肿胀藤属 *Oncocalamus*

8b　粗大无茎或乔木状棕榈植物；花单生，每朵着生在小穗轴苞片的腋部，在小穗轴上近基部的雌花有 2 小苞片伴随，远基的雄花有 1 小苞片伴随，极罕见单个的双生存在于从雄花向雌花过渡的过程中；果实很大，具少数的大鳞片 …………………………………………………………………… 酒椰属 *Raphia*

9a　多次开花结实，无茎；花序短，在芽期时被围在包着的叶鞘内，开花时从叶鞘背面的一纵沟现出；顶生的羽片为复叶或整片为扇状叶；两性的小穗轴多少为柔荑状 ………………………………………………… 蛇皮果属 *Salacca*

9b　无茎，乔木状或攀缘状；花序不从叶鞘的远轴面的纵沟现出；顶生叶片通常单折；小穗轴柔荑状或非柔荑状 ……………………………………… 10

10a　雌花小穗轴着生成对的 1 朵雌花和 1 朵不育雄花（极罕见 2 朵雌花和 1 朵不育雄花）；雄花小穗轴着生能生育的雄花，单个或成对 ………………… 11

10b　雌花小穗轴着生单生的花；雄花单生或成对 ………………………… 17

11a　无茎，一次开花结实；雌、雄花小穗轴均为柔荑花序状；雄花成对着生；种子具明显的宽的合点孔穴和附着的浆果皮 …………… 泽刺椰属 *Eleiodoxa*

11b　无茎或攀缘，一次开花或多次开花；小穗轴极罕见为柔荑状；若是柔荑状则不在两性中；雄花单个着生 …………………………………………… 12

12a　整个花序被包在先出叶中 …………………………………………… 13

12b　花序不被包在先出叶中，或先出叶仅包鞘着花序基部 …………… 15

13a　先出叶在近顶端的一对孔张开，开花后仅沿着纵向劈裂或偶然地开裂 ……………………………………………………………… 角裂藤属 *Ceratolobus*①

────────────

①　角裂藤属 *Ceratolobus*、黄藤属 *Daemonorops*、美苞藤属 *Calospatha*、髯毛藤属 *Pogonotium* 和网苞藤属 *Retispatha* 均合并于省藤属 *Calamus* 中。

13b 先出叶在开花时沿着纵向劈裂 ·· 14

14a 先出叶大于任何其他的花序梗苞片；在叶鞘口存在着 2 个耳状附属物；无攀
　　缘的鞭；胚乳均匀 ·· 髯毛藤属 *Pogonotium*

14b 先出叶包着一系列相似的花序轴苞片，但它们的顶端被包在先出叶的喙部；
　　存在耳状物；叶纤鞭总是存在；胚乳嚼烂状 ···
　　　　·············· 黄藤属 *Daemonorops*（舟状佛焰苞亚属 *Subgenus Cymbospatha*）

15a 先出叶和花序轴苞片纵向劈裂至基部，通常在开花时脱落干净，除了先出叶
　　可能在开花后宿存很长时间外；花的小苞片通常很短，常常不太明显；胚乳
　　总是嚼烂状 ··· 黄藤属 *Daemonorops*（脱落佛焰苞亚属 *Subgens Piptospatha*）*

15b 先出叶和花序轴苞片为标准的管状，若劈裂，则宿存并具管状的基部；花的
　　小苞片不明显至明显；胚乳嚼烂状或均匀 ·· 16

16a 短粗的棕榈藤，不具攀缘的鞭；花序极短，在正常位置具先出叶，花序轴苞
　　片仅在基部管状，膨大，细长并向上急尖成有刺的喙，与先出叶 2 列着生成
　　一个直角；果实正常具 3 颗种子；胚乳均匀 ············· 美苞藤属 *Calospatha**

16b 无茎至高攀缘棕榈藤或密集灌丛，通常具叶纤鞭和花序鞭；花序短至很长，
　　具有标准的管状苞片，若苞片膨大，则不具急尖的喙；果实通常具 1 颗种
　　子，极罕见 3 颗种子；胚乳均匀或嚼烂状 ····························· 省藤属 *Calamus*

17a 高乔木状，多次开花结实；叶鞘具细长的篦齿状软的刚毛状刺；小穗轴多
　　数，极细长，从明显的苞片中完全地伸出，密被茸毛，小穗轴苞片和小苞片
　　多数被毛遮掩着；果实很少，很少超过 1 cm ············· 金刺椰属 *Pigafetta*

17b 多次开花或一次开花的棕榈藤，通常具利刺；小穗轴若细长则无茸毛，或苞
　　片包围；果实成熟通常至少 1.5 cm 宽 ·· 18

18a 多次开花，矮攀缘但无攀缘的鞭；花序苞片多少呈 2 列，具纤维，网状，多
　　少遮掩着小穗轴 ·· 网苞藤属 *Retispatha*

18b 一次开花，通常为高攀缘，具叶纤鞭；花序苞片非网状 ························· 19

19a 一级花序分枝下垂，2 列标准着生，显著的覆盖着或不覆盖着舟状苞片，常
　　常完全地包着小穗轴；小穗轴苞片不明显（除畸形情况外）；雄花成对着生
　　　　··· 钩叶藤属 *Plectocomia*

19b 一级花序分枝下垂或不下垂，着生的苞片很少与其他花序苞片有区别，不遮
　　掩着小穗轴；小穗轴苞片显著；雄花单个着生 ·································· 20

20a 叶鞘上无托叶鞘；两性的花序分枝铺散，通常分枝至 3 级；花具膜质的花被
　　轮；花药着生在长的细的内折的花丝上，从雄蕊环的裂片上下垂；果实覆盖
　　着不多的小的排列不整齐的鳞片 ·· 多鳞藤属 *Myrialepis*

20b 叶鞘具托叶鞘，有时分解；极罕见为铺散的分枝至 3 级；花具厚革质的花被

轮；花药多少无梗，从雄花环的裂片顶端下垂；果实覆被大的、排列整齐的鳞片 ································· 类钩叶藤属 *Plectocomiopsis*

21a 茎细长，无刺，丛生，林下层的棕榈植物；叶通常不整齐地分裂成 1 至数折的裂片；小穗轴短和压扁；雄花双生呈 2 列着生于小穗轴上 ················
··························· 鳞果棕属 *Lepidocaryum*

21b 中等至粗壮，单生或丛生，具刺或无刺的棕榈植物；叶整齐分裂成单折的裂片；雄花小穗轴和小时雌花小穗轴柔荑状，花螺旋状排列，单个或成对着生
··· 22

22a 茎中等，丛生多刺；雌花着生在短的柔荑状花序分枝上；雄花单生在每个小穗轴苞片的腋 ······················· 根刺鳞果棕属 *Mauritiella*

22b 茎粗大，单生，无刺；雌花很少或单个，着生于不多的柔荑状分枝上；雄花双生 ··························· 单干鳞果棕属（*Mauritia*）。

2.1.1.3 水椰亚科 Nypoideae

仅 1 属，即水椰属 *Nypa*。

2.1.1.4 蜡椰亚科 Ceroxyloideae

分族检索表

1a 在小穗轴上近基的花为两性花，远基的花通常较小，为雄花，均着生在长梗上 ································ 桃椰族 Cyclospatheae

1b 全部花为单性，若具梗，则较短 ································ 2

2a 雌雄异株，无冠茎；花单个着生在短的、通常具小苞片的花梗上；花从发育较早的先开放，雄蕊与花瓣等长或长于花瓣 ················ 蜡椰族 Ceroxyleae

2b 雌雄同株或异株，有或无冠茎；花无梗，通常在开花时无小苞片，单个着生或 1 朵雌花和 2 朵至几朵雄花成串着生，或雄花成 1 列着生，或罕为雌花（单梗苞椰属 *Wendlandiella*）；雄蕊在开花前或在开花时包在雄花里 ·········
··· 酒瓶椰族 Hyophorbeae

2.1.1.4.1 桃椰族 Cyclospatheae

仅 1 属，即樱桃椰属 *Pseudophoenix*。

2.1.1.4.2 蜡椰族 Ceroxyleae

分属检索表

1a 柱头残留在果实基部 ······································ 2

1b 柱头残留在果实的侧面至近顶部 ····························· 3

2a 花序梗苞片 5~7 个，花瓣基部合生；雄蕊 6~15 枚或更多 ··········
··· 蜡椰属 *Ceroxylon*

2b 花序梗苞片 3~5 个，花瓣离生；雄蕊 6 枚 ············· 昆士兰裙椰属 *Oraniopsis*
3a 雄蕊群具合生的花丝；种子通常 3 颗 ··············· 罗维列椰属 *Louvelia*①
3b 雄蕊群具离生的花丝；种子通常 1 颗 ·· 4
4a 雌花具有不育花药的退化雄蕊；雄花序常常多个；先出叶不完全 ···········
··· 国王椰属 *Ravenea*
4b 雌花具无不育花药的退化雄蕊；雄花序单生；先出叶完全 ·····················
··· 胡安椰属 *Juania*

2.1.1.4.3 酒瓶椰族 Hyophorbeae

分属检索表

1a 植株中等大小 ··· 2
1b 林下层植物 ··· 3
2a 具冠茎；花序在芽期时生于叶下，花梗稍短，小穗轴下垂 ·····················
··· 酒瓶棕属 *Hyophorbe*
2b 无冠茎；花序在芽期时生于叶间，逐渐变为叶下，常宿存，花梗延伸，小穗
轴展开 ··· 根锥椰属 *Gaussia*
3a 雌雄异株，林下层植物 ··· 4
3b 雌雄同株，花成串着生 ···················· 聚花椰属 *Synechanthus*
4a 花序梗苞片数个，花单生或成一弯列，萼片和花瓣离生或合生，内果皮硬
··· 袖珍椰属 *Chamaedorea*
4b 花序梗苞片 1 个，雌雄花成串排列，萼片和花瓣总是合生，内果皮膜质 ···
··· 单梗苞椰属 *Wendlandiella*

2.1.1.5 槟榔亚科 Arecoideae

分族检索表

1a 植株常常是一次开花结实，具向基产生的花序；叶羽状，或二回羽状，内向
折叠，羽片啮蚀状；花序两性或由于 3 朵聚生缩减至单性 ·····················
··· 鱼尾葵族 Caryoteae
1b 植株决不一次开花结实；叶羽状，或具肋羽状，外向折叠，羽片各式，有时
啮蚀状；花序罕为单性 ··· 2
2a 羽片顶端啮蚀状，并具几个由基部分叉的主肋脉，或羽片有时纵裂成 1 至几
个具肋的部分；花序具 1 个先出叶和 2 个以上的大的花序梗苞片 ··········· 3
2b 羽片通常急尖，或若啮蚀状或纵裂，则花序具 1 个先出叶和(0)1(2)个大的

---

① *Louvelia* 已归入国王椰属 *Ravenea*。

花序梗苞片 ·· 4

3a 花序罕为穗状，通常分枝至 1~2 级；花无梗，不陷入孔穴里 ················
·· 王根柱椰族 Iriarteeae

3b 花序为穗状；花陷入孔穴里，并在开花时在伸长的花托上伸出 ···············
··· 凸花椰族 Podococceae

4a 花通常在表面，罕见包在孔穴里；雄花的花瓣离生，镊合状；雌花花瓣覆瓦状，顶端具微小的至显著的镊合状，罕见基部合生或镊合状，花柱不伸长
··· 5

4b 花通常总是陷入小穗轴的孔穴里；雌、雄花的花瓣基部合生成一软管，裂片镊合状，花柱伸长，显著 ······························· 唇苞椰族 Geonomeae

5a 雌蕊群通常为假 1 室，仅极罕见为 3 颗胚珠，当为 3 颗胚珠时，则果实罕见超过 1 颗种子，若超过 1 颗种子，则果实具裂片；果实具薄的或罕为厚的内果皮，有时具基生的孔盖，但无 3 个或更多的孔 ············ 槟榔族 Areceae

5b 雌蕊群具 3 室，3 颗胚珠，果实决不具裂片；果实几乎总是具厚的骨质内果皮，内含 1~3 颗或更多的种子和见 3 个或更多的界限清晰的孔 ···············
··· 椰子族 Cocoeae

2.1.1.5.1 鱼尾葵族（鱼尾椰族）Caryoteae

分属检索表

1a 叶二回羽状；花序总是着生两性花；胚乳嚼烂状 ········· 鱼尾葵属 Caryota

1b 叶一回羽状；花序罕为两性，通常为单性；胚乳均匀 ···························· 2

2a 一次开花结实，向基开花；花序总是单性；雄花萼片合生成管状；雄蕊 (3) 6 (9~15 枚) ··· 瓦理棕属 Wallichia

2b 多次开花结实或一次开花结实，向基开花或罕为向顶开花；花序有时两性；雄花萼片离生，覆瓦状；雄蕊 6~∞ 枚 ···························· 桄榔属 Arenga

2.1.1.5.2 王根柱椰族 Iriarteeae

分属检索表

1a 花序总是单生在节上；雄花和雌花着生在同一花序上，呈 3 朵聚生或向小穗轴顶端着生成对或单生的雄花（王根柱椰亚族 Iriarteinae） ···················· 2

1b 花序通常几个着生在 1 节上；中央的为雌花或罕为雄花，侧边的总是雄花；雄花和雌花通常着生在单独的花序上，雌花有时（Catoblastus[①]）由侧边的不育雄花（绳序椰亚族 Wettiniinae）伴随着 ··· 5

---

① Catoblastus 已归入绳序椰属 Wettinia。

2a　柱头残留物在果实的顶端或近顶端；雄花的雄蕊 9~100 枚或更多 ………… 3
2b　柱头残留物在果实的基部或近基部；雄花的雄蕊 6 枚 ………………………… 4
3a　支柱根多数细长，具稀疏的皮刺，形成密集的锥状体遮掩着茎；花序在芽期时圆柱状并有角度地下弯，许多（10 个以上）苞片在花序展开时从花序梗上脱落，小穗轴长，细长，疏松下垂；雄花多少对称，在花蕾时闭合，具覆瓦状萼片和 9~20 枚雄蕊；种子的胚侧生 ………………… 王根柱椰属 *Iriartea*
3b　支柱根粗壮，多数具密集的皮刺，形成一个开张的支持锥状体；花序在芽期时腹背面压扁而直立，4~7 个苞片在远轴面劈裂，近宿存和直立在腹背面压扁花序梗上，花序梗在开花时反折；小穗轴较短，较粗，开花时稍硬挺展开，结果时下垂；雄花多少不对称，或至少成棱角的被紧密包着，在花蕾时张开，雄蕊 20~100 个或更多；种子的胚顶生或偏离顶端 ………………
　……………………………………………………… 高根柱椰属 *Socratea*
4a　低地森林的下层细长的小棕榈植物；羽片着生于一个平面上，不分裂；花序生于叶间，或结果时在叶下，直立，仅分枝至 1 级，花序梗长，苞片多少宿存；果实小，椭圆形至倒卵形；种子的胚顶生或偏离顶端 …………………
　……………………………………………………… 毛鞘椰属 *Iriartella*
4b　山地森林的林冠层的粗壮棕榈植物；羽片分裂成几个裂片展示在不同的平面上；花序生于叶下，在芽期时直立，或有角度地下弯，分枝至 2 级；苞片脱落；果实多数为球形；种子的胚基 ………………… 网籽椰属 *Dictyocaryum*
5a　花序具几个松散的分枝；花单独着生在细长的小穗轴上，花柱极短或无；果实球形至椭圆形，外果皮无毛或具极稀疏的毛；胚乳均匀或嚼烂状 ………
　……………………………………………………… 巴帕椰属 *Catoblastus**
5b　花序具少数大的分枝；花密集拥挤在分枝或不分枝的小穗轴上，花柱侧生，短或伸长；果实椭球状或球状；外果皮具密毛，瘤状或刺状；胚乳均匀 …
　……………………………………………………… 绳序椰属 *Wettinia*

2.1.1.5.3　凸花椰族 Podococceae

仅 1 属，即凸花椰属 *Podococcus*。

植株决不一次开花结实；叶羽状，外向折叠，羽片顶端啮蚀状，并具几个由基部分叉的主肋脉，或羽片有时纵裂成 1 个至几个具肋的部分；花序罕为单性，具 1 个先出叶和 2 个以上的大的花序梗苞片；花序为穗状；花陷入孔穴里，并在开花时在伸长的花托上伸出。

2.1.1.5.4　槟榔族 Areceae

分亚族检索表

1a　雌蕊群具 3 颗胚珠 ………………………………………………………… 2

1b 雌蕊群为假 1 室，罕见 2 个不育心皮存在 ································· 5

2a 叶很大，不分裂，或不规则地分裂；花序在开花时完全被网状的先出叶和花序梗苞片包着；果实具木栓质的瘤 ················· 袖苞椰亚族 Manicariinae

2b 叶羽状，若全缘则较小；花序在开花时不被先出叶和花序梗苞片包着；果实平滑 ·· 3

3a 先出叶远小于花序梗苞片，通常被叶鞘遮掩着；花序梗苞片大，木质，通常具喙 ··· 喙苞椰亚族 Oraniinae

3b 先出叶和花序梗苞片相似；花序梗苞片膜质或革质，但很少是木质，没有明显的喙 ··· 4

4a 植株中等大小，茎被叶鞘纤维遮掩着；花序具许多开展的分枝，甚至到 4 级的分枝；雄花圆，雄蕊 6 枚；果实为双凸镜状或卵形，柱头残留于基部 ···
　　·· 扁果椰亚族 Leopoldiniinae

4b 植株小型至中等大小，茎细长，不被叶鞘纤维遮掩着；花序穗状或具少数的多少靠近的 1 级分枝，罕见 2 级分枝；雄花具尖头，雄蕊 8~40 枚；果实卵形至椭圆形，柱头残留于顶部 ································· 窗孔椰亚族 Malortieinae

5a 内果皮具有界限明显的孔盖覆盖在胚上 ························· 6

5b 内果皮不具界限明显的孔盖 ······································· 7

6a 植株有刺，至少是在幼龄阶段 ··················· 刺菜椰亚族 Oncospermatinae

6b 植株无刺 ····································· 齿叶椰亚族 Iguanurinae

7a 雌花花瓣合生；退化雄蕊合生成杯状贴生在花瓣上 ··· 王椰亚族 Roystoneinae

7b 雌花花瓣离生，覆瓦状，极罕见合生；退化雄蕊齿状不形成杯状 ·········· 8

8a 叶大，二裂或不规则分裂；花序穗状或分枝至 1 级，拥挤，着生 1 个大的完全的和 2 至几个不完全的花序梗苞片；雄花萼片狭，在芽期时分离 ·········
　　·· 硬籽椰亚族 Sclerospermatinae

8b 叶各式；花序通常不着生不完全的花序梗苞片，各式分枝，拥挤或不拥挤；雄花萼片覆瓦状，镊合状，或合生，不完全分离 ························· 9

9a 花着生在孔穴里或在具长花序梗的、生于叶间的小穗状花序的凹陷内，小穗状花序单生或几个一起生于叶腋内；雄花对称或近对称；萼片圆，宽覆瓦状；柱头残留于顶部 ································· 线序椰亚族 Linospadicinae

9b 花着生于表面，若着生在孔穴里则花序分枝并生于叶下；雄花对称或不对称；萼片各式；柱头残留物各式 ································· 10

10a 花着生在孔穴里具凸出的圆唇瓣；花序生于叶下，分枝至 3 级；花序梗极短，基部分枝极叉开；冠茎充分发育；雄花对称，在芽期时是圆的；萼片阔圆，覆瓦状；雄蕊 6~15 枚；柱头残留于顶部 ··· 红椰亚族 Cyrtostachydinae

10b 花不着生在孔穴里或着生在孔穴里则雄花具急尖的萼片和/或果实具有侧面
 的柱头残留物，而花序仅分枝至 1 级 ……………………………………… 11

11a 雄花严格对称，圆形或子弹形 ……………………………………………… 12

11b 雄花通常不对称，若对称则花序苞片仅 1 个，或雄花不为圆形或子弹形 … 13

12a 羽片先端几乎总是全缘的；花序通常生于叶间，穗状或分枝到 4 级；雄花常
 很小，在芽期时顶端圆，萼片长约为在芽期时花瓣的 1/2；雄蕊 6 个或 3 个；
 雌蕊常 3 室，但具 1 颗胚珠；柱头残留于基部……… 马岛椰亚族 Dypsidinae

12b 羽片先端啮蚀状；花序生于叶下，分枝达 4 级；雄花中等大小，在芽期时子
 弹形，萼片在芽期时小于花瓣长的 1/2；雄蕊多数；雌蕊 1 室；柱头残留于
 顶部…………………………………………… 皱籽椰亚族 Ptychospermatinae

13a 花序分枝至 1 级，有时为马尾状，罕为穗状，花序梗苞片稍微明显地从先出
 叶中伸出，若不伸出，则柱头残留于侧面；雄花通常具明显内折的花丝；柱
 头残留于顶部，基部或侧面 ………………………… 菜椰亚族 Euterpeinae

13b 花序穗状或分枝至 3 级，花序梗苞片若存在则不从先出叶中伸出；雄花的花
 丝内折或不内折；柱头总是残留于顶部 …………………………………… 14

14a 花序分枝仅着生 1 个先出叶或也着生 1 个花序梗苞片，花通常 3 朵聚生在整
 个小穗轴上（岩槟椰属 Loxococcus 除外），分枝通常不太开展，小穗轴直，很
 少为"之"字形曲折，没有不规则的角；花螺旋状着生，2 列，或轮生，或仅
 在小穗轴的一侧；当花序苞片开放时雄花通常约 3 倍长于雌花或更长，若非
 如此则无花序梗苞片 …………………………………… 槟椰亚族 Arecinae

14b 花序总是着生 1 个先出叶和 1 个花序梗苞片，分枝很开展，有时下垂，小穗
 轴通常为 2 列的"之"字形曲折，具不规则的角；花螺旋状着生；当花序苞片
 开放时雄花仅稍大于雌花………………… 假槟椰亚族 Archontophoenicinae

（1）喙苞椰亚族 Oraniinae

分属检索表

1a 花序着生 2 个鞘状、具喙、木质化的序梗苞片；雄花萼片平截，分离，或罕
 为 2 个连合；雄蕊 27~32 枚；雌蕊萼片分离或罕为连合；退化雄蕊 12 枚
 …………………………………………………… 三苞椰属 Halmoorea[①]

1b 花序着生 1 个鞘状、具喙、木质化的序梗苞片；两种花的萼片合生成具急尖
 的裂片；雄蕊 3~14 枚，有时 3~6 枚 ………………… 喙苞椰属 Orania

（2）袖苞椰亚族 Manicariinae

仅 1 属，即袖苞椰属 Manicaria。

---

① Halmoorea 已归入喙苞椰属 Orania。

叶很大，不分裂，或不规则地分裂；花序在开花时完全被网状的先出叶和花序梗苞片包着；雌蕊群具 3 颗胚珠；果实具木栓质的瘤。

（3）扁果椰亚族 Leopoldiniinae

仅 1 属，即扁果椰属 *Leopoldinia*。

植株中等大小，茎被叶鞘纤维遮掩着；叶羽状，若全缘则较小；花序在开花时不被先出叶和花序梗苞片包着，先出叶和花序梗苞片相似，花序梗苞片膜质或革质；花序分枝多，开展，分枝到 4 级；雌蕊群具 3 颗胚珠；雄花圆，雄蕊 6 枚；果实平滑，但很少是木质，没有明显的喙，果实为双凸镜状或卵形，柱头残留于基部。

（4）窗孔椰亚族 Malortieinae

仅 1 属，即窗孔椰属 *Reinhardtia*。

植株小型至中等大小，茎细长，不被叶鞘纤维遮掩着；叶羽状，若全缘则较小；花序在开花时不被先出叶和花序梗苞片包着，先出叶和花序梗苞片相似；花序梗苞片膜质或革质；花序穗状或具少数的 1 级分枝，罕见 2 级分枝；雌蕊群具 3 颗胚珠；雄花具尖头，雄蕊 8~40 枚；果实平滑，但很少是木质，没有明显的喙，果实卵形至椭圆形，柱头残留于顶部。

（5）马岛椰亚族 Dypsidinae

原有 6 属，其中 5 属（*Neophloga*、*Chrysalidocarpus*、*Neodypsis*、*Vonitra* 和 *Phloga*）已归入马岛椰属 *Dypsis* 中。

植株极小至大型，无刺，有时具 2 列分枝；叶羽状或具肋羽状；羽片通常全缘，极罕见为啮蚀状；花序大多数生于叶间，穗状或分枝至 4 级；花序梗多少伸长，基部分枝叉不明显；花序梗苞片通常明显，伸出或早落，先出叶常常附着在花序梗的基部；雄花对称，多少圆形，有时很小；雌花的花瓣覆瓦状；雌蕊群常常 3 室，但具 1 颗胚珠；果实基部具柱头残留物；种子基部具种脐。

（6）菜椰亚族 Euterpeinae

分属检索表

1a 花序马尾状；花序轴的近轴面无分枝，小穗轴全部侧生或生于远轴面，弯曲而下垂；先出叶大大短于花序轴苞片，后者为柱状，具喙；胚大，约为种子长度的 2/3 ·· 2

1b 花序非马尾状；花序轴分枝螺旋状着生于各个侧面，或为穗状花序；先出叶与花序轴苞片近等长或不等长；胚小，远小于种子长度的 1/2 ············ 3

2a 羽片的下表面具蜡质；雄花具 6 枚雄蕊；胚乳通常均匀 ························
··· 酒果椰属 *Oenocarpus*

2b 羽片的下表面具盾状、镰刀状毛或双镰刀状毛；雄花具 9~20 枚雄蕊；胚乳
嚼烂状 ·· 杰森椰属 *Jessenia*①

3a 雄花的内层雄蕊明显地贴生在雌蕊体上，雌花的萼片基部合生；柱头残留于
果实的基部 ·· 红轴椰属 *Hyospathe*

3b 雄蕊不贴生在雌蕊体上，雌花的萼片覆瓦状；柱头残留于果实的顶部或侧面
··· 4

4a 无茎或茎极短；花序穗状；柱头残留于果实的顶部 ··· 单序椰属 *Neonicholsonia*

4b 茎短、中等或高；花序分枝至 1 级；柱头残留于果实的侧面 ··················· 5

5a 冠茎明显；叶柄短；花序分枝密被白色至暗褐色的茸毛，开展，从背腹面稍
扁的花序轴处下垂，通常在基部不显著扩大；先出叶与花序轴苞片近等长或
不等长，花序轴苞片具喙，紧靠先出叶着生；花常常着生在孔穴里 ········
·· 菜椰属 *Euterpe*

5b 冠茎通常不明显（除少数种类外），但叶鞘管状，部分张开；叶柄通常较长；
花序分枝无毛至稍具毛或鳞片，硬向上或向各个方向叉开，基部常常呈明显
的鳞茎状；先出叶与花序轴苞片明显不等长，花序轴苞片较长、柱状、具
喙，通常在先出叶上部一定距离着生；花着生于表面 ······ 粉轴椰属 *Prestoea*

（7）王椰亚族 Roystoneinae

仅 1 属，即王棕属 *Roystonea*。

植株粗壮，不具刺；叶羽状，羽片全缘；冠茎发达；花序生于叶下，分枝至
4 级；雌花花瓣基部合生，顶部镊合状；退化雄蕊合生成杯状贴生在花瓣上。雌
蕊群为假 1 室；内果皮不具界限明显的孔盖，果实基部具柱头残留物。

（8）假槟榔亚族 Archontophoenicinae

分属检索表

1a 雄花不对称，急尖；萼片狭，急尖至渐尖，基部极短的覆瓦状，长比宽大
3~4 倍或更多；雄蕊花丝在芽期时明显地内折；雌蕊与雄蕊在芽期时等长；
果实干时不显出卵石花纹，中果皮具细长的石细胞 ··························· 2

1b 雄花对称，若不对称则萼片基部明显地覆瓦状，急尖至圆，长比宽小 2 倍；
雄蕊花丝在芽期时顶端多少直立；雌蕊各式或无；果实干时显出卵石花纹，
中果皮具短贝壳状，苍白色，扁平的石细胞 ································· 3

2a 花 3 朵聚生在基部，雄花成对至单生远基着生在小穗轴上；雄蕊 6~12 枚；
雄蕊先熟；雌蕊细长，圆柱状；中果皮无单宁细胞 ········· 伞椰属 *Hedyscepe*

2b 花 3 朵聚生在几乎整个小穗轴上；雄蕊 9~12 枚；雌蕊先熟；雌蕊基部圆；

---

① *Jessenia* 已归入酒果椰属 *Oenocarpus*。

中果皮具单宁细胞 ··· 新西兰椰属 *Rhopalostylis*

3a 叶少，呈 4 列排列；雄花几乎对称；雌蕊与雄蕊等长；小苞片围绕着雌花成
萼片状，约与小穗轴苞片等长；果实无单宁细胞 ······ 玫瑰椰属 *Actinokentia*

3b 叶多，呈 4 列以上排列；雄花对称或不对称；雌蕊在芽期时短于雄蕊或缺；
小苞片围绕着雌花不均等，非萼片状；果实具有或无单宁细胞 ··············· 4

4a 雄花不对称，具有凸出的雌蕊，在芽期时超过雄蕊长的 1/2 ················ 5

4b 雄花对称或不对称，雌蕊短，三裂或缺，大大短于雄蕊长的 1/2 或缺 ······ 6

5a 雄蕊约 34~37 枚；果实椭圆形，无单宁细胞；种子胚乳均匀
··· 橄榄椰属 *Kentiopsis*

5b 雄蕊约 12~13 枚；果实球形至椭圆形，具分散的单宁细胞；种子胚乳嚼烂状
··· 假槟椰属 *Archontophoenix*

6a 雄花对称；萼片覆瓦状，阔圆；花瓣圆形；雌蕊短，三裂；在石细胞的外层
和纤维内层之间具有单宁细胞的中果皮，纤维只附着在中果皮的基部 ······
··· 粗壮椰属 *Mackeea*[①]

6b 雄花不对称；萼片急尖；花瓣具棱角；雌蕊缺；中果皮具分散的单宁细胞，
纤维常常变粗，附着在整个内果皮上 ············· 红心椰属 *Chambeyronia*

（9）红椰亚族 Cyrtostachydinae

仅 1 属，即红椰属 *Cyrtostachys*。

（10）线序椰亚族 Linospadicinae

分属检索表

1a 花序梗苞片着生在花序梗的近基部，扁平，顶部张开，开花前短于或不包着
小穗状花序，多少宿存或凋落；花丝大多数内折，花药背着；内果皮附着于
种子上 ··· 隐萼椰属 *Calyptrocalyx*

1b 花序梗苞片着生在花序梗的顶部，管状，在芽期时包着小穗状花序，凋存或
早落，在花序梗上留下波缘状痕迹；花丝不内折，花药基着；内果皮附着于
种子上或分离 ··· 2

2a 茎单生、粗壮；羽片总是单折；雄花具 30~70 枚雄蕊；内果皮厚，骨质，不
附着在种子上；胚乳均匀 ································· 豪威椰属 *Howea*

2b 茎通常丛生，通常较细长；羽片具 1 至数折；雄花具 6~15 枚雄蕊；内果皮
薄，附着在种子上；胚乳均匀或嚼烂状 ······························· 3

3a 羽片单折；种子胚乳嚼烂状，种脊伸展到种子的长度，具网状分枝 ········
··· 穗序椰属 *Laccospadix*

---

① *Mackeea* 归入橄榄椰属 *Kentiopsis* 中。

3b 羽片 1 至数折或叶片不分裂；种子胚乳均匀，种脊伸展到种子的长度的 1/3
或更少，具分离的分枝或网结分枝 ················· 线序椰属 Linospadix
（11）皱籽椰亚族 Ptychospermatinae

分属检索表

1a 幼龄叶的羽片全缘，楔形，数条脉，成熟叶纵向分裂 7~17 个线形裂片；花
序梗苞片与先出叶相似并且包在先出叶内，花序梗苞片和先出叶早落 ····· 2

1b 幼龄叶和成熟叶的羽片楔形，平截，急尖，渐尖，或偏斜，不分裂；花序梗
苞片与先出叶相似，或长于先出叶和刚好着生在先出叶上面和凸出于先出
叶，花序梗苞片和先出叶凋存 ··· 3

2a 茎略为瓶状；一级羽片整齐分裂成 11~17 个裂片，背面无白色茸毛状鳞片；
内果皮外面具大的、明显分枝的、粗糙黑纤维；胚乳均匀 ············
·· 狐尾椰属 Wodyetia

2b 茎中等至细长，不为瓶状；一级羽片成簇排列，分裂成 7~9 个裂片，背面
着生白色茸毛状鳞片；内果皮外面具稀少分枝的、细的、圆柱状的草黄色纤
维；胚乳嚼烂状 ·························· 银叶狐尾椰属 Normanbya

3a 种子横切面圆形 ·· 4

3b 种子横切面具棱角或沟 ·· 6

4a 羽片宽楔形至狭楔形，或宽披针形至倒卵形；花序梗苞片圆柱形并具凸出的
喙，刚好着生在先出叶上面并逐渐伸出于先出叶 ········ 阔羽椰属 Drymophloeus

4b 羽片披针形，中等至狭；花序梗苞片与先出叶相似并且包在先出叶内 ······ 5

5a 羽片在中部宽或整片较宽，中等至稍短，平截，斜截，急尖或渐尖，在背面
的中肋基部被膜片状的小鳞片；中果皮具几列纤维状的维管束，截面多少圆
状，紧接内果皮 ···························· 蜡轴椰属 Veitchia

5b 羽片狭、长，通常具 2~4 个稍短的锯齿状的尖头，在中肋无膜片状的小鳞
片；中果皮具单列大的、扁平的纤维状的维管束，紧紧附着到内果皮上 ···
·· 北澳椰属 Carpentaria

6a 花序梗伸长；花序梗苞片刚好着生在先出叶上面并伸出于先出叶；果实常常
棱角而两端变狭；种子横切面具不规则的棱角，急尖 ········ 杖椰属 Balaka

6b 花序梗短；花序梗苞片与先出叶相似并且包在先出叶内；果实卵形；种子横
切面具 3~5 条沟，急尖，而两端平截或具尖头 ·························· 7

7a 羽片先端具 3 个尖头，中央的尖头最长；花药基着，非"丁"字着；果实干时
具明显的五棱；种子具 5 个急尖的脊 ············· 三叉羽椰属 Brassiophoenix

7b 羽片急尖，斜截，平截，或具 2 个尖头和顶端凹入；花药背着，基部箭头

状；果实干时圆形或具不规则的棱角；种子具 5 个圆的或不规则的脊 …… 8

8a 种子顶端圆具 5 个圆的脊；内果皮薄，具纤维，或若稍为骨质，则不复杂，
而雄花具短的、圆锥状卵形的雌蕊 …………………… 皱籽椰属 *Ptychosperma*

8b 种子顶端尖，具不规则的脊；内果皮极厚，坚硬；雌蕊总为瓶状 …………
………………………………………………………… 皱果椰属 *Ptychococcus*

（12）槟榔亚族 Arecinae

分属检索表

1a 花序着生 2 个大苞片，先出叶和相似的 1 个花序梗苞片，花序梗以后在基部
产生 2 个环状痕 …………………………………………………………………… 2

1b 花序只着生 1 个大苞片，花序梗以后在基部产生 1 个环状痕 …………… 6

2a 花序梗苞片明显短于先出叶，几不包鞘着花序；在小穗轴近基 1/2～3/4 处螺
旋状排列着 3 朵聚生的花 ………………………………………………………
…………………………………………………………… 岩槟榔属 *Loxococcus*

2b 花序梗苞片约与先出叶等大；几乎在整个小穗轴上对生和交互对生或轮生、
极罕见螺旋状排列着 3 朵聚生的花 ………………………………………… 3

3a 雌花的萼片和花瓣合生 ………………………… 合被槟榔属 *Siphokentia*[①]

3b 雌花的萼片和花瓣离生 …………………………………………………………… 4

4a 花序上雄蕊先熟；雌花的花瓣长于萼片长的 2 倍以上，具明显的长的镊合状
顶尖 ………………………………………………… 长瓣槟榔属 *Gronophyllum*[①]

4b 花序上雌蕊先熟；雌花的花瓣短于萼片长的 2 倍，具明短的镊合状顶尖 …… 5

5a 植株粗壮，单生；叶大；羽片先端急尖或不规则的二裂 ……………………
…………………………………………………………… 单生槟榔属 *Gulubia**

5b 植株中等，通常丛生；叶短；羽片先端明显啮蚀状 ………………………
………………………………………………………… 丛生槟榔属 *Hydriastele*

6a 花序上雌蕊先熟，穗状花序或只分枝至 1 级；在整个小穗轴上着生 2 列的或
较罕见螺旋状排列着 3 朵聚生的花………………………… 山槟榔属 *Pinanga*

6b 花序上雄蕊先熟（在少数槟榔属的种类，记载为雌蕊先熟也许是错误的），穗
状花序或分枝至 1～3 级；在小穗轴近基处着生 3 朵聚生的花，远基着生成对
或单生的螺旋状排列，2 列或单侧的雄花，或小穗轴为单性花 …………… 7

7a 通常在每个小穗轴基部只要极少数的 3 朵聚生的花；罕为多数；种子基部附
着环状种 ……………………………………………………… 槟榔属 *Areca*

---

① 合被槟榔属 *Siphokentia*、长瓣槟榔属 *Gronophyllum* 和单生槟榔属 *Gulubia* 均归入帝丛生槟榔属
Hydriastele 中。

7b 花多数为 3 朵聚生，常常占小穗轴长度的 3/4；种子侧面附着狭纵向种脐…
………………………………………………………… 根柱槟榔属 *Nenga*

（13）齿叶椰亚族 Iguanurinae

分属检索表

1a 先出叶在着生处完全环绕着花序梗，当早落时留下环状痕；雄蕊 6 枚或更多
……………………………………………………………………………… 2
1b 先出叶在着生处不完全环绕着花序梗，在远轴面张开，脱落时留下不完全的
痕迹；雄蕊总是 6 枚 ………………………………………………………… 20
2a 种子具不规则的脊具沟、雕纹和附着的纤维…………… 脊籽椰属 *Alsmithia*[①]
2b 种子稍小，不具脊和雕纹 …………………………………………………… 3
3a 雄花呈纵向成对、远基着生在小穗轴，疏离地陷入的凹陷里，小于近基侧生
于小穗轴上的雌花；果实大，顶部具柱头残留物 ……… 纵花椰属 *Neoveitchia*
3b 雄花呈水平方向成对、远基着生（在小穗轴上），雌花近基侧生于小穗轴上；
果实中等大小，罕见大果实，具顶部、侧面或基部的柱头残留物 ………… 4
4a 花序生于叶间；果实具凸出的木栓化瘤状物；柱头残留于果实基部 ……… 5
4b 花序生于叶间或叶下；果实平滑或干时仅有卵石花纹至颗粒状；柱头残留物
各式 ………………………………………………………………………… 6
5a 花序梗苞片着生在花序梗的基部；果实直径大于 2.5 cm …………………
…………………………………………………… 银叶凤尾椰属 *Pelagodoxa*
5b 花序梗苞片着生在花序梗的顶部；果实直径 1.5 cm 或更小些 ……………
…………………………………………………………… 瘤果椰属 *Sommieria*
6a 花着生在侧面压扁的孔穴里，雄花着生在长的有毛的花梗上；果实的柱头残
留物在侧面下部的 1/4 处；种子具沟和脊 …………… 毛梗椰属 *Bentinckia*
6b 花无梗或压在小穗轴上，既不在侧面压扁的孔穴里，也不在有毛的雄花梗
上；果实的柱头残留物在顶部至基部；种子光滑 ………………………… 7
7a 羽片具数肋（脉），带有啮蚀状的顶端或叶片（不分裂带齿状的边缘）；花序
通常生于叶间；花 3 朵聚生或浅或深地陷入小穗轴的凹陷里
…………………………………………………………… 齿叶椰属 *Iguanura*
7b 羽片具 1 肋（脉），顶端急尖或渐尖；花序各式；花 3 朵聚生于表面 …… 8
8a 种子胚乳嚼烂状 …………………………………………………………… 9
8b 种子胚乳均匀 ……………………………………………………………… 12
9a 叶鞘在叶柄对面劈裂，无明显的冠茎；花序生于叶间，至少是在芽期时，有

---

① 脊籽椰属 *Alsmithia* 合并到异苞椰属 *Heterospathe* 中。

时在开花或结果时则生于叶下；花序梗伸长，凸出，通常与花序轴等长或
更长 ·· 异苞椰属 *Heterospathe*

9b 叶鞘管状，形成一个明显的冠茎；花序生于叶下；花序梗通常大大短于花序
轴 ·· 10

10a 花序近轴面除顶端外无分枝，只分枝至 1 级，而下部的分枝略上升，不与花
序轴叉开成 90°角；果实成熟时呈黑色 ·············· 环羽椰属 *Dictyosperma*

10b 花序具螺旋状排列的分枝，较下部的分枝与花序轴强烈叉开成 90°角，并再
一次或二次分枝；果实黄色，橙色或红色 ·································· 11

11a 雄蕊 6~9 枚；雌蕊凸出 ··························· 垂羽椰属 *Rhopaloblaste*

11b 雄蕊 15~30 枚或更多；雌蕊微小或无 ············ 拱叶椰属 *Actinorhytis*

12a 雄花大多数大于雌花；雄花花丝在芽期时顶端内折；花药背着，具细长的药
隔，不双生 ·· 13

12b 花大多数小于雌花；雄花花丝在芽期时直立；花药双生 ·············· 18

13a 雄蕊 12 枚；果实基部具花柱残留物，无石细胞壳 ······· 瓶椰属 *Cyphokentia*

13b 雄蕊 6 枚；果实各式 ································· 14

14a 内果皮具微小纹孔；种子具基生胚珠 ·········· 侧胚椰属 *Alloschmidia*[①]

14b 内果皮不具纹孔；种子具侧生胚珠 ····················· 15

15a 叶鞘在叶柄对面劈裂；花序生于叶间 ·········· 鳞轴椰属 *Lepidorrhachis*

15b 叶鞘形成一个明显的冠茎；花序生于叶下 ················· 16

16a 花序密被茸毛；果实顶部具柱头残留物 ············ 琉球椰属 *Satakentia*

16b 花序无毛或至多具微小的毛；果实近顶部至基部具柱头残留物 ·········· 17

17a 支持根通常发达；雄花明显不对称，雌蕊短三裂，萼片和花瓣急尖；果实无
石细胞，但具凸出的常常较粗的纤维 ·············· 根柱椰属 *Clinostigma*

17b 支持根不发达；雄花对称，在芽期时雌蕊与雄蕊等长，萼片和花瓣圆；果实
在外果皮下面有一层短的石细胞 ·············· 橙鞘椰属 *Moratia*[②]

18a 果实椭圆形，柱头残留于基部；中果皮无石细胞，但具单宁细胞 ·········
·· 裂鞘椰属 *Brongniartikentia*[③]

18b 果实球形或近球形，柱头残留于侧面；在外果皮下面的中果皮具得短的石细
胞壳 ·· 19

19a 叶鞘具小鳞片，在叶柄对面劈裂而不形成冠茎；花序梗短；果实小，直径
1.4~1.6 cm，在石细胞层内部具单宁细胞 ·············· 细鳞椰属 *Clinosperma*

---

① 侧胚椰属 *Alloschmidia* 合并到彩颈椰属 *Basselinia* 中。
② 橙鞘椰属 *Moratia* 合并到瓶椰属 *Cyphokentia* 中。
③ 裂鞘椰属 *Brongniartikentia* 合并到细鳞椰属 *Clinosperma* 中。

19b 叶鞘密被鳞片，管状并形成明显的冠茎；花序梗伸长；果实大，直径约 3.2 cm，无单宁细胞 ·················· 密鳞椰属 *Lavoixia*①

20a 种子圆柱形或在横切面具二裂，在外观上为卵形，椭圆形，球形或罕为肾形 ·················· 21

20b 种子横切面不规则，外部具棱角或具缠结(交错)的脊、沟和雕纹 ·················· 23

21a 果实顶部具柱头残留物 ·················· 22

21b 果实侧面具柱头残留物 ·················· 彩颈椰属 *Basselinia*

22a 支持根凸出且粗壮；雄花的雌蕊短于雄蕊；果实常常在顶端弯曲 ·················· 密根柱椰属 *Campecarpus*②

22b 支持根不很发达；雄花的雌蕊长于雄蕊，柱状；果实顶端直 ·················· 膨颈椰属 *Cyphophoenix*

23a 叶鞘芽期时在叶柄对面劈裂，无明显的冠茎；花序在芽期时生于叶间，结果时则在叶下；花序梗伸长，大大长于花序轴，先出叶和花序梗苞片多少宿存，最后凋存；花序分枝具长的裸露基部，在着生部位特别膨大，具硬挺的和极叉开的分枝至 1 级或远基部分不分枝 ·················· 啮籽椰属 *Cyphosperma*

23b 叶鞘形成一个明显的冠茎；花序生于叶下；花序梗短于花序轴，先出叶和花序梗苞片早落；花序分枝没有长的裸露基部，在着生部位也不膨大 ······ 24

24a 雄花对称；雌花粗，柱状，在芽期时长于雄蕊；顶端扩大成宽头状；果实近球形，柱头残留于果实侧面上部的 1/3 处，表面具微小颗粒状的乳头状凸起 ·················· 银椰属 *Veillonia*②

24b 雄花略不对称至明显不对称；雌花延长圆锥状至具棱角的柱头，在芽期时短于雄蕊，非宽头状；果实平滑或干时具卵石花纹，但不具颗粒状的乳头状凸起 ·················· 25

25a 围绕着雌花的小苞片成萼片状；花药药室由于不育的药隔状部分的间隔而不连续；果实干时有密的卵石花纹和肩状物；中果皮不易与核质的、具缠结交错雕纹的、四棱角的内果皮分离，内果皮背面有由 2 个脊的侧面形成的沟 ·················· 裂柄椰属 *Burretiokentia*

25b 围绕着雌花的小苞片极狭，罕为细长的瓣片(仅丹尼斯菱子椰 *P. dennisii*)，但决不萼片状；药室连续；果实球形或近球形或崩落，干时具皱纹，但无卵石花纹；中果皮具发亮的内层，邻接于内果皮，内果皮具明显的四棱角至各式的脊和雕纹，但总是具 1 个背脊 ·················· 菱子椰属 *Physokentia*

---

① 密鳞椰属 *Lavoixia* 合并到细鳞椰属 *Clinosperma*。

② 密根柱椰属 *Campecarpus* 和银椰属 *Veillonia* 合并到膨颈椰属 *Cyphophoenix* 中。

（14）刺莱椰亚族 Oncospermatinae

分属检索表

1a　叶的羽片全为单折，急尖或渐尖；叶鞘通常形成一个明显的冠茎；花序通常生于叶下；花序梗苞片被先出叶包着，两者紧密着生在一起，劈裂并通常在开花时早落；花序梗短，通常略与花序轴等长；小穗轴直或在芽期时盘绕和扭曲；雄花不对称，萼片急尖 ……………………………………………… 2

1b　叶具不分裂的、二裂的叶片或不整齐至整齐分裂成羽片，这些羽片通常具有1个以上的肋(脉)，急尖，二裂或啮蚀状；叶鞘不形成一个明显的冠茎；花序生于叶间或随着成长变成在叶下；花序梗苞片早落，在离先出叶一定距离着生并超出先出叶，先出叶宿存；花序梗伸长，通常大大长于花序轴；小穗轴在芽期时直；雄花对称或不对称，萼片圆 ………………………… 5

2a　花3朵聚生成6直列，每个3朵聚生花被一个浅蝶状的苞片包着，苞片被雄花所遮掩；当花落时而变得明显；果实卵形，具顶端或偏离顶端的柱头残留物，花被宿存，约为果实的1/2；种子胚乳均匀 ……… 蝶苞椰属 *Tectiphiala*

2b　穗轴苞片非浅蝶状；果实椭圆至球形，柱头残留于侧面至基部，花被宿存，小于果实的1/2；胚乳均匀或嚼烂状 ……………………………… 3

3a　雄花在发育中早开放，约9枚雄蕊，几乎不超出花瓣；雌蕊明显、细长、延伸、三裂；果实椭圆，柱头残留于基部 ………… 塞舌尔王椰属 *Deckenia*

3b　雄花在芽期时紧密，雄蕊6~12枚；雌蕊短于雄蕊和花瓣；果实球形至椭圆形，柱头残留于侧面 ……………………………………………… 4

4a　雄蕊在开花时伸出；雌蕊具微小的三裂；种子胚乳均匀 ………………………
　　……………………………………………… 红脉椰属 *Acanthophoenix*

4b　雄蕊在开花时包含着；雌蕊深三裂；种子胚乳嚼烂状 …… 刺莱椰属 *Oncosperma*

5a　羽片或叶片啮蚀状；雄花的花瓣约2倍长于萼片；雄蕊6枚；雌蕊大、平截，具三棱和裂片，约与花瓣等长 ……………………………………… 6

5b　羽片或叶片裂片急尖或渐尖；雄花花瓣约4倍长于萼片；雄蕊18枚或更多；雄蕊不平截，不具棱或裂片 ……………………………………………… 7

6a　叶片几乎不分裂，羽片很少分离；果实大，直径2~2.5 cm，内果皮具明显的脊和鸡冠状凸起；种子多少具脊，种脊分枝成网状 ………………………
　　………………………………………… 根柱凤尾椰属 *Verschaffeltia*

6b　羽片明显分离；果实小，直径约5 mm或更小；内果皮不具脊；种子不具脊，种脊分枝少，上升 ……………………………… 塞舌尔刺椰属 *Roscheria*

7a　叶片通常不分裂，虽然边缘具裂片，裂片二裂；花序分枝至2级；雄花不对称；雄蕊约 18 枚，花丝渐狭，花药多少"丁"字着；雌蕊小、细长；果实卵形 ·· 凤尾椰属 *Phoenicophorium*

7b 叶羽状，羽片大多数具稍明显的 2~3 肋(脉)，急尖或渐尖；花序分枝至 1 级；雄花对称；雄蕊 40~50 枚，花丝远基膨大，花药非"丁"字着；雄蕊卵形，微三裂；果实近球形 ·················· 肾籽椰属 *Nephrosperma*

(15) 硬籽椰亚族 Sclerospermatinae

分属检索表

1a 花序穗状着生雌、雄花；雄蕊多数 ·················· 硬籽椰属 *Sclerosperma*
1b 花序分枝至 1 级，通常单性；雄蕊 6 枚 ·················· 密序椰属 *Marojejya*

2.1.1.5.5　椰子族 Cocoeae

分亚族检索表

1a 植株无刺，除了有时叶柄边缘具锐齿外，雌花的花瓣总是分离和宽的覆瓦状 ·· 2

1b 植株多刺，在某些部分或全部具软刺至大部分是粗壮的刺，或罕为无刺(桃棕属 *Bactris* 的某些种类)则雌花的花瓣合生 ·········· 栗椰亚族 Bactridinae

2a 花序梗苞片纤维质或木质化；雌花深陷入小穗轴里；内果皮在中部或中部以上具孔 ·· 油棕亚族 Elaeidinae

2b 花序梗苞片木质化；雌花着生于表面；内果皮在中部或中部以下具孔 ····· 3

3a 花序梗苞片着生在花序梗的顶部，纵向劈裂，周裂，而开花时脱落 ········ ························· 马岛窗孔椰亚族 Baccariophoenicinae

3b 花序梗苞片刚好着生在先出叶着生处的上面，纵向劈裂，通常勺状，宿存······ 4

4a 花序在同一植株上正常情况下超过 1 种，雌雄同序和雄花，或有时和雌花；雌花有时具 3 个以上心皮 ······················ 帝王椰亚族 Attaleinae

4b 花序正常情况下不分化为雌雄同序和雄花；雌花总是 3 室和 3 颗胚珠 ······ ·· 冻椰亚族 Butiinae

椰子族(Cocoeae)分属检索表

1a 植株无刺，除有时叶柄边缘具锐齿外；雌花的花冠总是具宽的覆瓦状花瓣；内果皮在中部、中部以上或以下具孔 ································ 2

1b 植株具皮刺，在某些部位或全部具软刺至大部分是粗壮的刺，或罕为刺 (*Bactris* 的种类)，则雌花的花被具合生的花瓣；内果皮在中部或中部以上具孔(除罕为基部，刺干椰属 *Acrocomia* 孔多少深陷入内果皮)，通常被附着在内果皮的纤维覆盖或堵塞，没有一个明显的界限和可见的孔盖；果实具 1 颗种子；胚乳总是均匀的 ·· 17

2a 雌花不陷入和仅稍微陷入小穗轴；内果皮在中部或其以下具孔；花序梗苞片木质化 ·· 3

2b 雌花深深地陷入小穗轴；内果皮在中部或其以上具孔；花序梗苞片纤维质或木质化 ·· 16

3a 花序梗苞片着生花序梗的顶部，纵向劈裂、周裂和在开花时脱落；雄花 18~21 枚，花丝合生成一个花托 ···················· 马岛窗孔椰属 *Beccariophoenix*

3b 花序梗苞片着生在先出叶着生的附近或其上面，但不在顶部、不周裂，远轴面劈裂，但在开花时不脱落，宿存或凋存；雄蕊 3 枚至多数，花丝各式分离和合生 ··· 4

4a 花序梗苞片近光滑或具细条纹但不具深沟；在内果皮中部或其以下具孔，不陷入内果皮，每个孔具明显的界限、薄的孔盖 ·········· 5

4b 花序梗苞片具浅至深的沟；孔多数在近基部，通常陷入内果皮中，常常被纤维覆盖或堵塞，有时具明显界限的孔盖 ···················· 7

5a 叶柄边缘通常向基部具明显的齿；雄花的雄蕊 6 枚；果实具 1~3 颗种子 ··· 冻椰属 *Butia*

5b 叶柄边缘不具齿；雄花的雄蕊超过 6 枚 ·························· 6

6a 树干总是单生、粗大，直径达 1 m 或更大；羽片簇生；雄花具梗，萼片非覆瓦状；雄蕊 15~30 枚 ························ 智利密椰属 *Jubaea*

6b 树多干，稍细长；羽片多少整齐地排列；雄花无梗，萼片覆瓦状；雄蕊 8~16 枚 ····································· 南非丛椰属 *Jubaeopsis*

7a 花序正常情况下不分化成雌花同序和雄花，但代之的是在小穗轴的基部、下部或几乎全部着生雌花，或小穗状花序，雄花侧生于雌花，而在花梗上通常 3 朵聚生，无梗，在小穗轴或小穗状花序的上部为成对着生或单生；雄花总是 3 室 3 颗胚珠 ··· 8

7b 花序在同一植株上正常情况下超过 1 种，雌花同序和雄花，或有时也和雌花；雌雄同序的花序上雌花大，在短的小穗轴基部很少，雌花被侧生的或不育的雄花伴随着，并在小穗轴的上部着生一些成对或单生的雄花；雄花序具较长的小穗轴，只着生雄花；雄花有时具 3 个以上的心皮、胚珠和柱头 ······ 13

8a 花序上具分开的 3 朵聚生的花；雄花的萼片很少与花瓣等长 ·········· 9

8b 3 朵聚生的花密集拥挤在小穗状花序的下部，顶部只有雄花；小苞片凸出；雄花稍明显不对称，侧生于小穗状花序下部紧密包着的雌花旁和密集拥挤着生于顶部；雄花萼片线形，急尖至渐尖，长于花瓣的 1/2，雄蕊 6~120 枚

·· 12

9a 雄蕊约 15 枚；内果皮具不规则的雕纹和顶端具粗糙的 3 个凸出的鸡冠状
　　凸起 ·· 脊果椰属 *Parajubaea*

9b 雄蕊 6 枚；内果皮光滑或粗糙，但外面无不规则的雕纹 ··················· 10

10a 雌花很大，球状卵形，萼片和花瓣圆，覆瓦状，无镊合状的顶端；雄花具分
　　离的萼片和 6 枚雄蕊；果实很大，成熟时长达 25 cm 或更长，具很厚的纤维
　　质的中果皮和厚的核状果皮；种子正常情况下为 1 个，幼时液性胚乳和在完
　　全成熟时具很大的内部空心 ································· 椰子属 *Cocos*

10b 雌花卵形或圆锥状卵形，萼片急尖和多少具钩，花瓣通常具明显的镊合状
　　顶端 ·· 11

11a 羽片背面密被白色或暗褐色茸毛，极狭，紧密整齐地排列；花药"丁"字着、
　　中着，花丝顶端内折；外果皮和中果皮在成熟时从顶部至基部纵向裂成 3 部
　　分，露出薄的内果皮 ························· 裂果椰属 *Lytocaryum*

11b 羽片背面无密集的茸毛(极罕见薄的毛被，但羽毛成簇排列)；花药仅罕见
　　"丁"字着；外果皮和中果皮在成熟时不劈裂；内果皮极厚，具各式的喙、
　　脊、微小孔穴或内陷 ························· 金山葵属 *Syagrus*

12a 植株通常不出现茎；雄蕊 6~19 枚；种子胚乳均匀 ······ 轮羽椰属 *Allagoptera*

12b 植株具凸出的茎；雄蕊 60~120 枚；种子胚乳嚼烂状
　　·· 多蕊椰属 *Polyandrococos*①

13a 雄蕊从雄花中伸出，花冠很小；果实通常具 1 种，内果皮光滑和具锐利的尖
　　头；雄蕊几乎总是 6 颗 ························· 马氏椰子属 *Maximiliana*②

13b 雄蕊包含(不伸出)，雄蕊花冠凸出并长于花药；果实具(1~)3(~7)颗种子
　　·· 14

14a 花药不规则扭曲，波状弯曲或内卷；雄蕊 6~(约)50 枚 ·······················
　　·· 油椰子属 *Orbignya*②

14b 花药直；雄蕊 6 枚至多数 ································· 15

15a 雄花的花瓣多少扁平，多数为卵形，长圆形至披针形；雄蕊 6~75 枚 ······
　　·· 帝王椰属 *Attalea*

15b 雄花的花瓣多少圆形或横切面具菱角，内质，狭细长，锥状；雄蕊通常 6 枚
　　·· 大果直叶桐 *Scheelea*②

16a 在同一花序上始终保持着雌雄两性的花，在小穗轴的近基部为雌花；花序具
　　长的花序梗，分枝稀梳·························· 凹雌椰属 *Barcella*

---

① 多蕊椰属 *Polyandrococos* 合并到轮羽椰属 *Allagoptera* 中。

② *Maximiliana*、*Orbignya* 和 *Scheelea* 归入帝王椰属 *Attalea* 中。

16b 在同一植株上，花在正常情况下着生在分开(不同的)的花序上；花序具短花
　　序梗，分枝密集 ··· 油棕属 *Elaeis*

17a 雄花在小穗轴上成对侧生于雌花，在基部则 3 朵聚生，紧接着 3 朵聚生花的
　　上面是成对的或大部分或完全是单生的，被膜质小苞片包着连合成分室相似
　　于蜂窝状；雄花萼片分离，花瓣分离和镊合状或基部贴生在短的花托上而分
　　离和镊合状；雄蕊花丝在芽期时于顶端内折，花药背着和"丁"字着；雌花萼
　　片分离，花瓣分离和宽的覆瓦状，或有时部分地在基部合生和具 1 个贴生的
　　退化雄蕊管，则至少边缘分离和覆瓦状；果实在中果皮具大量短纤维牢固附
　　着在光滑或仅有极浅的孔穴的内果皮上 ················ 刺干椰属 *Acrocomia*

17b 雄花和花序各式；雌花萼片分离和覆瓦状或合生成一个浅至深的杯状；雌花
　　的花瓣在其长度的 1/3～1/2 处合生成一个钟状管，具有凸出的开展的或直立
　　的镊合状裂片，或超过其长度的 1/2 成一个坛状，短三裂，3 齿甚至平截的
　　管；果实无大量的短纤维附着到内果皮上 ······························· 18

18a 雄花花丝直立，花药基着，基部常常箭头形；雌花存在；雌花瓣在其长度的
　　1/3～1/2 处合生成一个钟状管，具凸出的镊合状裂片；退化雄蕊合生和贴生
　　在花冠管基部，但分离或有时在几乎相等的柱头上面继续成一个分离的 3～6
　　个裂片或齿或平截的管 ··· 19

18b 雄花花丝在芽期时直立或在顶端或在近中部内折；雌蕊通常缺；雌花瓣在中
　　部以上合生或完全合生成一个三裂、三齿或平截的、坛状或管状的花冠，发
　　育的裂片不开展；退化雄蕊分离或连成一个短管，但不贴生到花冠上 ··· 20

19a 树干正常；羽片各式，斜截或平截、宽，顶端具明显齿；雄花的萼片离生
　　(除与花托连接处)，分开或覆瓦状；雌花萼片离生，覆瓦状；雌花冠裂片在
　　开花时开展 ······································· 刺鱼尾椰属 *Aiphanes*

19b 树干一面明显地膨起；羽片急尖或渐尖；雌、雄花的萼片合生，杯状；雌花
　　冠的裂片直立 ····································· 刺瓶椰属 *Gastrococos*①

20a 雄花常常与雌花一起 3 朵聚生于小穗轴的基部或上部，但在这些 3 朵聚生的
　　上部，是成对的或通常是单生的并密集聚生在小穗轴疏离的顶部，每对花或
　　每朵花被一个凸出的苞片包着贴生到或连接到邻近的苞片形成一个杯状，有
　　时与花等高；雄花丝在芽期时顶端内折；花药背着，"丁"字着 ·············
　　·· 星果椰属 *Astrocaryum*

20b 雄花不密集聚生在小穗轴疏离的顶部，但与雌花一起成 3 朵聚生或不规则地
　　聚生在 3 朵聚生花簇之间，并被短的分离的小苞片包着 ················ 21

21a 植株直立；花序梗片着生在花序梗基部的先出叶附近；远基的羽片不饰变成

---

① 刺瓶椰属 *Gastrococos* 合并到刺干椰属 *Acrocomia* 中。

刺叶；花全部或几乎全部成 3 朵聚生或雄花更多和不规则地散布在 3 朵聚生花簇之间；雄蕊花丝在顶端内折或在芽期时在近中部内折，花药大多数是背着、"丁"字着 ·············· 桃棕属 *Bactris*

21b 植株攀缘；花序梗苞片常着生在花序梗中部之上面；远基的羽片通常极疏离和饰变成反折的钩(刺叶)；花在几乎整个小穗轴上 3 朵聚生；雄蕊花丝在芽期时直立、短，花药背着、直立，基部箭头状 ·········· 美洲藤属 *Desmoncus*

2.1.1.5.6 唇苞椰族 Geonomeae

分属检索表

1a 植株中等至大型乔木状；叶为整齐的羽状叶 ·································· 2

1b 无茎或小型(罕为中等)的下层棕榈植物；叶不分裂和二裂或各式分裂，罕为均匀的羽状 ··· 3

2a 羽片宽披针形，无明显的中肋；花序粗壮，花序梗短，花序轴极短，着生少数(约 8 个)的长的下垂的小穗轴；雄蕊多数 36(~42)枚；雌花花瓣合生其长度的 2/3，顶端镊合状，颖状；退化雄蕊约 15 枚，在锥状处分离 ·········
·· 杏果椰属 *Welfia*

2b 羽片狭披针形，远轴面的中肋和两对侧生的肋(脉)明显；花序中等，花序梗长，花序轴短，着生多数(约 20 个或更多)的、多少簇生的小穗轴；雄蕊多数 6 个；雌花花瓣合生成一管状，由于周裂的帽盖而张开；退化雄蕊合生成一肉质管包着花柱和柱头 ·············· 隐蕊椰属 *Calyptronoma*

3a 苞片遮盖着的花的凹穴不被"锁闭"到远基的小穗轴里，上部边缘圆、平截或劈裂，侧面边缘贴生到小穗轴花的凹穴旁；花药顶生在药隔的末端，在芽期时内折，药室展开或平行；在开花时子房 1 室 ·········· 唇苞椰属 *Geonoma*

3b 苞片遮盖着侧面覆盖着的花的凹穴或陷入小穗轴里；花药箭头形或花药顶生在二裂的药隔上；在开花时子房 3 室 ······························ 4

4a 茎短至中等，叶多少为不整齐分裂成几折的羽片；叶柄长，细长；苞片遮盖着侧面覆盖着的花的凹穴，密被茸毛；雄蕊和退化雄蕊的花丝连合成一短管，但在远基分离并为锥状 ·················· 红柄椰属 *Pholidostachys*

4b 茎通常极短或无，叶二裂或通常具不均等的几折的羽片；叶柄短；苞片遮盖着侧面不覆盖着的花的凹穴，无毛或略具毛，不密被茸毛；雄蕊和退化雄蕊的花丝各式 ··· 5

5a 叶几乎总是二裂；花序梗苞片着生在花序梗的基部，苞片遮盖着的花的凹穴，在芽期时被一个明显的圆的上部唇瓣所"锁闭"；药室在二裂的药隔上分

离；退化雄蕊分离和基部肉质 …………………………… 星雌椰属 *Asterogyne*

5b 叶不整齐地分裂；花序梗苞片远基着生在花序梗上，刚好在花的下面，花的凹穴没有明显的上部唇瓣；花药箭头状；退化雄蕊合生成管状，在中部缢缩，远基为圆的和极短的 6 个裂片 ……………………… 隐雌椰属 *Calyptrogyne*

2.1.1.6 象牙椰亚科 Phytelephantoideae

分属检索表

1a 羽片大多数为 2~5 片成组排列成 2 个平面 … 帕兰德拉象牙椰属 *Palandra*①

1b 羽片整齐排列 ……………………………………………………………… 2

2a 叶柄长和在叶鞘上部圆柱形；羽片整齐排列，远轴面具有 1 条中央的和 1 对近边缘的肋，在近边缘的肋与边缘之间具沟……… 多蕊象牙椰属 *Ammandra*

2b 叶柄短，远轴面圆，近轴面具浅沟；羽片整齐排列，近轴面中央只有 1 条大的凸出的肋 …………………………………………………… 象牙椰属 *Phytelephas*

2.1.2 中国棕榈植物的分类

卫兆芬(1986)的"省藤属的研究"，裴盛基 等(1989)的"中国棕榈科植物新资料"，开启了中国专科专属棕榈植物的系统性研究。此后，相继出版了《中国植物志》(第 13 卷第一分册：棕榈科；裴盛基 等，1991)、《中国高等植物》(第十二卷：棕榈科；裴盛基 等，2009)、*Flora of China*(第 23 卷；Palmae，Pei et al.，2010)、《中国棕榈藤》(江泽慧 等，2013)和 *Handbook of Rattan in China* (Jiang et al.，2018)，逐步完善了中国棕榈植物资源数据资料。

较多的学者，从不同角度开展了中国棕榈植物相关的工作。①综合性文献：陈嵘(1957)、Wang(1997)、王慷林 等(2002a、b)、刘海桑(2002)、林有润(2003)、王慷林(2004)、钟如松 等(2004)、Henderson(2009)、廖启炓 等(2012)、徐晔春 等(2016)、大连万达商业地产股份有限公司(2016)、耿世磊(2018)等专注于棕榈分类、观赏棕榈、棕榈引种和棕榈园林利用等。②棕榈藤(Rattan)研究较为深入：包括许煌灿 等(1994)、陈三阳 等(1993a、b，2002)、郭丽秀 等(2004)、王慷林 等(2005)、郭丽秀 等(2005)、星耀武(2006)、星耀武 等(2006)、刘广福(2007)、刘广福 等(2007)、Guo et al.(2007)、王慷林(2015)、王慷林(2018)等的研究。③地域棕榈植物的研究：如广东省植物研究所(1977)、江苏省植物研究所(1977)、李恒(1987)、林来官(1988，1995)、陈汉斌(1990)、中国科学院华南植物研究所(1991)、贺士元(1991)、贺士元 等

① *Palandra* 归入象牙椰属 *Phytelephas* 中。

（1992）、郑名祥 等（1993）、李世菊和林泉（1993）、谢国干 等（1994）、韦发南（1997）、丁宝章 等（1998）、陈三阳等（2003）、王慷林 等（2003）、Henderson（2007）、Henderson et al.（2007）、邢福武 等（2013）、杨小波（2013）、张江 等（2013）、Luo 等（2016，2017）、韦发南 等（2016）、Li 等（2019）、王慷林 等（2020），等等的研究。

基于以上的研究，中国棕榈植物计30属109种及其变种，见表2-1（包括习见栽培种类；中名异名和其他引种栽培地域可见第4章）。

2.2 棕榈植物的分布

2.2.1 世界棕榈植物的分布

全世界共有棕榈植物190（~200）属2 650~3 000种（吴征镒 等，2003a），主要分布于美洲及亚洲的热带地区，少数属、种产于非洲，欧洲和北美最少，各有1（~2）属（Uhl et al.，1987；Govaert et al.，2005）；即棕榈植物主要分布在南北纬40°之间（Jack，1990），分布中心在热带美洲和热带亚洲。

2.2.2 中国棕榈植物的分布

中国棕榈科植物较丰富，约30属109种，归属棕榈科6~8个亚科中的4~5个；中国棕榈属中，东亚型属1个，准特有属2个，并形成在中国植物区系具有特色的部分（吴征镒 等，2003a、b，2006；裴盛基 等，1991；Pei et al.，2010；Jiang et al.，2018）。中国棕榈植物主要分布于中国南部和西南部，包括云南、海南、广西、广东、福建、台湾等省（自治区、直辖市），贵州、湖南、四川、浙江、江西、西藏和香港、澳门等也有少数种分布。此外，重庆、湖北、江苏、浙江、上海、安徽、陕西、甘肃、青海、北京、河北等省（自治区、直辖市）也有部分棕榈植物习见栽培（如棕榈；王慷林，2015）（表2-1）。

表2-1 中国棕榈植物种类及其分布

种类	分布
假槟榔 *Archontophoenix alexandrae*	中国（云南*、福建*、台湾*、广东*、海南*、广西*、山东*）、澳大利亚、美国
槟榔 *Areca catechu*	中国（海南、广西*、广东*、台湾、云南*、福建*、重庆*、陕西*、河南*）、孟加拉国、印度、斯里兰卡、泰国、越南、菲律宾、马来西亚、新几内亚、所罗门、瓦努阿图、加罗林群岛、马里亚纳群岛
三药槟榔 *A. triandra*	中国（台湾*、广东*、广西*、云南*、福建*、海南*）、印度、孟加拉国、柬埔寨、缅甸、老挝、泰国、越南、马来西亚、印度尼西亚
双籽棕 *Arenga caudata*	中国（海南、广西、云南）、缅甸（德林达依）、老挝、柬埔寨、泰国、越南、马来西亚

种类	分布
香桃榔 A. engleri	中国(台湾、西藏、福建、云南、广东 * 、广西 *)、日本
长果桃榔 A. longicarpa	中国(广东)
小花桃榔 A. micrantha	中国(西藏)、不丹、印度
砂糖椰子 A. pinnata	中国(云南、西藏、广西、福建 * 、广东、海南 * 、重庆、四川)、印度、缅甸、泰国、文莱、马来西亚、菲律宾、印度尼西亚、新几内亚
桄榔 A. westerhoutii	中国(广西、海南、云南、西藏)、不丹、印度、缅甸、柬埔寨、泰国、老挝、越南、马来西亚
糖棕 Borassus flabellifer	中国(云南 * 、海南 * 、福建 *)、孟加拉国、印度、斯里兰卡、缅甸、柬埔寨、老挝、泰国、越南、马来西亚、印度尼西亚、几内亚
云南省藤 Calamus acanthospathus	中国(云南、西藏)、不丹、印度、尼泊尔、缅甸、老挝、泰国、越南
桂南省藤 C. austro-guangxiensis	中国(广西、广东)
小白藤 C. balansaeanus	中国(广西、贵州、云南)
土藤 C. beccarii	中国(台湾)
短轴省藤 C. compsostachys	中国(广东、广西)
电白省藤 C. dianbaiensis	中国(广东、广西)
短叶省藤 C. egregius	中国(海南)
直立省藤 C. erectus	中国(云南)、孟加拉国、不丹、尼泊尔、印度、缅甸、老挝、泰国
长鞭藤 C. flagellum var. flagellum	中国(云南、西藏、广西)、孟加拉国、不丹、尼泊尔、印度、缅甸、老挝、泰国、越南
勐腊鞭藤 C. flagellum var. karinensis	中国(云南)、缅甸
台湾水藤 C. formosanus	中国(台湾)
小省藤 C. gracilis	中国(云南、海南)、孟加拉国、印度、缅甸、老挝
褐鞘省藤 C. guruba	中国(云南)、孟加拉国、不丹、柬埔寨、印度、缅甸、老挝、泰国、越南、马来西亚
滇南省藤 C. henryanus	中国(云南)、缅甸、老挝、泰国、越南
黄藤 C. jenkinsiana	中国(海南、广东、香港、广西)、印度、孟加拉国、尼泊尔、缅甸、老挝、柬埔寨、泰国、越南
大喙省藤 C. macrorhynchus	中国(广东、广西)
瑶山省藤 C. melanochrous	中国(广西)
麻鸡藤 C. menglaensis	中国(云南)
裂苞省藤 C. multispicatus	中国(海南、广西)

续表

种类	分布
高地省藤 *C. nambariensis* var. *alpinus*	中国（云南）
南巴省藤 *C. nambariensis* var. *nambariensis*	中国（云南）、孟加拉国、不丹、印度、尼泊尔、缅甸、老挝、泰国、越南
盈江省藤 *C. nambariensis* var. *yingjiangensis*	中国（云南、广东）
狭叶省藤 *C. oxycarpus* var. *albidus*	中国（云南）
尖果省藤 *C. oxycarpus* var. *oxycarpus*	中国（贵州、广西）
泽生藤 *C. palustris*	中国（云南、广西）、印度、缅甸、柬埔寨、老挝、泰国、越南、马来西亚
宽刺藤 *C. platyacanthoides*	中国（云南、海南、广西、广东）、老挝、越南
杖藤 *C. rhabdocladus*	中国（云南、贵州、广西、广东、海南、福建、江西）、老挝、越南
单叶省藤 *C. simplicifolius*	中国（海南、广西、贵州）
管苞省藤 *C. siphonospathus*	中国（台湾）、菲律宾、印度尼西亚
多刺鸡藤 *C. tetradactyloides*	中国（海南、江西）
多穗白藤 *C. tetradactylus* var. *bonianus*	中国（海南、广东、广西、云南＊）
白藤 *C. tetradactylus* var. *tetradactylus*	中国（广东、广西、福建、香港）、柬埔寨、老挝、泰国、越南
毛鳞省藤 *C. thysanolepis*	中国（广东、广西、福建、江西、浙江、湖南、香港）、越南
柳条省藤 *C. viminalis*	中国（云南、海南＊、广东＊）、印度、孟加拉国、缅甸、柬埔寨、老挝、泰国、越南、马来西亚、印度尼西亚
大藤 *C. wailong*	中国（云南）
多果省藤 *C. walkeri*	中国（海南、广东、香港）、越南
无量山省藤 *C. wuliangshanensis*	中国（云南）
鱼尾葵 *Caryota maxima*	中国（云南、广东、广西、海南、贵州、福建＊、安徽＊、北京＊、河北＊、江苏＊、河南＊、山东＊、浙江＊）、不丹、印度、缅甸、老挝、泰国、越南、马来西亚、印度尼西亚
短穗鱼尾葵 *C. mitis*	中国（广东、广西、海南、云南、贵州、福建）、印度、缅甸、老挝、柬埔寨、泰国、越南、菲律宾、新加坡、马来西亚、印度尼西亚
单穗鱼尾葵 *C. monostachya*	中国（云南、福建、广东、广西、贵州）、越南、老挝
大董棕 *C. no*	中国（云南）、马来西亚、印度尼西亚

续表

种类	分布
董棕 *C. obtusa*	中国(云南、广西、西藏、福建)、孟加拉国、印度、斯里兰卡、尼泊尔、缅甸、老挝、泰国、柬埔寨、马来西亚、印度尼西亚
琼棕 *Chuniophoenix hainanensis*	中国(海南、广东*、云南*、福建)
矮琼棕 *C. humilis*	中国(海南、广东*、云南*、福建)
椰子 *Cocos nucifera*	中国(云南*、海南、台湾、广东、广西、福建*)、马达加斯加、日本、印度、斯里兰卡、泰国、马来西亚、印度尼西亚、菲律宾、几内亚、澳大利亚、瓦努阿图、马克萨斯、社会群岛、土阿莫土群岛、加罗林群岛、马里亚纳群岛、马绍尔群岛、美国、伯利兹
贝叶棕 *Corypha umbraculifera*	中国(云南*、福建*、广东*、广西*、海南*、台湾*)、印度、斯里兰卡*、缅甸*、泰国*
散尾葵 *Dypsis lutescens*	中国(广东*、广西*、福建*、海南*)、马达加斯加
油棕 *Elaeis guineensis*	中国(海南*、福建*、广西*、台湾*、云南*)、贝宁、加纳、几内亚、科特迪瓦、利比里亚、尼日利亚、塞内加尔、塞拉利昂、多哥、布隆迪、中非、喀麦隆、刚果(布)、加蓬、卢旺达、刚果(金)、肯尼亚、坦桑尼亚、乌干达、安哥拉、马达加斯加、斯里兰卡、马来西亚、印度尼西亚
石山棕 *Guihaia argyrata*	中国(广西、广东、贵州、云南、湖南、重庆)、越南
两广石山棕 *G. grossifibrosa*	中国(广西、广东、贵州、云南)、越南
异鳞石山棕 *G. heterosquama*	中国(重庆)
披针叶石山棕 *G. lancifolia*	中国(广西)
毛花帽棕 *Lanonia dasyantha*	中国(云南、广西、广东*、福建*、香港*、上海*)、越南
海南帽棕 *L. hainanensis*	中国(海南)
穗花轴榈 *Licuala fordiana*	中国(海南、广东、福建)
刺轴榈 *L. spinosa*	中国(云南、广西、广东、海南)、印度、缅甸、柬埔寨、泰国、越南、菲律宾、马来西亚、印度尼西亚
蒲葵 *Livistona chinensis*	中国(广东*、广西*、海南、台湾、福建*、云南*、贵州*、北京*、河北*、河南*、江苏*、山东*、浙江*)、越南、日本、火山列岛*、印度尼西亚、美国*
大叶蒲葵 *L. saribus*	中国(云南、广东、福建、海南、广西)、缅甸、柬埔寨、老挝、泰国、越南、菲律宾、马来西亚、印度尼西亚
美丽蒲葵 *L. speciosa*	中国(海南、云南)、孟加拉国、不丹、印度、缅甸、老挝、泰国、越南、马来西亚
多鳞藤 *Myrialepis paradoxa*	中国(云南)、缅甸、老挝、越南、泰国、柬埔寨、新加坡、马来西亚、印度尼西亚

续表

种类	分布
水椰 Nypa fruticans	中国(海南)、斯里兰卡、印度、孟加拉国、缅甸、柬埔寨、泰国、越南、菲律宾、马来西亚、印度尼西亚、日本、马鲁古、巴布亚新几内亚、新几内亚、所罗门群岛、澳大利亚(北领地)、加罗林群岛、马里亚纳群岛*、巴拿马*、特立尼达和多巴哥*
加那利海枣 Phoenix canariensis	中国(云南*、广东*、海南*、北京*、河北*、江苏*、山东*)、加那利群岛
海枣 P. dactylifera	中国(云南*、广东*、广西*、海南*、台湾、福建*、浙江、香港)、缅甸、柬埔寨、泰国、越南、菲律宾、阿尔及利亚*、埃及*、利比亚*、摩洛哥*、加那利群岛*、佛得角*、马德拉*、索科特拉*、索马里*、毛里求斯*、伊朗、伊拉克、土耳其*、阿曼、沙特阿拉伯、印度、巴基斯坦、阿富汗、美国*
刺葵 P. loureiroi	中国(云南、广西、广东、海南、台湾、福建、浙江、安徽*、香港)、巴基斯坦、印度、孟加拉国、不丹、尼泊尔、缅甸、柬埔寨、泰国、越南、菲律宾
江边刺葵 P. roebelenii	中国(云南、广东*、广西*、海南*、福建*、山东*、安徽*)、缅甸、老挝、越南
林刺葵 P. sylvestris	中国(云南、广西、广东、福建*)、毛里求斯*、巴基斯坦、孟加拉国、斯里兰卡*、印度、不丹、尼泊尔、缅甸
滇缅山槟榔 Pinanga acuminata	中国(云南)、缅甸
变色山槟榔 P. discolor	中国(云南、西藏、海南、广东、广西、福建)
纤细山槟榔 P. gracilis	中国(西藏、云南)、孟加拉国、印度、不丹、尼泊尔、缅甸
六列山槟榔 P. hexasticha	中国(云南、西藏)、缅甸
燕尾山槟榔 P. sinii	中国(广西、广东、福建、云南)
华山竹 P. sylvestris	中国(云南)、印度、缅甸、老挝、柬埔寨、泰国、越南
兰屿山槟榔 P. tashiroi	中国(台湾)
大钩叶藤 Plectocomia assamica	中国(云南)、印度、缅甸
高地钩叶藤 P. himalayana	中国(云南)、不丹、印度、尼泊尔、老挝、泰国
小钩叶藤 P. microstachys	中国(海南、广西)
钩叶藤 P. pierreana	中国(云南、广东、广西)、柬埔寨、老挝、泰国、越南
象鼻棕 Raphia vinifera	中国(云南*、广西、台湾*)、多米尼加、海地
棕竹 Rhapis excelsa	中国(云南、四川、重庆、贵州、福建、广东、广西、海南、浙江*、安徽*、北京*、河北*、河南*、江苏*、山东*)、越南、日本*
细棕竹 R. gracilis	中国(海南、广东、广西、贵州、甘肃*)
矮棕竹 R. humilis	中国(云南、广西、广东、福建*、贵州*、四川*、重庆*、江苏*、安徽*、浙江*、北京*、河北*、山东*)、印度尼西亚*

种类	分布
粗棕竹 *R. robusta*	中国(广西、云南)、越南
菜王棕 *Roystonea oleracea*	中国(云南*、福建)、西印度群岛、特立尼达和多巴哥、向风群岛、圭亚那、委内瑞拉、哥伦比亚
王棕 *R. regia*	中国(云南*、海南*、广东*、广西*、福建*)、美国、墨西哥、伯利兹、洪都拉斯、巴哈马、开曼群岛、古巴
矮菜棕 *Sabal minor*	中国(广西*、广东*、台湾、福建*、云南*)、美国
菜棕 *S. palmetto*	中国(广西*、广东*、台湾*、福建*、云南*)、美国、巴哈马、古巴
滇西蛇皮果 *Salacca griffithii*	中国(云南)、印度、缅甸、泰国
圆叶叉序棕 *Saribus rotundifolius*	中国(广东*、海南*、福建*、云南*、四川*)、小巽他群岛*、马来西亚*、印度尼西亚*、菲律宾、新几内亚、特立尼达和多巴哥*、斯里兰卡*、印度*
金山葵 *Syagrus romanzoffiana*	中国(云南*、广东*、广西*、海南*、福建*、北京*)、巴西、阿根廷、巴拉圭、乌拉圭
棕榈 *Trachycarpus fortunei*	中国(云南、广西*、广东、海南*、四川*、重庆*、贵州、福建*、江西*、湖北*、湖南*、江苏*、浙江*、上海*、安徽*、山东*、陕西*、甘肃*、青海*、北京*、河北*、河南*)、不丹、印度、尼泊尔、缅甸、越南、日本*
龙棕 *T. nanus*	中国(云南、贵州、山西、陕西)
贡山棕榈 *T. princeps*	中国(云南)
琴叶瓦理棕 *Wallichia caryotoides*	中国(云南、西藏)、孟加拉国、缅甸、泰国
二列瓦理棕 *W. disticha*	中国(云南、西藏)、孟加拉国、不丹、印度、缅甸、老挝、泰国
瓦理棕 *W. gracilis*	中国(云南、广西、西藏、湖南)、越南
密花瓦理棕 *W. oblongifolia*	中国(云南)、孟加拉国、不丹、印度、缅甸
三药瓦理棕 *W. triandra*	中国(西藏)、印度
丝葵 *Washingtonia filifer*	中国(福建*、广东*、广西*、台湾*、云南*)、美国、墨西哥
大丝葵 *W. robusta*	中国(福建*、广东*、广西*、台湾*、云南*)、墨西哥、美国

注：*代表习见栽培。

3 棕榈植物的绿色特性

"绿色创造未来"是中国深圳召开的第 19 届国际植物学大会的主题。植物与人类的关系，不仅存在于人类生活的方方面面，也对人类发展起到重要的作用。棕榈植物作为重要的资源植物，棕食享美味，棕药以治病，棕衣用蔽体，棕屋于居住，棕景展文化，其在绿色发展和生物多样性保护方面，具有特殊的价值。由于棕榈植物挺拔多姿、形态优美，被著名植物学家林奈誉为"植物世界中的王子"（Jones，1994）。吴征镒 等（2003a）更认为："棕榈科是热带具有强烈标帜性的自然大科"。

3.1 绿色概念

理解绿色发展，就必须认识绿色经济、生态经济、循环经济、低碳经济，以及可持续发展的概念和理论，进而理解他们之间的相互关系。

3.1.1 绿色经济

"绿色经济（green economy）"一词源自英国环境经济学家皮尔斯于 1989 年出版的《绿色经济蓝图》一书，但其萌芽却要追溯到 20 世纪 60 年代开始的"绿色革命"。

绿色经济是一种新的经济发展模式，体现绿色发展的理念，既要坚持以人为本的价值取向，更要坚持绿色导向的市场经济。不同的学者从各自的角度，给予绿色经济不同的表述。

绿色经济是可持续经济的实现形态和形象概括。它的本质是以生态经济协调发展为核心的可持续发展经济（刘思华，2001）。

只有坚持生态经济和实施可持续发展战略，才能实现绿色经济的目标，实现生态–经济、发展–环境、人类社会–自然的协调发展（熊清华，2002）。

绿色经济是以改善生态环境、节约自然资源为必要内容，以经济、社会、自然和环境的可持续发展为出发点，以资源、环境、经济、社会的协调发展为落脚点，以经济效益、生态效益和社会效益兼得为目标的一种发展模式（张春霞，2002；张小刚，2011）。

绿色经济是围绕人的全面发展，以生态环境容量、资源承载能力为前提，以实现自然资源持续利用、生态环境持续改善和生活质量持续提高、经济持续发展的一种经济发展形态（余春祥，2005）。

绿色经济是以市场为导向、以传统产业经济为基础、以经济与环境的和谐为目的而发展起来的一种新的经济形式，是产业经济为适应人类环保与健康需要而产生并表现出来的一种发展状态（肖良武 等，2019）。

3.1.2 生态经济

经济学家 Kenneth K. Boulding（1966）以"地球太空船"理论为主，开创了生态经济学关于宏观经济规模问题的研究先河。1988 年国际生态经济学会（International Society for Ecological Economics）的创立，以及 1989 年 *Ecological Economics* 的创刊可视为生态经济学真正诞生并正式制度化（institutionalized）的标志（季曦，2017）。而中国的生态经济学是已故著名经济学家许涤新先生于 1980 年提出并建立的（王松霈，2014）。

生态经济是指在生态系统承载能力范围内，运用生态经济学原理和系统工程方法改变生产和消费方式，挖掘一切可以利用的资源潜力，发展一些经济发达、生态高效的产业，建设体制合理、社会和谐的文化以及生态健康、景观适宜的环境，实现经济腾飞与环境保护、物质文明与精神文明、自然生态与人类生态的高度统一和可持续发展的经济（陈银娥，2011；肖良武 等，2019）。

总之，生态经济就是把经济发展与生态环境保护和建设有机结合，使二者互相促进，达到可持续发展的经济活动形式。

现代生态经济学对可持续发展具有特别重要的意义：①生态经济学为可持续发展指导思想的建立提供理论基础，即生态经济学与可持续发展指导思想相伴形成；生态经济学为可持续发展指导思想的建立提供理论基础；②生态经济学是贯彻科学发展观指导实现可持续发展的科学（王松霈，2014）。

3.1.3 循环经济

最先提出循环经济（circular economy 或 cyclic economy）一词的，是英国环境经济学家戴维·皮尔斯（David Pearce）。1966 年美国经济学家肯尼思·E·波尔丁（Kenneth E. Boulding）提出了"宇宙飞船理论"，首次定义了"循环经济"，"指在人、自然资源和科学技术的大系统内，在资源投入、企业生产、产品消费及其废弃的全过程中，把传统的依赖资源消耗的线性增长的经济，转变为依靠生态型资源循环来发展的经济"。主要包括 3 个方面：①人与自然界应该是双向互动关系；②采取新的生态生产方式，把对环境的危害程度最小化；③追求生态效益和社会效益，形成生态与经济有机结合的生态经济（徐嵩龄，2004；李健，2006；孔德新，2007）。

循环经济的本质是自然资源的循环经济利用（刘庆山，1994）。它是一种善待地球的经济发展模式，要求把经济活动组织成为"自然资源—产品和用品—再生资源"的闭环式流程，所有的原料和能源要能在不断进行的经济循环中得到合理的利用，从而把经济活动对自然环境的影响控制在尽可能小的程度（诸大建，1998）。

循环经济是按照生态规律组织整个生产、消费和废物处理过程，其本质是一种生态经济。具有 3 个重要的特点和优势：①循环经济可以充分提高资源和能源的利用效率，最大程度地减少废物排放，保护生态环境；②循环经济可以实现社会、经济和环境的"共赢"发展；③循环经济在不同层面上将生产和消费纳入一个有机的可持续发展框架中（解振华，2003）。

循环经济的核心是以物质闭环流动为特征，遵循生态学规律，将清洁生产、资源综合利用、生态设计和可持续消费等融为一体，组成一个"资源—产品—再生资源"的反馈式流程，以及"减量化、再利用、资源化"的循环利用模式，实现废物减量化、资源化和无害化，形成高效的资源代谢过程，完整的系统耦合结构，及整体、协同、循环、自生功能的网络型、进化型复合型生态经济，维护自然生态平衡（张坤，2003；王成新 等，2003；冯之浚，2004、2005；王如松，2005；唐建荣，2005；马凯，2004；杨春平 等，2005）。

总之，循环经济具有深厚的生态学基础：①循环再生原理，重新耦合生态复合系统的结构与功能；②共生共存、协调发展原理，即自然、环境、资源、人口、经济与社会等要素之间存在着普遍的共生关系，形成一个以"社会–经济–自然"为特征，人与自然相互依存、共生的复合生态系统。③生态平衡与生态阈限原理，即建立输入与输出平衡、结构与功能稳定、自调节与自组织增强的复合生态系统；④复杂系统的整体性层级原理，即综合调节和控制整体和部分的关系，统筹整体功能和局部利益，从不同层面把生产、消费、循环再生体系纳入社会循环的框架之中；⑤生态位理论，即正确定位，形成自身特色，发挥比较优势，减少内耗和浪费，提高社会发展的整体效率和效益，促进社会良性与健康发展；⑥生态系统服务的间接使用价值大于直接使用价值原理，即把保护和增强生态系统服务功能作为工作的重点，通过制度限制人类对生态系统产品的掠夺性开发，把人类的活动和消费限制在生态阈限范围之内，强制恢复和保育生态系统的服务功能（王明远，2005；左铁镛，2006；俞金香 等，2017；郗永勤，2014；马歆等，2018），是一种符合可持续发展理念的经济发展模式。

3.1.4　低碳经济

低碳经济（low-carbon economy）的概念最早见诸政府文件，是2003年英国能源白皮书——《我们能源的未来：创建低碳经济》，即低碳经济是通过更少的自然资源消耗和更少的环境污染，获得更多经济产出；低碳经济是创造更高生活标准和更好生活质量的途径，为发展、应用和输出先进技术创造了机会，同时也能创造新的商机和更多的就业机会（陈美球 等，2015）。

低碳经济实质是高能源效率和清洁能源结构问题，通过"技术创新、制度创新、产业转型、新能源开发"等多种手段，弘扬"低碳发展、低碳产业、低碳技术、低碳生活"等生活方式，形成"低能耗、低排放、低污染"，以及"高效能、高效率、高效益"的可持续发展经济模式（付允 等，2008；鲍健强 等，2008；中国环境与发展国际合作委员会，2009；冯之浚 等，2009；牛文元，2009；贺庆棠，2009；陈美球 等，2015；肖良武 等，2019），最终达到"碳平衡"和"碳中和"。

3.1.5　可持续发展

1987年，布伦特兰（Brundtland）夫人在《我们共同的未来》中，首次提出可持续发展的新理念，并将循环经济与生态系统联系起来，提出通过管理实现资源的高效利用、再生和循环问题。而1972年的罗马俱乐部研究报告——《增长的极限》，1987年的世界环境与发展委员会研究报告——《我们共同的未来》，以及2005年的"千年生态系统评估"系列综合研究报告——《生态系统与人类福祉》，堪称可持续发展问题的3个划时代研究报告（任群罗，2009）。

关于可持续发展，一系列的概念和定义被应用于不同的领域，如"可持续的生物圈（sustainable biosphere）""可持续的生态学（sustainable ecology）""可持续的平衡（sustainable equilibrium）""可持续的环境（sustainable environment）""可持续的景观（sustainable landscape）""可持续的病虫害管理（sustainable pest management）""可持续的山地发展（sustainable mountain development）""可持续的旅游（sustainable tourism）""可持续的输送（sustainable transportation）""可持续的山地系统（sustainable upland system）""可持续的社会（sustainable society）""可持续的城市运输（sustainable urban transport）""可持续的生活质量（sustainable quality of living）""可持续的经济增长（sustainable economic growth）""可持续的进步（sustainable progress）""可持续的未来（sustainable future）""可持续的星球（sustainable planet）"和"可持续的世界（sustainable world）"等（王慷林 等，2000）。

"可持续发展"最早定义为"发展既满足当前的需要，又不危及子孙后代生存的需求"（WCED，1987）。应综合社会、环境及经济的可持续性，并利用三者去创造发展的持续(Goodland, 1995)。尤其必须注重和增强当地社区的能力, 以保持和发展可持续的生计而不破坏经济、社会和资源的基础(Canadian University Students Organization, 见 Rees, 1989)。

可持续发展包括社会、生态/环境、经济的可持续性。其中, 经济的可持续性意味着保持一个适当的生产力, 以便更好、更有效地利用资源; 环境或生态的可持续性意味着生态系统的完整性、支撑性和对自然资源包括生物多样性的保护; 社会可持续性为平等性、社会活动性、社会凝聚性、参与性、雇佣率、文化同一性及机构的发展。

3.1.6 绿色发展

绿色发展(green development)强调经济系统、社会系统和自然系统间的系统性、整体性和协调性。

绿色发展, 一方面通过社会制度的创新, 应用具有自主知识产权的、资源节约的、环境友好的科学技术, 力求实现规划设计、工业制造以及社会管理的最优化, 资源和能源利用效率净现值的最大化, 废弃物排放量最小化, 形成绿色生产与绿色消费的良性互动, 形成经济发展与保护环境的统一与协调, 实现经济进步、社会公平、人类与自然互利共生的持续发展(侯伟丽, 2004; 孔德新, 2007)。另一方面, 坚持绿色环境发展是绿色发展的自然前提, 绿色经济发展是绿色发展的物质基础, 绿色政治发展是绿色发展的制度保障, 绿色文化发展是绿色发展内在的精神资源(王玲玲 等, 2012), 回归一种结合新技术, 对气候、地理、文化影响良好的发展方式(陆小成, 2013)。

综上所述, 循环经济的本质是生态经济(任群罗, 2009)。低碳经济作为循环经济的重要组成部分和深化形式, 是实现生态经济、绿色经济的有效途径之一(肖良武 等, 2019)。生态经济、可持续发展以及循环经济、低碳经济, 在概念、内涵等方面虽有部分的交叉和重合, 但在整体思想、内容等方面则明显存在着区别(王文军, 2014)。总之, 无论是绿色经济、生态经济、循环经济、低碳经济, 都是绿色发展的经济或生态形式; 而可持续发展, 是人与自然的和谐发展, 是绿色发展追求的目的。

3.2 棕榈植物与绿色发展的可持续性

棕榈植物的绿色可持续发展主要体现在棕榈植物所产生的经济性、社会性和生态/环境性方面。

3.2.1 经济可持续性

经济的可持续性意味着保持一个适当的生产力, 以便更好、更有效地利用资源(Goodland, 1995); 经济学家强调其是对人类生活标准的保持和改善(Munasinghe et al. ， 1995）；可持续发展意味着人类福利和生态系统的改良和保障（Carew-Reid et al. ， 1994）。较多的棕榈植物，在绿色发展中产生极大的效益，促进绿色经济的健康发展。

例如，油棕是重要的棕榈植物，具有极高的经济性。第 5 章里引用的资料表明，单位面积的油棕产量分别是大豆、油菜、向日葵、花生、椰子和棉花的 6 倍、9 倍、7 倍、9 倍、11 倍和 20 倍，也将产生比其他油料植物更高的经济价值，促进这类经济植物在热区植物资源的开发利用中发挥出更大的作用。

又如，棕榈藤是一种具有重要经济价值的非木材林产品，具有特别多用的非木材林产品与森林保护特性，包括美观、廉价、耐用和坚硬、弹性、柔韧性和可更新性，被广泛用于制造篮子、衣箱、筛、箕、家具、桌、椅、睡席、绳索、晒衣绳、农业用具、捕鱼器和其他日常用品。棕榈藤的某些部位亦用于食用，如某些成熟的果实可食，某些种的藤尖是高级的森林蔬菜。正因如此，棕榈藤与人们每日的生活有着非常密切的关系（Dransfield，1979；Ave，1988；Piper，1992）。Bote（1988）列举了棕榈藤产业在未来发展的潜力/前景：①它是产生外汇交易的产业；②它是具有高附加值的产业；③它仅需较小的投入；④它是可更新的资源；⑤它可作为庭院加工的产业；⑥它是乡村基础的产业，可吸引城乡移民；⑦它是可建立海外市场的产业。同样的，来自印度尼西亚的报告（Godoy et al. ，1991）表明，收获棕榈藤的利益比收获旱谷的利益高 8 倍，比收获橡胶的利益高 15 倍。

此外，食用型椰子、棕榈、海枣以及藤笋等，不仅当前具有较高的经济价值，而且在未来绿色食品的开发利用中，将发挥更大的作用（见第 5 章）。

许多种类的棕榈植物，具有较好的药用价值，如槟榔、蒲葵、龙血竭等，能产生较好的经济效应，也对人类的健康幸福发挥着极大的作用（见第 6 章）。如棕榈，从单一的消费作物兼而有之商品、经济作物（cash crop）的商品价值和经济效益，它又成为增加当地哈尼族农村人口经济收入的一项主要经济作物，以及刺激当地财政收入的重要经济作物资源（邹辉，2003）。

3.2.2　社会可持续性

Goodland（1995）将"社会可持续性"定义为平等性、社会活动性、社会凝聚性、参与性、雇佣率、文化同一性及机构的发展。除了人工种植在城市周边的棕榈植物外，许多棕榈植物也存在野生状况，这些资源的社会占有性和利益共享性，决定了这类资源在一定地区的可持续发展。

社会的可持续性，意味着需要建立和谐、稳定的社会文化。棕榈植物所产生的贝叶文化、蒲葵文化、槟榔文化、椰子文化，以及传统知识涉及的各类棕榈植物，如棕榈、糖棕、海枣等，在创建社会的和谐性、行为指导性方面，发挥着较好的作用(见第8章)。正如邹辉(2003)的研究表明,对于哈尼族来说,棕榈并不是一般意义上的植物:哈尼族建寨之初要栽棕榈树,是因为棕榈有着强盛的生命力;哈尼族传统的婚礼仪式中要用到棕榈,是因为棕榈有着旺盛的生殖力;哈尼族对棕榈的命名,意味着棕榈代表着生命力和生殖力,它是生命的象征,也是生育的象征。

3.2.3 生态/环境可持续性

环境或生态的可持续性意味着生态系统的完整性、支撑性和自然资源包括生物多样性的保护(Goodland,1995);生态学家和自然科学家给以其更广泛的范畴,即关于适应性保护相关的表述(Munasinghe et al.,1995)。Colchester(1996)认为传统知识系统的价值在于其可作为调节人类与环境相互关系的有效手段。

如棕榈,哈尼族民间对棕榈有着特殊的文化信仰,棕榈不光和竹子一样是哈尼族村寨的绿色植物象征,它在哈尼族民间还有着多重的文化象征含义和文化价值利用;同时,哈尼族对棕榈的传统物性利用也具有利用频度高、利用范畴极为广泛的特点(邹辉,2003)。

棕榈植物在绿色景观文化中发挥着极大的作用(见第4章),对于热区来说,没有棕榈植物的衬托,就没有热区迷人的风光。同时,一些棕榈植物,在环境保护中发挥着一定的作用(见第9章)。

总之,棕榈植物在促进绿色可持续发展中发挥的作用,无论是经济价值、社会价值,还是生态/环境价值,都是基于棕榈植物固有的自然属性和生物特点:绿色(常绿)、经济(多用途性)、循环(可再生)、低碳(非木材)等,促进着社会的可持续发展……棕榈植物既是绿色的、可物质化利用的自然资源,又是保护、美化、净化环境,促进社会和谐的自然植物。

4 棕榈植物与园林景观

　　构建和谐的"社会-经济-自然复合生态系统"是生态文明建设的要求，也是绿色发展必须坚持的理念。物种和遗传资源多样性就是绿色发展的基本要素，而稳定的生态系统是绿色发展的基础，景观多样性更是绿色发展成就的展现。棕榈植物在绿色发展方面彰显出极大的潜力：①棕榈科是世界种子植物中重要科之一，有3 000多种，具有丰富的物种和遗传资源多样性。②棕榈植物是热带生态系统中的特殊组成部分，其构成的景观多样性使得棕榈植物获得"热带标帜性植物"的美称。③棕榈植物具有落叶少、修剪少、节约地面空间、抗性丰富等特性，造就了棕榈植物热区"最佳观赏植物之一"的美誉。④棕榈植物所表现的自然清幽、风格独特的优雅风格，是绿化、美化、净化、优化人类生活环境不可多得的优良树种，在绿色发展、乡村振兴、美丽乡村建设中，发挥着重要的重要。

　　棕榈植物生态习性各异、形态独特多样，其树形优美而秀立，枝叶婆娑而洒脱（掌状叶雄浑劲健，羽状叶典雅清奇），花果典雅而妩媚，其根、茎、叶、花、果均有着自身特有的美，集形态美、色彩美、风格美于一体，构成极高的观赏价值。一些种类茎干单生，株形较大，树密雄伟，可作为主景树、行道树和园景树，孤植、对植、丛植、列植、混植、群植成林或与其他植物配植于公园、小区、广场、草地、水体堤岸、山石旁等，均可形成雅致独特的景观，如大叶蒲葵、贝叶棕、董棕、鱼尾葵和椰子等；有的茎干丛生，树影婆娑，宜作为配景植物，可群植、丛植于草地、庭园，如短穗鱼尾葵、散尾葵、瓦理棕类和江边刺葵等；有的株形低矮、秀丽，适作为盆景观赏，如棕竹类、山槟榔类、龙棕、璎珞椰子、袖珍椰、花叶轴榈等。

　　棕榈植物，可以观赏其全株/丛。如诗"化工到得巧穷时，东补西移也大奇。君看桄榔一窠子，竹身杏叶海棠枝。"（宋·杨万里《桄榔》或《题榔树》）所描述的，即桃椰子包含竹子、杏树和海棠树的各种物种特性，其茎干似竹子的，叶子似杏树的，枝条似海棠树的，东补西移，奇特无比。无论茎干、叶片，还是枝条，均有各自的观赏特性；也可以单独观赏茎干、叶片、花序、果实，乃至冠茎。

国内外诸多学者论述了棕榈植物的观赏价值，可作为景观构建的参考。Whitmore（1973）、Krempin（1990）、Gibbons（1993）、Jones（1995）、Hodel（1998）、Ellison et al.（2001）、Evans et al.（2001）、刘海桑（2002）、林有润（2003）、王慷林（2004）、Henderson（2009）、文健 等（2011）、刘舸（2012）、张树宝（2013）、林焰（2014）、江泽慧 等（2013）、王慷林 等（2014）、谢彩云（2014）、夏征农 等（2015a、b）、吴棣飞（2015）、陈莉（2015）、徐晔春 等（2016）、李娜（2014）、何国生（2016）、大连万达商业地产股份有限公司（2016）、杨辉霞 等（2017）、Jiang et al.（2018）、耿世磊（2017、2018）、王意成（2019）、周厚高（2019a、b、c）、周国宁 等（2019）、Drummond et al.（2020）等，对部分棕榈植物种类进行研究和介绍，既包括物种形态的描述、观赏特性，也有栽培方式方法和管理要点等。

本章作者基于较明显茎干、叶片、花序、果实/果序，以及冠形和冠茎的观赏价值，分节归类简述。当然，每个人的视野不同、欣赏角度存在差异，加之有些种类，无论是茎、叶、冠，还是花、果，都具有非常高的观赏价值。如椰子（*Cocos nucifera*），树干挺拔，树形优美，果大色艳，四季花开；在滨海，则由于海风吹拂，形成优美倾斜茎干，是滨海沙滩浴场主要景观；其花朵、幼果、嫩果、老果共存，可谓"四世同堂"。本书的观赏类别分类仅是相对的，在实际参考应用中，需要实地实用。

4.1 观干棕榈植物

4.1.1 观干棕榈植物分类

第1章中讨论了棕榈植物各式各样的茎干，其具有非常明显的观赏价值，综合起来，重要的有几类：

（1）茎干形态各异，奇特迷人：一些棕榈植物的茎干基部或中部形成瓶状，并显著膨大，呈现优美流线，如王棕、酒瓶椰、瓶棕（*Colpothrinax wrightii*，而细瓶棕 *C. cookii* 茎干不膨大）、刺瓶椰（*Acrocomia crispa*）、酒樱桃椰（*Pseudophoenix vinifera*）、非洲糖棕（*Borassus aethiopum*）、棍棒椰（*Hyophorbe verschaffeltii*）、王银叶棕（*Coccothrinax spissa*）和董棕等（图4-1）。

有的形成圆柱形，但粗大伟岸，如智利蜜椰的茎粗达1~2 m，丝葵的直径可达1 m，糖棕（*Borassus flabellifer*）和贝叶棕的直径可达90 cm以上，加那利海枣的胸径可达70 cm以上，蜡棕的胸径可达60 cm以上等。

（2）茎干上具有美丽、轮状的叶痕和各式斑点（斑块）：有的种类茎干留下明显的环状叶痕，也有"步步高升"之意。槟榔属、假槟榔属和丛生槟榔属的种类，以及印度尼西亚散尾葵（*Dypsis lutescens* 'Vartegata'）、山槟榔（*Pinanga coronata*）都有紧密排列规则的环状叶痕，似竹子的茎干（图 4-2）；有的叶痕环不规则，茎干高大，各式各样，色彩迷人，如硬果椰（*Carpoxylon macrospermum*）、大果皇后椰（*Syagrus macrocarpa*）和黄叶棕（*Latania verschaffeltii*）等（图 4-3）。

图 4-1　茎干基部膨大（高者：王棕；低者：湿地棕）

（a）丛生槟榔　　　　　　　　（b）印度尼西亚散尾葵　　　　　　　（c）山槟榔

图 4-2　竹节状茎干

有的种类茎干上具有各式各样留存叶基及其点斑(如凹陷或凸起的圆点、斑块等),如刺葵茎干有残存的三角形叶柄基部,加那利海枣具密集排列的扁菱形叶痕,银海枣茎干具有紧密排列的梯形叶痕,枣椰具底边弧状的近三角形叶痕,橙枣椰具梯形的叶痕,在董棕、加那利海枣、宝塔假槟榔等的茎干上也留下不同的叶痕[图4-4、图4-5(a)]。

(3)茎干上留存网状叶基或覆被叶裙,美观大方:有的茎干覆以残存叶柄的基部,组成美丽的网状结构或形成不同列状排列,如砂糖椰子、银叶棕、帝王椰,以及布提椰属和菜棕属等种类。而丝葵、大丝葵的茎干,常因枯叶下垂而形成紧密排列成裙状覆被,形似傣家的筒裙,翩翩起舞,因而也称为"裙棕"。

(a)硬果椰

(b)大果皇后椰

(c)黄叶棕

图4-3 不规则叶环痕

(a)董棕

(b)加那利海枣

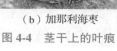

(c)假槟榔

图4-4 茎干上的叶痕

（4）长刺奇特：有的种类茎干有环状刺环或不规则刺列，且色彩不一，让人敬畏而惊奇，如金刺椰（*Pigafetta filaris*）、刺瓶椰，以及刺菜椰属（*Oncosperma*）、塞舌尔王椰属（*Deckenia*）、塞舌尔刺椰属（*Roscheria*）、肾籽椰属（*Nephrosperma*）、碟苞椰属（*Tectiphiala*）、红脉椰属（*Acanthophoenix*）、凤尾椰属（*Phoenicophorium*）、根柱凤尾椰属（*Pelagodoxa*）、叉刺棕属和桃棕属（*Bactris*）等的种类［图4-5（b）］。

（5）茎底支柱根凸出：一些棕榈植物具有气生根，当其伸入地下时，有的便成为名副其实的"柱子"——支柱根，新奇而美观。如根柱椰（*Iriartea deltoidea*），以及根柱槟榔属（*Nenga*）、根柱椰属（*Clinostigma*）、高根柱椰属（*Socratea*）、膨颈椰属（*Cyphophoenix*）和根柱凤尾椰属（*Verschaffeltia*）等的种类。

此外，棕榈植物的茎干颜色多样，有绿色、褐色、灰白色、红色等颜色，也构成了缤纷的棕榈植物世界（图4-6）。

（a）裂叶蒲葵　　　　　　　　　（b）桃棕

图4-5　特殊的茎干

（a）红柄椰　　　　　　　　　（b）橙槟榔

图4-6　茎干呈现漂亮的色彩

4.1.2 观干棕榈植物中国分布及栽培种类

棕榈植物茎干观赏种类较多，本书收录了中国自然分布和引种栽培的种类，按照种名(学名)、别名(包括民族名)、观赏特性、分布地域的顺序排列(分布地标注＊者为引种栽培地域，后面章节均同)：

(1)刺干椰(*Acrocomia aculeata*)：又称格鲁椰子、皮刺格鲁椰。茎单生；茎干常膨大，表面密布黑色锐刺，有时叶基宿存；楔形羽片呈鱼尾状，叶面灰绿色，背面银白色，形成优美株形；果实球形，成熟时橘红色至鲜红色。分布于墨西哥、伯利兹、哥斯达黎加、萨尔瓦多、危地马拉、洪都拉斯、尼加拉瓜、巴拿马、古巴、多米尼加、海地、牙买加、背风群岛、波多黎各、特立尼达和多巴哥、向风群岛、法属圭亚那、圭亚那、苏里南、委内瑞拉、玻利维亚、哥伦比亚、巴西、阿根廷、巴拉圭、印度尼西亚＊、中国(广东＊、福建＊)。

(2)小刺鱼尾椰(*Aiphanes minima*)：又称小刺叶椰子、嗤刺叶椰子。单生棕榈；茎干具尖锐的黑色长刺，基部具根，常奇特地显露于地面；叶柄、中肋及叶脉上生有褐色的长刺；花序及鞘苞均具刺；花淡白色；果实球形，成熟时红色。分布于多米尼加、波多黎各、向风群岛、美国＊、泰国＊、澳大利亚＊、斯里兰卡＊、中国(广东＊)。

(3)多蕊椰(*Allagoptera caudescens*)：又称多蕊椰子。茎单生，有环纹，中部通常膨大；叶羽状，叶面绿色，背面有淡白色茸毛而呈银白色，硬直；花大，黄色；果实椭圆形，成熟时呈深橙色。分布于巴西、泰国＊、中国(广东＊、云南＊)。

(4)假槟榔(*Archontophoenix alexandrae*)：又称亚历山大椰子、ma bu (D-DH)。茎单生；茎干通直，挺拔隽秀，树冠优美；茎干具阶梯状叶环纹，基部通常膨大；叶羽状，叶面碧绿，背面被灰白色鳞秕状物而呈银灰色，随风摇曳；小花乳黄；果实卵球形，成熟时朱红，大丛悬挂，风情万种。分布于澳大利亚(昆士兰)、泰国＊、越南＊、缅甸＊、新加坡＊、中国(广东＊、广西＊、海南＊、福建＊、台湾＊、云南＊、四川＊、重庆＊、贵州＊、江西＊、陕西＊、上海＊、江苏＊、河南＊、河北＊、北京＊、山东＊、辽宁＊)。

(5)紫花假槟榔(*A. cunninghamiana*)：又称阔叶假槟榔、肯氏假槟榔、根明椰子。鲜红色果序，大红色的果实，紫色的花序，纤细的茎干，优美的树冠，观赏价值极高；叶背面没有灰白色鳞片，易与假槟榔区别。分布于澳大利亚、美国＊、印度尼西亚＊、中国(广东＊、福建＊、云南＊)。

(6)槟榔(*Areca catechu*)：又称槟榔子、仁频、宾门、宾门药钱、白槟榔、橄榄子、大腹子、洗瘴丹、青仔、洗瘴丹、垫子、guo ma (D-BN)、ma bu (D-DH)、bin lang (JP)、bin lang (Z)。茎单生；茎干通直而纤细，具明显规则的环状叶痕,树冠整齐;果实纺锤形,成熟时鲜红色至橙色;叶鞘三棱形,平滑,绿色,环包茎干;叶羽状,叶形优美,叶片顶端有不规则齿裂。分布于中国(云南、福建、广东、广西、海南、台湾、重庆*、陕西*、浙江*、上海*、江苏*、河南*、北京*)、巴基斯坦、孟加拉国、印度、马尔代夫、斯里兰卡、缅甸、老挝、柬埔寨、泰国、越南、菲律宾、马来西亚、印度尼西亚、新加坡、新几内亚、所罗门群岛、瓦努阿图、加罗林群岛、马里亚纳群岛、苏里南*。

(7)锡兰槟榔(*A. concinna*):又称斯里兰卡槟榔。茎丛生;茎干形似丛生竹,具规则叶环痕,姿态优雅;叶羽状全裂,亮绿色,冠茎绿色,果实成熟时鲜红色。分布于斯里兰卡、美国*、泰国*、澳大利亚*、中国(广东*、云南*)。

(8)古氏槟榔(*A. guppyana*):又称古槟榔。茎单生;茎干绿色,具规则的白色叶环痕;叶羽状,具5对扩张宽大的羽片;花序多直立,着生较多绿白色的小花;果实成熟时亮红色。分布于新几内亚、所罗门群岛、斯里兰卡*、泰国*、美国*、新加坡*、中国(广东*)。

(9)哈氏槟榔(*A. hutchinsoniana*):茎单生;茎干矮小,绿色,具白色叶环痕,冠茎深绿色、优雅迷人;羽片不规律排列,奇特美丽;果实椭圆形,成熟时黄色。分布于菲律宾、泰国*、美国*、中国(广东*)。

(10)大萼槟榔(*A. macrocalyx*):茎单生;茎干具较宽的白色叶环痕,叶片暗绿色,冠茎略肿胀,通常亮灰绿色,但有时基部呈鲜艳的红色;果实圆形至长圆形,黄色,成熟时橙红色。分布于巴布亚新几内亚、印度*、美国*、印度尼西亚*、中国(广东*)。

(11)三药槟榔(*A. triandra*):又称三雄蕊槟榔、山药槟榔、丛立槟榔、丛立槟榔子、丛生槟榔、bu(D-DH)。茎丛生;茎干通体碧绿,具规则叶环痕,株形优美,修长典雅,形似翠竹,气势宏伟;果实成串,黄色,成熟时深红色,颇为美观。分布于印度(安达曼群岛)、孟加拉国、缅甸、老挝、柬埔寨、泰国、越南、马来西亚、印度尼西亚、菲律宾、美国*、澳大利亚*、巴西*、中国(台湾*、广东*、广西*、云南*、四川*、福建*、海南*、河南*)。

(12)澳洲桄榔(*Arenga australasica*):又称澳大利亚桄榔、澳洲羽棕。茎丛生;茎干密被黑色的纤维状叶鞘,株形优美洒脱;叶羽状分裂,羽片狭长,叶面深绿色,背面灰绿色,叶片从叶轴上成30°角生长,形成V形叶;果实圆形,成熟时黑色至暗紫色。分布于澳大利亚、泰国、马来西亚、美国*、中国(广东*、福建*、云南*)。

(13)星果椰(*Astrocaryum malybo*):又称星果刺椰子、星棕、马里博星果椰子。茎单生,矮小,高度低于3 m,覆被长10 cm的黑色长刺;叶片长达4.5~6 m,密被暗褐色至黑色、长达20 cm、扁平的刺;果实淡黄色,成熟后变为紫色至黑色。分布于印度尼西亚、哥伦比亚*、泰国*、中国(广东*)。

(14)果棕(*A. vulgare*)：又称可食星果刺椰子、普通星果椰。大型、丛生的茎干，覆被有黑色的长刺排列形成美丽的圆环；拱形、线性、深绿色的羽片扩展向不同的平面，形成美丽的景观；果实黄绿色。分布于法属圭亚那、圭亚那、苏里南、巴西、印度尼西亚*、中国(广东*)。

(15)桃棕(*Bactris gasipaes*)：又称桃果桐、桃果椰子、栗椰、桃果棕、加锡美人棕。茎丛生，茎干浅褐色，叶脱落痕之间密被向上、向下或水平生长的大小不一的锋利黑刺；具有纤细、嫩绿的羽片，形成优美的株形；总状花序从叶鞘内抽出，每穗约50~120个果，果实桃形，橙黄色，果色宜人。分布于哥斯达黎加、洪都拉斯、尼加拉瓜、巴拿马、法属圭亚那、委内瑞拉、玻利维亚、哥伦比亚、厄瓜多尔、秘鲁、巴西(中部、北部)、中国(广东*、福建*、海南*、云南*)。

(16)法维尔彩颈椰(*Basselinia favieri*)：又称喀里多尼亚椰、费氏巴塞林椰子。茎单生，深褐色，有较深的叶痕环，有浅绿色到浅绿色灰色鞘苞，其底部轻微肿胀；叶片大，向上生长，羽片优雅拱起，祖母绿，新叶轻微V形；花序大、多分枝、旋转、玫瑰色，从冠茎下长出；果实圆形，成熟时黑色。分布于喀里多尼亚、美国*、中国(广东*)。

(17)垂裂棕(*Borassodendron machadonis*)：又称木糖桐、木糖棕。茎单生、强壮，覆被明显的、深灰色到棕色、紧密排列的老叶鞘，形成美丽的株形；叶片扇形，羽片深裂，线形，有坚硬、锋利、刀状的边缘；果实大，圆形，形成紧密群丛，成熟时紫黑色或暗红棕色。分布于泰国、马来西亚、新加坡*、美国*、中国(广东*、云南*)。

(18)非洲糖棕(*Borassus aethiopum*)：又称糖椰、埃塞俄比亚糖棕。茎单生，茎干上部显著膨大，茎干像巨大的花梗和花托，极为奇特；叶片近圆形，具有下垂、深裂至近半的羽片；果实大似椰子，圆形，成熟时棕色至黄棕色。分布于贝宁、加纳、科特迪瓦、马里、尼日利亚、塞内加尔、中非、喀麦隆、乍得、埃塞俄比亚、索科特拉岛(也门)、苏丹、肯尼亚、坦桑尼亚、乌干达、马拉维、莫桑比克、津巴布韦、几内亚*、美国*、中国(云南*、海南*、广东*、福建*)。

(19)糖棕(*B. flabellifer*)：又称扇叶糖棕、扇椰子、扇叶树头桐、柬埔寨糖棕。茎单生；茎干宿存叶基呈明显的网格状，黝黑而有光泽，颇为奇特；叶掌状，扇形，叶身坚韧、中肋弯曲，树冠密集，构成优美株形；果实常大型，圆形，成熟时为光亮的暗棕色至黄棕色。分布于印度、斯里兰卡、缅甸、老挝、柬埔寨、泰国、越南、马来西亚(小巽他群岛)、印度尼西亚、新几内亚、加纳*、中国(广东*、广西*、海南*、福建*、云南*)。

(20)王糖棕(*B. sambiranense*)：又称马岛树头榈。茎单生，巨大的茎干，中上部膨大，浅灰色至几乎白色，优雅与黑色叶痕环相媲美，直径可达 65 cm，高大威猛；叶冠很大，完全圆润；叶片大，两面呈深绿色，轮廓上呈半圆或略多，生长在具齿、棕橙色叶柄上。分布于马达加斯加、中国(云南*)。

(21)溪生隐蕊椰(*Calyptronma rivalis*)：又称溪肖椰子、西方肖椰子。茎单生，暗棕色至浅灰色，幼时覆被棕色纤维，老茎具明显的叶痕环，有一个撒开的圆形树冠；大花簇生，分枝，下垂，由两个雄性和一只雌性组成三合一；果实小，豌豆形，成熟时红色，果实成熟时，持久的花部分仍然附着在基部。分布于波多黎各、多米尼加、海地、美国*、中国(广东*)。

(22)硬果椰(*Carpoxylon macrospermum*)：又称木果椰、硬果椰子。茎单生，茎干直立，灰白色不规则环状叶痕明显，基部膨大，冠茎长达 1.5 m，纤细，亮绿色；羽片深绿色，向下弯曲，羽片紧密，整齐排列，形成一个半球形的叶冠，姿形优雅；果实倒卵形，成熟时鲜红色。分布于瓦努阿图、美国*、新加坡*、中国(广东*、云南*)。

(23)百色鱼尾椰(*Caryota bacsonensis*)：茎干有棕丝和环纹；果实成熟时紫红色，呈不正的扁球形；与鱼尾葵形似，但其具有笔直、细长的树干，典型的高冠，以及相对短而强烈拱形的叶片。分布于中国(广西、广东*)、缅甸、老挝、越南、泰国。

(24)南美蜡椰(*Ceroxylon alpinum*)：又称高山蜡椰、高山蜡椰子。茎单生，高大直立，棕褐色到近白色，间隔较宽的环纹，有时在中部有点膨大，覆盖薄层蜡质；树冠上有 15~20 片叶，叶羽状，叶面墨绿色，背面银白色；果实圆形，成熟时橙红色，种子球形，骨质，大如榛子。分布于委内瑞拉、哥伦比亚、中国(台湾*、广东*)。

(25)巨蜡椰(*C. quindiuense*)：又称哥伦比亚蜡椰、安第斯蜡椰、高山蜡材棕。茎单生，茎干高大(达 60 m)，是世界上茎干最高的棕榈植物，圆柱形直立光滑，被厚蜡粉而呈银白色，具明显美丽暗色、宽间的叶环痕；羽片整齐排列成一平面，叶背面具银白色或淡黄色的茸毛；果实成熟时橙红色。哥伦比亚、秘鲁、美国*、中国(福建*)。

(26)美洲竹节椰(*Chamaedorea arenbergiana*)：茎单生，节间细长，暗绿色，具有金棕色叶痕环；5~6 片叶直生伸展，具有漂亮的、卵状披针形的、长顶尖的羽片，羽片上部深绿色，背面淡黄绿色；花呈黄白色；果穗很像绿色的玉米穗轴，颇为迷人。分布于墨西哥、洪都拉斯、危地马拉、萨尔瓦多、尼加拉瓜、哥斯达黎加、巴拿马、哥伦比亚、中国(广东*、台湾*)。

(27)短茎玲珑竹节椰(*C. brachypoda*)：又称短茎玲珑椰子。茎丛生，茎高 1~

2 m，节间长 5~8 cm，无明显叶痕，羽状叶小；果实橙色；是蔓延很远的爬行根茎，大的、密集的茎丛，不分裂而顶端二叉的叶片，使其成为美妙的地被植物。分布于危地马拉、洪都拉斯、美国*、澳大利亚*、中国(云南*)。

（28）璎珞竹节椰(*C. cataractarum*)：又称湿生袖珍椰、富贵椰子、富贵竹节椰、缨珞椰子、女王椰子。茎单生；茎短而粗壮，节密；叶羽状分裂，先端弯垂，羽片长而柔软，在叶中轴上排列整齐，叶色墨绿，表面有美丽光泽，株形美观；果实成熟时红褐色。分布于墨西哥、中国(广东*、台湾*、福建*、云南*、上海*)。

（29）大叶竹节椰(*C. erumpens*)：又称裂坎棕、竹茎玲珑椰子。茎丛生，暗绿色，具有明显的叶环痕，似竹状，每丛多支；叶羽状，羽片宽，上面浓绿色，背面白色；果实椭圆形或卵圆形，成熟时橙色。分布于墨西哥、洪都拉斯、危地马拉、美国*、中国(云南*、广东*、福建*)。

（30）粉绿竹节椰(*C. glaueifolia*)：茎单生，纤细如棕竹，有时匍匐或蔓生；叶羽状，羽片上面深绿色，背面暗绿色或粉白绿色；果实绿色，果序、果柄朱红色。分布于墨西哥、危地马拉、美国*、中国(广东*)。

（31）墨西哥竹节椰(*C. hooperiana*)：茎丛生，茎干从中心优雅地向外弯曲，深绿色，并带有浅棕色的叶痕环；叶冠稀疏，叶片均匀地间隔在一个平面上，羽片线性椭圆形；花序生于珊瑚色枝穗，果枝亦黄色，果实长圆形球状，绿色，成熟时黑色，构成色调美丽的组合。分布于墨西哥湾、中国(云南*)。

（32）玲珑竹节椰(*C. tepejilote*)：又称玲珑椰子、墨西哥袖珍椰、墨西哥玲珑椰、胀节坎棕、胀节竹节椰。茎单生，有时丛生，茎干绿色而具紧密的白色叶环痕，形似竹子，基部有支柱根；叶羽状分裂，羽片狭披针形，长而宽，呈镰刀状，很薄但具凸出的条纹，叶柄的内表面具苍白的线，区别于其他种；果实卵球形或长圆形，蓝绿色，成熟时黑色，果穗黄色，相配奇特。分布于墨西哥、伯利兹、哥斯达黎加、危地马拉、洪都拉斯、尼加拉瓜、巴拿马、哥伦比亚、美国*、新加坡*、中国(广东*、台湾*、福建*)。

（33）萨摩亚根柱椰(*Clinostigma samoense*)：又称萨摩亚斜柱椰。茎单生，高大，环纹明显且密生，幼秆浅白色，老秆灰绿色，冠茎带有粉蓝色至石灰绿色，基部有时具明显皮刺的高跷状支柱根；叶羽状，羽片单片，排列整齐，深绿色；果实球形，成熟时红色。分布于萨摩亚、美国*、中国(广东*)。

（34）银叶棕(*Coccothrinax argentata*)：又称大银扇葵、大银棕、银叶椰子。茎单生，覆盖着细小的棕色纤维，紧密编织成网状至顶部，底部裸露，浅灰色；叶掌状深裂，裂片长披针形，叶面绿色，叶背银白色；适中的体形、优美的株形；通常列植和丛植。分布于美国、巴哈马、加勒比、哥伦比亚、斯里兰卡*、泰国*、中国(广东*、福建*、云南*)。

(35)长毛银叶棕(*C. crinita*)：又称华盛顿银棕、老人葵、古巴银榈、长发银棕。茎单生，茎干被深棕色的毛茸茸、浓密的叶鞘纤维所包裹，纤维看似一顶松散梳理的棕色假发，非常奇特；叶近圆形，掌状深裂，裂片有多数狭窄的细裂，上面暗亮绿色，背面银绿色；果实圆形，成熟时黑色或亮紫色。分布于古巴、美国*、印度*、中国(广东*、福建*、云南*、重庆*)。

(36)王银叶棕(*C. spissa*)：又称密银棕。茎单生，有一个非常不寻常的、粗壮的躯干，通常在中上部常极度膨大，形似一个高置的大花瓶，非常奇特，加之适中的体形，组成了特别优美的株形；孤植、列植或丛植。分布于多米尼加、海地、中国(福建*)。

(37)椰子(*Cocos nucifera*)：又称可可椰子、椰子壳、越王头、胥余、椰瓢、大椰、guo bao/guo ma bao（D-BN）、ma wen（D-DH）、me wun pun（JP）、zong shi gang（Z）。树干挺拔，树形优美，果大色艳，四季开花；由于海风吹拂，在滨海变成倾斜茎干，赋予其极为优美株形，为滨海沙滩浴场主要景观；花朵、幼果、嫩果、老果共存，可谓“四世同堂”。分布于马达加斯加、日本、印度、斯里兰卡、缅甸、老挝、越南、泰国、柬埔寨、马来西亚、印度尼西亚、菲律宾、新几内亚、澳大利亚、瓦努阿图、马克萨斯、社会岛、土阿莫土群岛、加罗林群岛、马里亚纳群岛、马绍尔群岛、美国、伯利兹、中国(广东*、广西*、海南*、福建*、云南*)等。

(38)瓶棕(*Colpothrinax wrightii*)：又称瓶椰、桶棕、赖特瓶棕。茎单生，茎干1/3处常膨大呈近球状，球径可达非膨大处的直径的2~3倍，颇为奇异；叶掌状分裂，裂片80~90片，宽而厚；果实球形，成熟时黑褐色。分布于古巴、美国*、中国(广东*、福建*、云南*)。

(39)白蜡棕(*Copernicia alba*)：又称铜叶葵。茎单生，粗壮，灰色至几乎纯白色，株形高大雄伟；叶片深裂成线形裂片，裂片上面灰绿色至绿色，背面银绿色至灰色，两面及叶柄上被灰白色蜡质；果实卵球形，成熟时褐色或黑色。分布于玻利维亚、巴西、阿根廷、巴拉圭、中国(云南*、广东*、福建*、海南*)。

(40)屋顶白蜡棕(*C. tectorum*)：茎单生，茎干除光滑、浅到深灰色部分外，还覆盖着一种迷人的叶基图案；叶片宽而圆形，两面绿色到深绿色；果实鸡蛋形，成熟时棕色到黑色。分布于委内瑞拉、哥伦比亚、美国*、中国(广东*)。

(41)中美洲根刺棕(*Cryosophila guagara*)：又称瓜格拉根刺棕。近似于*Cryosophila stauracantha*，但其有时丛生，具更长、更多的根刺。分布于哥斯达黎加、巴拿马、美国*、中国(广东*、云南*)。

(42)银叶根刺棕(*C. stauracantha*)：又称叉刺棕。茎单生，纤细，具密集的、白色的根刺，以及圆形的冠茎；掌状叶，圆形，裂片2~4片成丛，上面暗绿色，背面灰绿色；果实长圆形，绿色至白色。分布于墨西哥(东南部)、伯利兹、危地马拉、中国(福建*)。

(43)瓦氏根刺棕(*C. warscewiczii*)：又称瓦氏叉刺棕、瓦斯根刺棕、华西威根刺棕、刺根榈。茎单生，茎基部被叶柄(鞘)残基及叶鞘纤维所包裹，具长刺，靠近地面的根刺往往形成气生根(接近地面的根刺常分枝)，形态优美；叶近圆形，掌状深裂或浅裂，叶面亮绿色，背面银灰色；果实肉质，白色。分布于哥斯达黎加、洪都拉斯、尼加拉瓜、巴拿马、泰国*、中国(云南*、广东*、福建*)。

(44)根刺棕(*C. williamsii*)：又称威氏根刺棕、叉刺棕。茎单生，茎下部有少数气根形成支柱根，为湿润的枯叶纤维所包裹；叶掌状，圆形，深裂或浅裂，叶面绿色，背面有银白色鳞秕而呈银灰色；果实球形或卵球形，乳白色。分布于洪都拉斯、哥斯达黎加、巴拿马、美国*、中国(云南*、广东*、海南*、福建*)。

(45)瓶椰(*Cyphokentia macrostachya*)：又称粉雄椰。茎单生，茎干浅灰色到几乎纯白色，优雅的圆柱形冠茎，比树干稍宽；叶冠稀疏，叶羽状，裂片浅绿色，僵硬、狭窄，从叶轴弓形长出，形成V形状叶；果实鸡蛋形，成熟时鲜红色。分布于新喀里多尼亚、美国*、中国(广东*)。

(46)银椰(*Cyphophoenix alba*)：又称白膨颈椰、维罗尼亚椰。茎单生，幼秆白色蜡质，老秆具深棕色环纹，冠茎松散，中间膨大，呈蜡白色，近叶柄侧有带红褐色毡状茸毛；叶羽状；果序青绿色到灰绿色，果实卵形，成熟时呈淡红色至绿棕色。分布于新喀里多尼亚、中国(台湾*、广东*)。

(47)美丽膨颈椰(*C. elegans*)：又称文雅加罗林椰。茎单生，纤细、肿胀，具灰绿色的冠茎、较小的树冠；弯拱的灰绿色叶片和僵硬直立的羽片。分布于新喀里多尼亚、中国(广东*、台湾*)。

(48)膨颈椰(*C. nucele*)：又称洛亚尔膨颈椰、洛亚尔堤刺葵、加罗林椰。茎单生，灰白色，有环纹；叶片羽状，全裂，幼叶苍绿色，反曲，形态优美，亦可供盆栽观赏。分布于新喀里多尼亚、美国*、中国(广东*)。

(49)粉红椰(*Cyrtostachys glauca*)：又称粉猩红椰、灰曲猩红椰、灰曲蜡棕。茎单生，茎干幼时被美丽的绿色与凸出的环，老茎浅灰色；冠茎青绿色而光滑；叶片明亮，较长，羽片从叶轴以一个平面长出，形成平展或近平展叶片。分布于新几内亚、美国*、中国(广东*)。

(50)新几内亚红椰(*C. ledermanniana*)：又称新几内亚蜡棕。茎单生，茎干具有深绿色，稍微凸起的冠茎，下面具较长、僵硬、略拱的叶片；羽片深绿色，披针形，下垂。分布于新几内亚、美国*、中国(广东*)。

(51)安布西特拉马岛椰(*Dypsis ambositrae*)：又称安博思金椰。单干型，幼秆绿色具有明显的白色叶痕环，老秆棕色至灰色；羽状叶长，拱形而反卷，羽片从叶轴上近90°产出，形成V形叶，顶端二叉。分布于马达加斯加、中国(广东*、福建*)。

(52)三角椰(*D. decaryi*)：又称三角椰子、三角槟椰、三角棕、三角金果椰。茎单生；叶子基部在茎干顶部形成了一个独特的三角形，有时膨大呈美丽纺锤形，具有奇特的观赏价值；叶羽状，叶片长而优雅，银绿色，羽毛形，顶端低垂，整齐地排成3列，新叶覆被深红褐色的天鹅绒，就像鹿角上一样；花黄绿色；果实椭圆形，成熟时金黄色。分布于马达加斯加、美国*、澳大利亚*、苏里南*、中国(广东*、广西*、海南*、福建*、云南*、四川*、重庆*、湖北*、陕西*、北京*、江苏*、上海*)。

(53)王马岛椰(*D. decipiens*)：又称鸳鸯金果椰、鸳鸯椰子、拟散尾葵、马南比棕、迷人马岛棕。茎丛生，茎干高大，树冠丰满，体态丰盈，非常雄伟，中部常膨大，叶环痕显著，冠茎银白色；叶羽状，羽片甚长而窄，排成多列，叶片弓形悬垂，美丽迷人。分布于马达加斯加、中国(广东*、福建*)。

(54)多毛马岛椰(*D. fibrosa*)：又称多毛金果椰、纤维马岛椰。茎单生或丛生，不分枝或有一个分枝或重复分枝，茎干淡褐色至灰色，上部覆盖着长长的浅棕色叶鞘纤维，基部肿胀，有明显环纹，有时具有类似于高跷根部；叶羽状，羽片多数，扁平，排列整齐，组成紧凑的树冠，新叶显出淡的褐红色。分布于马达加斯加、斯里兰卡*、中国(广东*)。

(55)琼氏马岛椰(*D. jumelleana*)：又称娃娃金果椰。茎丛生，绿色具淡红色鳞片，后转为棕灰色；叶羽状，羽片不规律2~4片成群排列，主脉和次脉均具有淡红色鳞片；果实半球形，红色。分布于马达加斯加、中国(广东*)。

(56)散尾葵(*D. lutescens*)：又称黄椰、黄椰子、印度尼西亚散尾葵。茎丛生，茎干光滑，植株形成圆柱形丛；叶柄光照下呈黄绿色，幼时有白粉，近基部处呈红色；果实略呈陀螺形或倒卵形，鲜时黄绿色，干时紫黑色；株形婆娑优美，姿态潇洒自如，枝叶婀娜多姿，是世界最普遍栽培的棕榈植物，也常作为室内栽培或盆栽。分布于马达加斯加、印度*、爱尔兰*、中国(广东*、广西*、海南*、福建*、云南*、贵州*、四川*、湖南*、陕西*、浙江*、北京*)。

(57)莫尔马岛椰(*D. moorei*)：又称摩里金果椰。茎单生，小型，高不过1 m，覆被老叶叶基；叶片扩张至直立，羽状，叶片规律排列，次脉具有散生的淡红色鳞片，叶柄较长而叶轴较短；果实近球形。分布于马达加斯加、中国(台湾*、广东*)。

（58）安尼拉马岛椰（*D. onilahensis*）：又称安尼蓝金果椰、安尼金果椰、安尼兰狄棕。茎单生，茎干纤细，无刺，冠茎灰白色；叶片羽状，下垂，羽片纤细，叶鞘管状；果实小，成熟时呈红色。分布于马达加斯加、中国（云南*、福建*、广东*）。

（59）奔巴马岛椰（*D. pembana*）：又称佩巴纳金果椰、桑给巴尔黄椰。茎丛生，绿色，平滑，有坚固的环纹和一个吸引人的拱形冠茎；叶羽状，深绿色；果实成群，深红色，有斑点。分布于坦桑尼亚、中国（广东*）。

（60）油棕（*Elaeis guineensis*）：又称油椰、油椰子、非洲油棕、zhuan man（D-DH）。茎单生，茎干覆被着不整洁的老叶基部，通常附生其他植物和蕨类植物，形成奇特景观，常作林荫树和行道树；叶羽状，全裂，簇生于茎顶，长 3～4.5 m，羽片呈两平面，羽毛状，形成巨大浓密而优美的树冠；果实卵球形或倒卵球形，成熟时呈橙红色。分布于贝宁、加纳、几内亚、科特迪瓦、利比里亚、尼日利亚、塞内加尔、塞拉利昂、多哥、布隆迪、中非、喀麦隆、刚果（布）、加蓬、卢旺达、刚果（金）、肯尼亚、坦桑尼亚、乌干达、安哥拉、马达加斯加、斯里兰卡、缅甸*、马来西亚、印度尼西亚、新加坡*、泰国*、苏里南*、中国（广东*、广西*、海南*、福建*、台湾*、云南*、上海*、江苏*、北京*）。

（61）长鞘念珠菜椰（*Euterpe precatoria* var. *longivaginata*）：又称巴拿马纤叶椰。茎单生，细高，平滑，有环纹，露出近地面的茎基部暗红色；叶羽状，羽片鲜绿色，中脉下有褐色鳞片；果实球形，近白色。分布于伯利兹、哥斯达黎加、中美洲太平洋岛屿、圭亚那、洪都拉斯、尼加拉瓜、巴拿马、委内瑞拉、玻利维亚、哥伦比亚、厄瓜多尔、秘鲁、巴西、美国*、中国（广东*）。

（62）刺瓶椰（*Gastrococos crispa*）：又称膨茎刺椰子。茎单生，茎干中部显著膨大，具密的叶环痕，叶环痕之间具密刺；叶羽状，羽片线形，叶面暗绿色，叶背银白色，与金黄色的花和橙色的果实形成美丽景观。分布于古巴、中国（广东*、云南*）。

（63）古巴根锥椰（*Gaussia princeps*）：又称古巴加西亚椰、华丽玛雅椰。茎单生，茎干白色，基部肿胀，略微弯曲，下部1/3部分较粗，上部茎干较细，基部直径为30 cm；叶羽状，弯曲弓形，稀疏，但羽片互相靠近；果实椭球形，成熟时紫色至红色。分布于古巴、美国*、中国（广东*）。

（64）澳洲长瓣槟椰（*Hydriastele ramsayi*）：茎单生，茎干浅灰色到几近白色，中部膨大，具有明显的叶痕环；冠茎浅绿色到近白色，高大，似圆柱形；叶冠美丽的圆形，羽片45°角长出，形成V形，叶色从深橄榄绿到更常见的蓝色和青绿色。分布于新几内亚、澳大利亚、中国（广东*）。

（65）水柱椰子（*H. wendlandiana*）：又称文氏水柱椰、澳洲丛生槟椰。茎单生，茎干修直细长、密集丛生，灰色至白色，幼秆具有明显的黑色的叶痕环，具有极高的观赏价值；冠茎较短，中部肿大，银绿色至蓝绿色；叶羽状，表面绿色，背面带粉白色，羽片宽，顶尖有一对大鱼尾形的羽片；果穗属于冠茎下，果实具紫褐色纵条纹。分布于澳大利亚、印度尼西亚*、中国(广东*)。

(66)苦茎酒瓶椰(*Hyophorbe amaricaulis*)：又称瓶椰、苦心酒瓶椰。茎单生，基部膨大，近根际又稍变细，有明显的环纹，光滑，呈灰色，有冠茎；叶羽状，叶鞘圆筒形，叶鞘和叶柄有时略带淡红褐色；花序生于叶下，螺旋状排列。分布于毛里求斯、古巴*、中国(广东*)。

(67)酒瓶椰(*H. lagenicaulis*)：茎干观赏价值较高，见4.6.6。

(68)棍棒椰(*H. verschaffeltii*)：又称棍棒椰子。茎单生，茎干通直灰色，下部略窄，上部膨大，纺锤形状，似棍棒；叶羽状，僵硬上长，但柔美弯曲，叶梗呈微红色，叶背有黄色的分绿带；开花时多个花序同时存在，未开放时呈略弯曲的圆锥状，酷似牛角，相当别致。分布于毛里求斯、泰国*、中国(广东*、海南*、福建*、云南*、四川*)。

(69)雅致红轴椰(*Hyospathe elegans*)：又称薄鞘椰、薄鞘棕。茎丛生，冠茎延长，皮质黄褐色；大的植株具有4个宽的、20个窄的镰刀形羽状叶，小的植株叶片不分裂，叶柄坚硬，具有排列的、波状的凸起脉纹；花序生于叶子下面，直立，花序粉红色，果实红色。分布于哥斯达黎加、巴拿马、法属圭亚那、圭亚那、苏里南、委内瑞拉、波多黎各、哥伦比亚、厄瓜多尔、秘鲁、巴西、美国*、中国(广东*)。

(70)大籽叉干棕(*Hyphaene macrosperma*)：又称大子叉茎棕、彼氏叉干棕。茎单生，茎干笔直，中部显著膨大，株形优美；种子较大。分布于贝宁、中国(福建*)。

(71)叉干棕(*H. thebaica*)：又称埃及叉干棕、东非分枝桐、底比斯叉茎棕、非洲棕榈。茎单生，茎干粗壮光滑，独特的二歧状分枝；叶片扇形，宽大(1.5~2 m)，螺旋状排列成密集的硕大树冠；果实暗橙色，椭圆形，成熟时黄色。分布于埃及、贝宁、布基纳法索、冈比亚、加纳、科特迪瓦、马里、毛里塔尼亚、尼日利亚、尼日尔、塞内加尔、塞拉利昂、中非、喀麦隆、乍得、厄立特里亚、埃塞俄比亚、索马里、苏丹、沙特阿拉伯、也门、中国(福建*、台湾*、广东*、云南*)。

(72)根柱椰(*Iriartea deltoidea*)：又称大南美椰、南美椰、伊里亚椰。茎单生，茎干中部显著膨大，膨大处的直径可达非膨大处的2倍，基部具紧密排列、黑色的高跷根(可长达1 m)，观景特别；叶复羽状分裂，呈狐尾状，非常迷人；果实球形，成熟时黄绿色。分布于哥斯达黎加、尼加拉瓜、巴拿马、委内瑞拉、玻利维亚、哥伦比亚、厄瓜多尔、秘鲁、巴西、美国*、中国(广东*)。

(73)智利蜜椰(*Jubaea chilensis*)：又称智利椰、智利椰子、智利棕、智利糖棕、智利酒椰子。茎单生，植株高大，茎干粗超过1 m(可达2 m)，是棕榈科中最粗的植物，其表面灰色，光滑，覆被淡淡的扁平的、钻石形老叶疤痕；羽状叶数量达50片，构成浓密树冠，也是叶数最多的羽状叶棕榈植物；果实梨形，成熟时红褐色。分布于智利、意大利*、中国(海南*、广东*、福建*、云南*、四川*、上海*、浙江*)。

(74)本氏蒲葵(*Livistona benthamii*)：又称斑氏蒲葵、彭生蒲葵。茎单生，幼时棕褐色或肉桂色，后变深灰色，覆被漂亮的旋钮状物，其是褐化、半圆形的叶基留存；冠茎在成年时近球形，在幼年期叶片扩展；叶片掌状，羽片半深裂，顶端下垂。分布于新几内亚、澳大利亚、新加坡*、中国(云南*、广东*)。

(75)大叶蒲葵(*L. saribus*)：又称大蒲葵、东京蒲葵、越南蒲葵、chu (JN)。茎干直立，高耸入云；叶掌状，扇形，叶面不平整，重叠状折叠，裂片深裂不一，三角状叶基嵌入编织形深棕色纤维中；果实球形，成熟时浅蓝色，中果皮淡黄色。分布于中国(广东、广西、海南、云南、福建*)、泰国、越南、马来西亚、印度尼西亚、文莱、菲律宾、印度。

(76)南美桐(*Mauritiella armata*)：又称根刺鳞果棕。茎丛生，茎干近白色，新秆具有明显的、特别宽间距的叶痕环，下部有刺，基部具高跷根，美丽特别；叶掌状，半球形或圆形，裂片狭窄，背面光亮，深绿色，背面银色，几乎延伸到叶柄，形成美丽弓形而顶端下垂；果实椭圆形，褐色，有鳞片包裹。分布于圭亚那、苏里南、委内瑞拉、玻利维亚、哥伦比亚、厄瓜多尔、秘鲁、巴西、泰国*、中国(广东*)。

(77)水椰(*Nypa fruticans*)：叶片羽状全裂，羽片多数，长线状披针形，外向折叠，先端尖锐，中肋凸起，背面中肋近基部处有金黄色的糠秕；丛生粗壮的匍匐状茎及肥硕的叶鞘，能抗风浪，具"胎生现象"，形态特别。分布于中国(海南、福建*)、汤加、琉球群岛、孟加拉国、斯里兰卡、缅甸、泰国、柬埔寨、越南、印度尼西亚、文莱、马来西亚、菲律宾、俾斯麦群岛、新几内亚、所罗门群岛、澳大利亚、加罗林群岛、马里亚纳群岛、巴拿马、特立尼达和多巴哥。

(78)刺毛刺菜椰(*Oncosperma horridum*)：又称单杆尼桲刺椰、巴雅椰子。茎干有环纹且具扁平的黑刺；叶羽状，有光泽的深绿色，叶柄、叶轴及叶鞘上均长有黑刺；叶鞘革质舟状，黑褐色，有长刺；果实球形，成熟时紫黑色。分布于泰国、马来半岛、菲律宾、印度尼西亚、中国(广东*、福建*)。

(79)绵毛刺菜椰(*O. tigillarium*)：又称丝毛尼桲刺椰、尼桲刺椰。茎丛生，高大，环纹明显，覆盖着锋利的黑刺；叶羽状，优雅的羽毛状，顶端下垂，羽片和叶柄均具长的黑刺；果实球形，紫红色。分布于泰国、马来西亚、印度尼西亚、中国（广东*）。

（80）无茎刺葵（*Phoenix acaulis*）：又称袖珍枣椰。茎干矮小，椭圆形球状；果实椭圆形至卵球形，成熟时红至蓝黑色；特别适合坛植。分布于印度、尼泊尔、缅甸、泰国*、中国（广东*、海南*、福建*、云南*）。

（81）加那利海枣（*P. canariensis*）：著名观干、观果、观叶、观形棕榈植物。见 4.6.5。

（82）林刺葵（*P. sylvestris*）：又称橙枣椰、银海枣、橙海枣。植株高大雄伟，形态优美，树干粗壮，树冠球形，紧密排列，直立雄伟，英姿飒爽；羽片灰蓝绿色，坚韧多列；叶柄基部及叶鞘有时呈明显的橙色，苞片有时也呈明显的橙色，颇为奇特。分布于毛里求斯、尼加拉瓜、印度、尼泊尔、巴基斯坦、斯里兰卡、缅甸、中国（广东*、海南*、福建*、云南*、四川*、贵州*、江西*、湖南*、浙江*、江苏*、上海*）。

（83）金刺椰（*Pigafetta filaris*）：又称马来葵、马来刺椰。体形巨大壮观，茎干绿色竹节状，有宽间隔和亮银灰色的环纹；叶羽状全裂，叶柄基部扩大半抱茎状，外面有密的横条纹，密密地排列着黄色长针刺；花序、果序黄色；果实球形或长椭圆形，成熟时枣红色，覆被漂亮的、像蛇皮一样的鳞片，美丽迷人。分布于印度尼西亚、新几内亚、美国*、中国（海南*、广东*）。

（84）阿当山槟榔（*Pinanga adangensis*）：茎干有环状叶痕，树形美观；叶羽状裂，羽片较宽；花序见于冠茎下，多分枝。分布于泰国、马来西亚、中国（云南*）。

（85）巴维山槟榔（*P. baviensis*）：又称变色山槟榔。丛生灌木，挺直，基部膨大，密被深褐色头屑状斑点，间有浅色斑纹；叶羽状，羽片线形，上面深绿色，背面灰白色，大小叶脉之间及叶脉上具苍白色鳞毛和褐色点状鳞片，叶脉上散布着淡褐色的线状鳞片，叶鞘、叶柄及叶轴上均被褐色鳞秕。分布于中国（云南、海南、台湾、广西、广东、福建*）、越南。

（86）二色山槟榔（*P. bicolana*）：茎单生，有亮绿色的冠茎，其上被有褐色鳞片；叶羽状，叶面深绿色，有淡的斑驳痕迹，叶背带灰色；果实成熟时红色到淡紫色。分布于菲律宾、美国*、中国（广东*）。

（87）菲律宾山槟榔（*P. copelandii*）：茎单生，有淡红到红褐色的冠茎；叶羽状全裂，羽片先端有深齿裂，叶面有绿色斑点；果实花序轴红色；果实排列为2列，成熟时红色至紫褐色。分布于菲律宾、泰国*、中国（广东*）。

（88）变色山槟榔（*P. discolor*）：又称燕尾棕、异色山槟榔。茎干如细竹，宽大的羽状叶和排列成倒"人"字形的小叶，上面深绿色，背面灰白色，奇特秀雅；

树姿优美,四季常青。分布于中国广东、海南、广西、云南、福建。

(89)纤细山槟榔(*P. gracilis*):又称藏南山槟榔。茎丛生,暗褐色,具环纹;叶羽状,羽片3对,叶轴被褐色糠秕;果实粗纺锤形,红色。分布于中国(西藏、广东*、云南*)、孟加拉国、斯里兰卡、印度、不丹、尼泊尔、缅甸。

(90)异叶山槟榔(*P. heterophylla*):茎干纤细,有锈色鳞片的冠茎;叶羽状,弯曲,叶面深绿色,背面淡灰色;果实在穗上排成3列。分布于菲律宾、泰国*、中国(广东*)。

(91)六列山槟榔(*P. hexasticha*):茎丛生,具叶环痕和淡褐色的小斑点,有冠茎;叶羽状,叶面深绿色或灰绿色,叶脉灰白色,大小叶脉和整个叶背面密被淡褐色的点状鳞片或小乳状凸起;花在穗轴上螺旋状排成5~6列。分布于中国(云南、广东*)、缅甸。

(92)帕劳山槟榔(*P. insignis*):又称易分山槟榔。茎木质,有冠茎;叶羽状,有多数剑形的羽片;羽片劲直较硬,顶部深切渐尖。分布于印度尼西亚、菲律宾、泰国*、美国*、中国(广东*、福建*)。

(93)伊莎贝拉山槟榔(*P. isabelensis*):又称依莎比山槟榔。茎单生,有冠茎;叶羽状,弯曲,在新叶及叶上有软毛;果序2列。分布于菲律宾、美国*、中国(广东*)。

(94)爪哇山槟榔(*P. javana*):茎单生,黄色或黄绿色,有环纹,有亮绿色冠茎;叶羽状,羽片背面凹入并长有褐色茸毛,叶柄黄绿色;叶鞘绿褐色;果实细小,在树上成簇,亮橙色。分布于印度尼西亚、美国*、中国(广东*)。

(95)长枝山竹(*P. macroclada*):又称长枝山槟榔。茎丛生,茎上密被深褐色或紫褐色头屑状斑点,有冠茎;叶羽状,叶面深绿色,背面灰白色,具淡褐色鳞片;果实排列呈2列。分布于越南、中国(云南*、广东*)。

(96)黄冠山槟榔(*P. scortechinii*):茎丛生,茎干橄榄绿,具有宽的红棕色至灰色的叶痕环;冠茎肿胀,椭圆形状,金黄色至棕橘色;叶羽状,羽片排列整齐,稍下弯,叶柄长达1m;花序生于羽片下;果实乳头状,幼时白色,粉红色至成熟时黑色。分布于泰国、马来西亚、中国(广东*)。

(97)华山竹(*P. sylvestris*):又称中华山槟榔、华山槟榔。茎丛生,有深褐色头屑状斑点,上有冠茎;叶羽状,羽片排列整齐,镰刀状,叶面深绿色,背面灰白色,具密集的纵向小叶脉;果实整齐排列为2列。分布于中国云南、广东*。

(98)渐尖粉轴椰(*Prestoea acuminata*):又称纤叶椰、山甘蓝椰。茎干与大王椰子相似,稍微膨胀,但细长,冠茎明显;叶羽状;羽片下垂使树形似一羽毛冠状。分布于哥斯达黎加、尼加拉瓜、巴拿马、古巴、多米尼加、海地、背风群岛、波多黎各、特立尼达和多巴哥、向风群岛、委内瑞拉、玻利维亚、哥伦比亚、厄瓜多尔、秘鲁、泰国[*]、中国(广东[*])。

(99)太平洋棕(*Pritchardia pacifica*):又称斐济桐。植株高大,茎干通直,体态均匀,树冠优美;叶掌状,裂片质厚但不硬直;幼叶背呈淡黄褐色,以后逐渐消失;花小,淡黄褐色;果实球形,成熟时黑色。分布于斐济、纽埃、萨摩亚、汤加、马克萨斯、社会岛、马来西亚[*]、中国(广东[*]、海南[*]、福建[*]、云南[*])。

(100)王樱桃椰(*Pseudophoenix ekmanii*):又称葫芦椰子、依可玛葫芦椰。茎干白色,具蜡质,中上部显著膨大,粗壮矮小(粗 90 cm、高 6 m),并具环,颇为奇特;幼叶多上长直立,老叶扩展,羽片背面白色。分布于多米尼加、中国(台湾[*]、广东[*])。

(101)蜡樱桃椰(*P. lediniana*):又称海地葫芦椰。茎单生,中部稍膨大,茎干绿灰色,甚至白色,通常覆被蜡质,并有美丽的、间距较宽、深绿色的、整齐的叶基环纹,非常美丽;冠茎蓝绿色、橄榄绿或灰绿色,光滑蜡质,逐渐变细;叶羽状,羽片多数,叶柄基部银灰色,开展而优雅,形成令人愉快的叶冠;果实圆形,似樱桃状,成熟时鲜红色。分布于海地、泰国[*]、中国(广东[*])。

(102)樱桃椰(*P. sargentii*):又称樱桃椰子、肖刺葵、葫芦椰。茎干基部膨大,中上部亦稍微膨大,有环纹;叶羽状全裂,羽片多数,劲直,背面灰色或银灰色;红果鲜艳夺目,株形优雅迷人。分布于美国、墨西哥、伯利兹、巴哈马、古巴、多米尼亚、海地、波多黎各、特克斯群岛、向风群岛、中国(广东[*]、福建[*])。

(103)酒樱桃椰(*P. vinifera*):又称膨茎葫芦椰。茎单生,有明显环纹,幼树呈膨胀状态,多数树在基部狭窄,靠近顶部较粗,收窄后突然接近上部冠茎;叶片羽状,羽片硬直,黄绿色;叶柄坚实,黄绿色,基部紧抱着茎而形成冠茎;果实球形,大小如樱桃,亮红色,覆盖有血红色蜡。分布于多米尼加、海地、中国(福建[*]、云南[*]、广东[*])。

(104)皱果椰(*Ptychococcus paradoxus*):又称襞果椰。茎单生,密被白色蛛丝状棉毛,幼秆背较宽的棕褐色叶基疤痕,冠茎微微凸起,呈淡银绿色;叶羽状全裂,羽片着生于一个平面,从线形长方形具波动边缘和截断的锯齿状尖端,到线形披针形,弓形而形成球形叶冠,叶柄橘色;果实卵球形,红色。分布于新几内亚、马来西亚、印度尼西亚、中国(广东[*])。

(105)皱籽椰(*Ptychosperma elegans*):又称海桃椰子、优雅椰子、秀丽青棕、秀丽射叶椰。茎干纤细,小巧玲珑,竹节状,有显著的环纹和短冠茎;叶羽状,拱形,叶面亮绿色,背面苍白色,羽片宽,顶端好像被咬过的缺刻;花橙黄色,呈小珠状;果实椭圆形,成熟时橙红色或黄色。分布于澳大利亚、印度尼西亚[*]、印度[*]、中国(福建[*]、广东[*]、云南[*])。

（106）麦氏皱籽椰（*P. macarthurii*）：又称马氏射椰子、马卡氏皱子棕、马氏缩果棕、马氏海桃椰子、麦氏葵、奇异皱籽棕、奇异青棕、奇异皱子棕、奇异射叶椰。茎干竹节状，淡红褐色，常弧形外拱；羽状复叶，先端宽钝截状有缺刻，排列整齐，叶身轮廓椭圆状，树姿柔美，叶轴弯曲、旋转使树冠轮廓富于变化；叶柄被褐色斑点状鳞秕，基部及叶鞘有灰白色秕糠；果实椭圆形，成熟时呈鲜红色，极艳丽。分布于澳大利亚、新几内亚、印度尼西亚*、印度*、中国（广东*、海南*、福建*、云南*）。

（107）印尼皱籽椰（*P. propinquum*）：又称洋射叶椰、洋绉子棕。茎丛生而矮小；叶羽状，羽片排列不规则；花序密集，密密麻麻地覆盖着细黑茸毛，如涂层；果实成熟时橘红色。分布于印度尼西亚、新几内亚、泰国*、印度*、中国（广东*）。

（108）针棕（*Rhapidophyllum hystrix*）：又称棘叶桐。茎单生，大多直立，亦常爬地，茎干覆有老叶基和黑色长刺，气生枝发达，除非修剪，植株将生长成一个浓密的、无法穿透的灌木丛群；叶掌状圆形，深裂至顶部，裂片长尖状，叶面深灰绿色，叶背面有粉，沿叶基有节疤或刺；花序成簇，花开时橙色。分布于美国、意大利*、中国（广东*）。

（109）垂羽椰（*Rhopaloblaste augusta*）：又称长棒椰。茎高24~30 m，通常较矮，光滑，有明显环纹，顶部有冠茎；叶羽状，羽片多数；基部叶鞘抱茎形成冠茎；果实卵球形，成熟时鲜红色。分布于印度、泰国*、中国（广东*）。

（110）印尼棒椰（*R. ceramica*）：茎单生，基部肿大，亮灰白色至棕褐色，具有宽的暗黑色叶痕环；茎冠棕褐色或几乎银白色，基部肿大；果实卵圆形，具有美丽的鳞片。分布于印度尼西亚、中国（台湾*、广东*）。

（111）诺福克椰（*Rhopalostylis baueri*）：又称棒柱胡刷椰。茎单生，环纹明显，灰色，有冠茎；叶羽状，叶片披针形，锐尖；花序生于冠茎下；果实卵球形，成熟时鲜红色。分布于澳大利亚、中国（广东*）。

（112）双花刺椰（*Roscheria melanochaetes*）：茎单生，幼时有刺，幼树每一叶痕形成一个分叉刺环，基部有气生根，栗色，顶上有短的冠茎；叶羽状全裂，呈苍白绿色；花序生于冠茎下。分布于塞舌耳、美国*、中国（广东*）。

（113）高背王棕（*Roystonea altissima*）：又称高背王椰、高背大王椰、高王棕。茎单生，从基部到顶端逐渐缩小，幼秆通常亮棕褐色，具有宽的暗色叶痕环；茎冠深橄榄绿，基部肿大；果实倒卵形，成熟时紫黑色。分布于牙买加、美国*、中国（广东*）。

（114）海地王棕（*R. borinquena*）：又称中美王棕、西班牙王棕、波多黎各大王椰。茎干较细，有环状叶柄（鞘）痕；叶羽状全裂，裂片多数，线状披针形，在叶中轴上呈 2 列排列；叶面暗绿色，有光泽，背面无光泽，叶鞘上有锈色斑纹。分布于多米尼加、海地、背风群岛、波多黎各、印度*、中国(广东*)。

(115)东莱王棕(*R. dunlapiana*)：又称东莱大王椰。茎纤细，有环纹，树冠开放，有冠茎；叶羽状全裂，羽片整齐地排列成 2 列，下面羽片下垂；花序生于冠茎下，雄花白色；果实倒梨形，成熟时紫黑色。分布于墨西哥、洪都拉斯、尼加拉瓜、泰国*、中国(广东*)。

(116)菜王棕(*R. oleracea*)：又称甘蓝椰子、菜王椰。茎干圆柱形，光滑，匀称，基部显著膨大，高达 40 m，胸径 65 cm；叶环痕明显，冠幅大；羽片极多数，线状披针形，在叶中轴上呈 2 列排列；果实长圆状椭圆形，成熟时呈淡紫黑色。分布于背风群岛、向风群岛、特立尼达和多巴哥、圭亚那、委内瑞拉、哥伦比亚、斯里兰卡*、印度*、中国(云南*、广东*、海南*、福建*)。

(117)王棕(*R. regia*)：著名观干棕榈植物。见 4.6.1。

(118)牙买加菜棕(*Sabal maritima*)：又称牙买加箬棕。茎单生，直立灰白色，早期有老叶茎残存，后变光秃；花序与叶等长或比叶长；果实卵球形，成熟时淡暗褐色。分布于牙买加、古巴、中国(广东*、云南*、福建*)。

(119)粉红箬棕(*S. rosei*)：又称巨箬棕、罗氏菜棕。茎单生，灰色，覆有老叶基，顶上有一散开、下垂的树冠；叶掌状，银绿色；果实淡绿褐色，成熟时黑色。分布于墨西哥、美国*、中国(广东*、云南*)。

(120)近缘蛇皮果(*Salacca affinis*)：又称印尼蛇皮果。无茎、丛生、多刺；叶羽状，羽片每 4 枚并拢呈不等距生；叶柄具双刺；果实卵球形，被以褐色鳞片，果肉甜酸，供食用。分布于马来西亚、印度尼西亚、中国(广东*)。

(121)梅里叉序棕(*Sarbius merrillii*)：又称梅里蒲葵、菲律宾蒲葵。茎单生，高而纤细，树冠开展，被叶柄(鞘)残基和纤维所包裹；叶掌状半裂，裂片下垂，亮绿色；果实球形，成熟时棕褐色。分布于菲律宾、泰国*、中国(云南*、广东*、福建*)。

(122)棉毛叉序棕(*S. woodfordii*)：又称棉毛蒲葵、伍氏蒲葵。茎干直立，株形优美；叶掌状，深裂，质软，先端下垂，亮绿色；叶柄长，有刺，淡黄色。分布于新几内亚岛、所罗门群岛、泰国*、中国(广东*、云南*)。

(123)翅果棕(*Satranala decussilvae*)：又称马吉纳拉棕。茎单生，粗壮，有不规则的叶痕残纹，有时基部膨大，有气生根；叶为强中肋掌状，叶片分裂达 1/4~1/3 半径长，叶片被有白蜡；果实球形到卵球形，紫蓝色，有光泽。分布于马达加斯加、中国(广东*)。

(124)高根柱椰(*Socratea exorrhiza*)：又称高跷桐、高跷椰、运河高跷椰、巴西高跷椰。茎干高达 20 m，下部常有明显的支柱根，支柱根上有密的根刺，并组成一圆锥体；果实成熟时深棕色，有光泽，有深褐色辐射状条斑。分布于哥斯达黎加、尼加拉瓜、巴拿马、法属圭亚那、圭亚那、苏里南、委内瑞拉、玻利维亚、哥伦比亚、厄瓜多尔、秘鲁、巴西(东北部、北部)、泰国*、中国(广东*、福建*、云南*)。

(125)高大皇后椰(*Syagrus botryophora*)：茎干挺拔，叶簇生于茎顶，形态似椰子；果实穗橙黄色，呈葡萄状，群植或孤植供庭园观赏，列植做行道树。分布于巴西、中国(云南*)。

(126)假椰皇后椰(*S. pseudococos*)：茎干挺拔，羽状叶拱形、紧密簇生于茎顶，形态似椰子；果实近球形或倒卵球形，新鲜时黄色，干后褐色。分布于巴西、中国(云南*)。

(127)南美皇后椰(*S. sancona*)：又称麻林猪桐、秘鲁凤尾棕、德森西雅棕、德森西雅椰子。茎单生，中等大小，基部特别膨大，呈半个扁球状基座；叶羽状全裂，羽片多数，下弯，在叶中轴两侧排成2列，两面浓绿色，有光泽，形成优美树形。分布于委内瑞拉、玻利维亚、哥伦比亚、厄瓜多尔、秘鲁、巴西、美国*、中国(广东*)。

(128)裂叶皇后椰(*S. schizophylla*)：又称裂叶西雅椰子、裂叶金山葵、裂叶女王椰子。茎单生，覆盖有老叶基，呈淡蓝黑色，有鳞片状叶痕残迹；叶羽状，劲直，深绿色；果实长椭圆形，成熟时橙黄色。分布于巴西、中国(广东*、云南*、福建*)。

(129)瓦氏聚花椰(*Synechanthus warscewizianus*)：又称异叶巧椰。茎丛生，有环纹，基部有少量支柱根；叶羽状，羽片各式各样；果实长球形，成熟时黄色，干后黑色。分布于哥斯达黎加、尼加拉瓜、巴拿马、哥伦比亚、厄瓜多尔、美国*、中国(广东*)。

(130)扇葵(*Thrinax excelsa*)：又称高大白果棕、高大豆棕、牙买加扇葵、牙买加白桐。杆细如竹，株形优美；叶掌状深裂，有裂片55~65片，枝叶婆娑，背面有银白色发状软毛，是观叶佳品；花序长而多分枝，花淡红到紫红色。分布于牙买加、巴西*、毛里求斯*、中国(广东*、云南*)。

(131)小花扇葵(*T. parviflora*)：又称小花豆棕、白桐、牙买加棕桐、五叶豆棕。茎单生，平滑，环纹不明显，基部略膨大，被密的叶鞘纤维网所包裹；叶掌状，圆形，幼时有绵密的软毛，老时脱落，鲜绿至黄绿色，叶柄基部带红色，围绕有牢固的纤维网；果实球形，成熟时乳白色。分布于牙买加、印度*、中国(广东*、海南*、福建*)。

(132)团叶扇葵(*T. radiata*)：又称团叶豆棕、佛洲白桐、团叶白桐、辐射豆棕、海岸白果棕。纤细的茎干，圆形的冠茎；叶掌状，圆形，上面深绿色，背面淡灰绿色，叶柄基部有纤维；果实球形。分布于美国、墨西哥、伯利兹、洪都拉斯、巴哈马、英国、古巴、多米尼加、海地、特立尼达和多巴哥*、中国（云南*、广东*、台湾*、福建*）。

（133）山棕榈（*Trachycarpus martianus*）：又称雪山棕榈、zhuan meng tan（D-DH）。茎单生，老茎裸露光滑，有环纹，近顶部附着一些老叶基及纤维；叶掌状，圆形，裂片线状披针形，先端二裂，叶色亮绿；叶柄基部覆盖有淡棕红色的疏柔毛；花序腋生，花白色；果实长圆形，呈发亮的淡蓝色。分布于中国（云南、广东*、福建*）、印度、孟加拉国、尼泊尔、缅甸。

（134）巴西鞘刺棕（*Trithrinax brasiliensis*）：又称巴西长刺棕、巴西扇棕、巴西针棕。茎单生，由老叶基包裹，形成一螺旋形带子花样并有褐色长刺；叶掌状深裂，裂片劲直，先端长尖二裂，叶面灰绿色，背面淡绿色；叶柄短，基部包裹有纤维和刺；果实球形，黄绿色，成熟时褐色。分布于巴西、乌拉圭、美国*、德国*、中国（云南*、广东*、海南*、福建*）。

（135）阿根廷鞘刺棕（*T. campestris*）：又称阿根廷长刺棕、南美针棕。茎丛生，3~4株形成一个小丛；茎干被复杂的网状纤维和长刺，非常坚硬，十分奇特；叶片扇形，僵硬得令人难以置信，顶端有尖刺，浅蓝色或几近白色；大串果实颇为诱人，植株大小适中，优美洒脱；生长较慢，适合庭院观赏栽培。分布于阿根廷、乌拉圭、中国（云南*、福建*、四川*、江西*、浙江*、上海*、江苏*）。

（136）丝状蜡轴椰（*Veitchia filifera*）：又称丝状圣诞椰、无柄圣诞椰。茎单生，淡褐色，冠茎较短，呈绿色至灰色；叶羽状全裂，拱形；花生于冠茎下；果实长椭球形，成熟时淡红到橙色。分布于斐济、美国*、中国（广东*）。

（137）斐济蜡轴椰（*V. joannis*）：又称斐济圣诞椰、早安椰子、乔氏贝棕、乔氏圣诞椰、乔氏蜡轴椰。茎单生，直立，有冠茎，灰白色；叶羽状全裂，羽片紧密排列，与叶轴水平面成45°悬垂，叶轴、叶柄及叶鞘上有褐色细点；叶鞘长60~120 cm，形成筒状冠茎；果实长椭圆形，成熟时朱红色。分布于斐济、汤加、缅甸*、印度尼西亚*、中国（广东*、海南*、云南*）。

（138）螺旋蜡轴椰（*V. simulans*）：又称螺旋圣诞椰、拟圣诞椰、斐济蜡轴椰。茎单生，有环纹，纤细的冠轴深黑绿色；叶羽状，全裂，平展形成美丽的拱形；花序生于冠茎下；果实卵圆形，成熟时橙色或红色。分布于斐济、中国（广东*、台湾*）。

（139）旋叶蜡轴椰（*V. spiralis*）：又称螺旋圣诞椰、旋叶维契棕。茎单生，有环纹，冠茎银绿色至深色，美丽迷人；叶羽状，全裂；花序生于冠茎下；果实长椭圆形，较大，成熟时红色。分布于瓦努阿图、中国（云南*、海南*、广东*、台湾*)。

（140）黑茎蜡轴椰（*V. winin*）：又称黑金椰子、黑茎圣诞椰。茎单生，通直而矮小，淡绿色到白色的冠轴，深绿色的冠茎；盛开的绚丽花朵承载着大量的白花，结果时是一束鲜红的果实。分布于瓦努阿图、中国（广东*、云南*）。

（141）竹马刺椰（*Verschaffeltia splendida*）：又称根柱凤尾椰、扶摇桐、扶摇桐、竹马椰子、弗斯棕。茎单生，茎干暗棕色，幼时环生黑色长刺，后脱落，高出地面1 m的长、结实的空支柱根支撑着树干的底部茎，非常奇特；幼叶简单而不分裂，相当雄伟，明亮绿色，较宽和褶皱，并有明显的红色叶轴，老叶具不规则羽状深裂、二裂，叶中轴上面有深沟，基部有苍白或绿色颗粒，叶片浓绿，株形美观。分布于塞舌尔、特立尼达和多巴哥*、新加坡*、中国（云南*、海南*、广东*、福建*）。

（142）丝葵（*Washingtonia filifera*）：又称壮裙棕、华盛顿椰子、华盛顿棕、华盛顿葵、裙棕、加州蒲葵、老人葵、毛华盛顿棕。茎干通直，茎干基部不膨大，横向叶痕不明显；叶大如扇，白丝飘挂；枯叶下垂，四季常青；株态优美，别具风味；老叶干枯后下垂宿存，包裹着树干，仿佛非洲土著居民穿的草裙，因而称"裙棕"（叶裙盛达20 m）；下垂的叶须如老人的胡子或白发，又名"老人葵"，极有妙趣。分布于美国、墨西哥、印度*、中国（广东*、广西*、海南*、福建*、云南*、四川*、贵州*、江西*、浙江*、上海*、江苏*）。

（143）大丝葵（*W. robusta*）：又称华盛顿葵、裙棕、壮干棕榈、丝葵、壮裙葵、华盛顿棕。植株高大挺拔，基部显著膨大，横向叶痕明显，树冠层次优美；叶子明亮或深绿色，叶柄两侧有棕红色或黄色刺齿。分布于美国、墨西哥、印度*、中国（云南*、广东*、海南*、福建*、四川*、江西*、浙江*、上海*、江苏*）。

（144）轮刺棕（*Zombia antillarum*）：又称海地棕、草裙椰子。茎干具排列成轮状的长刺；掌状叶深裂，叶面绿色，叶背银白色，裂片下垂如裙，叶鞘膨大成规则的网状纤维；果实浆果状，球形，成熟时白色。分布于多米尼加、海地、美国*、中国（广东*、福建*）。

4.2　观叶棕榈植物

棕榈植物的叶片显现千变万化，形态多样，棕榈植物叶色多变，争相斗艳。棕榈植物叶色虽四季常青，却深浅不一，叶面叶背各色，显现特别的观赏价值。如：红叶棕（*Latania lontaroides*）幼年为红色，黄叶棕（*L. verschaffeltii*）幼时叶身、叶柄具（橙）黄色（图4-7），橙槟榔（*Areca vestiaria*）的羽状叶叶轴、叶柄、叶鞘以及佛焰苞、花梗、果序均为橙色，香桄榔与瓦氏根刺棕（*Cryosophila warscewiczii*）

叶背银色，霸王棕、布迪椰子、蓝叶棕（*Latania loddigesii*）叶色为银灰色和蓝灰色。

　　棕榈植物叶形奇异，美丽迷人。棕榈植物的叶形堪称一绝，多样多形，造就了特别的观赏功能。鱼尾葵、短穗鱼尾葵具二回羽状分裂的鱼尾状叶形，如狐尾椰的叶形，似狐狸毛茸茸的尾巴，叶是狐尾，真如其名，丛植或列植，特别迷人（图4-8）。盾轴榈（*Licuala peltata*）的叶片掌状，宽达1.2~1.5 m，形状似盾（图4-9）。

| （a）红叶棕 | （b）黄叶棕 |

图 4-7　棕榈植物叶色

| （a）丛植 | （b）列植 |

图 4-8　狐尾椰

图 4-9　盾轴榈

叶片用于观赏的棕榈植物包括以下一些种类：

（1）湿地棕（*Acoelorraphe wrightii*）：又称沼地棕、银叶沼棕、丛生刺棕榈。茎丛生；茎干纤细，上部被棕红色叶鞘纤维所包裹；叶面有光泽，背面银灰色，亮丽迷人，柔韧飘拂，耐湿速生；肉穗花序，簇生下垂，花小淡黄；果实小而圆形，成熟时黑色；丛密而做观赏绿篱，被称为"美洲蒲葵"。分布于美国、墨西哥、伯利兹、哥斯达黎加、危地马拉、洪都拉斯、尼加拉瓜、巴哈马、古巴、哥伦比亚、印度尼西亚*、印度*、中国（云南*、广东*、福建*）。

（2）拱叶椰（*Actinorhytis calapparia*）：又称射棕、马来椰。茎单生；叶羽状，呈拱形，呈有光泽的绿色，排列成羽毛状，形成独特的近圆形树冠；大型果实鲜红，极为诱人。分布于巴布亚新几内亚、泰国、马来西亚、印度尼西亚、所罗门群岛、中国（海南*、广东*、云南*）。

（3）矮刺鱼尾椰（*Aiphanes acaulis*）：又称无茎刺叶椰子。茎丛生；茎干具刺，低矮、近无茎；叶羽状，羽片线形，规则地排列于叶轴上而呈 1 个平面，形成漂亮的冠形；基生花序，穗状，花紫色。分布于哥伦比亚、美国*、中国（广东*）。

（4）孔雀椰（*A. horrida*）：又称刺叶棕、刺鱼尾椰、刺孔雀椰、刺叶椰子、鱼尾刺孔雀椰子、鱼尾刺叶椰子、刺孔雀椰子。茎丛生；茎干密生黑色棘刺，环状叶痕明显；羽状全裂，羽片大小不一，叶中轴上排成多列，形成鱼尾状，形似孔雀的尾巴，形成美丽的冠形，形态洒脱优美，叶面绿色，背面暗灰色，背面及边缘有黑刺；果实球形，成熟时红色。分布于特立尼达和多巴哥、委内瑞拉、玻利维亚、哥伦比亚、秘鲁、巴西、厄瓜多尔、澳大利亚*、中国（广东*、海南*、云南*）。

（5）刺凤尾椰（*A. macroloba*）：又称大叶刺叶椰子。茎丛生；叶羽状，叶身二叉状，或有时分裂为数个羽片，但顶端羽片较大，羽片有软刺；果实椭球形，成熟时（橙）红色。分布于哥伦比亚、厄瓜多尔、中国（广东*）。

（6）轮羽椰（*Allagoptera arenaria*）：又称香花棕、杏花棕、香花椰子。茎单生，无茎或近无茎而呈丛生状；叶羽状，羽片成簇地在叶轴上排列成多个平面，而呈轮状，奇特迷人，形态美丽，叶面有蜡质，背面银白色，有白色茸毛；果实长椭圆形，绿色，密生有羊毛状褐色鳞片。分布于巴西、巴拉圭、阿根廷、玻利维亚、美国*、中国（云南*、广东*、福建*）。

（7）紫花假槟榔（*Archontophoenix cunninghamiana*）：又称阔叶假槟榔、肯氏假槟榔、根明椰子。茎单生；茎干具规则叶环痕，树冠优美；叶羽状，硬直，宽大，紫色，小羽片比假槟榔宽、厚，冠茎呈褐锈色。分布于澳大利亚、印度尼西亚*、中国（广东*、福建*、云南*）。

（8）短柄桄榔（*Arenga brevipes*）：又称短柄南椰。叶片奇特，羽状，羽片上部绿色，背面银白色，较短羽片生于叶片基部，最低的羽片反向叶柄，较低的羽片不规则楔形和起伏，顶端羽片宽大，具有 3~4 个裂片，叶柄深褐色，非常美丽。分布于马来西亚、印度尼西亚、中国（广东*）。

（9）双籽棕（*A. caudata*）：又称大幅棕、双籽藤、双籽南椰、山棕、尾状羽棕、尖尾状南椰、尖尾状羽棕、zong gang（Z）。茎丛生；叶羽状全裂，裂片近菱形或阔楔形，叶面亮绿色，叶背银白色；果序直立，果实椭圆形，成熟时红色；体形较小，叶形奇特，丛密耐阴。分布于中国（海南、广西、云南、广东*、福建*）、缅甸、老挝、柬埔寨、泰国、越南、马来西亚、新加坡*。

（10）鱼尾桄榔（*A. hastata*）：又称戟叶桄榔。叶羽状，羽片于叶轴上排列成 2 列，两侧的羽片楔形，顶部的羽片分离，酷似鱼的尾鳍，叶面绿色，叶背银白色；株形优美，悬垂红色果序。分布于泰国、婆罗洲岛、马来亚、印度尼西亚、中国（福建*）。

（11）菱羽桄榔（*A. hookeriana*）：又称虎克棕、虎克桄榔。叶片羽片菱形，其上的缺刻极富个性，叶面亮绿色，有光泽，背面呈银色；果实椭圆形，成熟时红色。分布于马来西亚、泰国、中国（广东*）。

（12）小花桄榔（*A. micrantha*）：叶羽状全裂，羽片二裂，顶生的较大，楔形，叶面深绿色，背面灰色；中脉粗壮，上面微凸，背面高隆起，被褐色鳞秕；叶轴三角形，被棕褐色鳞秕。分布于中国西藏。

（13）小果桄榔（*A. microcarpa*）：又称小果羽棕、细籽棕、细籽南椰、细仔棕。叶羽状分裂，羽片线形，叶面深绿色，叶背银白色；花序分枝，花暗紫色；果实球形，成熟时红色，非常奇特美丽。分布于印度尼西亚、新几内亚、澳大利亚、中国(广东*、福建*)。

(14)钝叶桃椰(*A. obtusifolia*)：又称钝叶南椰、钝叶羽棕。茎单生或丛生；叶羽状全裂，羽片多数，密而坚韧，长而窄，叶面亮绿色，背面银色，顶端有啮蚀状锯齿，株形优美；果实鸡蛋形，大似小苹果，成熟时黑色。分布于泰国、马来西亚、印度尼西亚、斯里兰卡*、中国(广东*、福建*、云南*)。

(15)砂糖椰子(*A. pinnata*)：又称砂糖椰、糖椰、糖树、桃椰。茎单生；叶羽状，羽叶巨大，竖直生长，数年不枯，冠幅绝伦；羽片于叶轴上呈4~5列，叶面暗绿色，表面银白色，柔韧飘拂，亦极优美；密集的蓝色果序；植株高大，非常壮观。分布于孟加拉国、印度(阿萨姆、安达曼群岛*)、柬埔寨、泰国、日本(小巽他群岛)*、马来西亚、菲律宾、印度尼西亚(苏拉威西、马鲁古*)、新几内亚*、美国(夏威夷)*、特立尼达和多巴哥*、贝宁*、中国(云南*、西藏*、广西*、福建*、广东*、海南*、重庆*、四川*、江西*、江苏*、河南*)。

(16)紫果桃椰(*A. porphyrocarpa*)：又称紫果南椰、斑果桃椰。叶羽状，小羽片2~3列，形态多样，叶面亮绿色，背面灰白色至绿灰色；果实光亮，成熟时红紫色；是仅1 m高的小型棕榈植物。分布于印度尼西亚、中国(广东*)。

(17)菲律宾桃椰(*A. tremula*)：又称鱼骨葵、鱼骨南椰。茎丛生；叶羽状全裂，羽片等宽，排列整齐，叶直伸，较少下弯；花序直伸，结果后下弯，花黄色；果实近球形，成熟时紫红色。分布于菲律宾、中国(广西*、广东*、福建*、云南*、北京*)。

(18)波叶桃椰(*A. undulatifolia*)：又称波叶羽棕。茎单生；叶羽状分裂，叶面深绿色，叶背银白色，边缘深波纹状，叶片长而宽，形成比茎高还宽的叶冠；果实圆形，成熟时暗紫红色。分布于婆罗洲岛、印度尼西亚、新加坡*、菲律宾、泰国*、中国(福建*、广东*)。

(19)桃椰(*A. westerhoutii*)：又称南椰、莎木、攘木、都句树、guo dao (D-BN)、ma wo man (D-DH)。茎单生；羽片呈2列排列，整齐成一平面，斜向上生，叶面绿色，背面苍白色，叶鞘具黑色强壮的网状纤维和针刺状纤维；果序庞大，果实大而多，具良好观赏价值。分布于中国(广西、海南、云南、西藏、广东*、福建*、河南*)、不丹、印度、缅甸、老挝、越南、柬埔寨、泰国、马来西亚。

(20)单叶椰(*Asterogyne martiana*)：又称单叶棕、星雌椰。叶羽状，单片不分裂，仅末端呈二叉状，奇特美丽；茎干具显著叶环痕；果实鸡蛋形，成熟时暗紫色；喜阴，室内观赏。分布于伯利兹、哥斯达黎加、危地马拉、洪都拉斯、尼加拉瓜、巴拿马、哥伦比亚、厄瓜多尔、美国*、中国(广东*、福建*)。

(21)具翼星果棕(*Astrocaryum alatum*)：又称刺凤尾椰子。叶羽状复叶，长达3 m，叶面深绿色，背面浅灰色；花序淡黄色；果实倒卵球形，成熟时黄色或棕色。分布于哥斯达黎加、洪都拉斯、尼加拉瓜、巴拿马、哥伦比亚、新加坡*、中国(云南*、广东*)。

(22)单杆星果棕(*A. standleyanum*)：又称单杆星果刺椰子。茎单生，顶生长的、弓形的、似羽毛状的叶片；果实大而成串，成熟时红色。分布于哥斯达黎加、巴拿马、哥伦比亚、厄瓜多尔、斯里兰卡*、中国(广东*)。

(23)杏仁直叶椰子(*Attalea amygdalina*)：又称杏叶直叶棕、扁桃状帝王椰。茎极短至近无茎；叶羽状全裂，线性椭圆状，直立上长，顶端弓形，形成美丽的叶片群丛，羽片排列整齐，上面无毛，下面边缘有茸毛，叶柄下面有锈色鳞片。分布于哥伦比亚、斯里兰卡*、中国(广东*)。

(24)毛鞘帝王椰(*A. butyracea*)：又称油直叶棕。茎单生；羽状叶于基部弯曲，旋转，且羽片与叶轴垂直，规则地排列于叶轴上而呈平面，叶大而长，自杆端斜向上伸长，形态优美，形成高大雄伟的植株；花序淡黄色；果实成熟时亮棕色至橘色。分布于委内瑞拉、玻利维亚、哥伦比亚、厄瓜多尔、秘鲁、巴西(中西部、北部)、美国、巴拿马、墨西哥、印度尼西亚*、中国(广东*)。

(25)帝王椰(*A. cohune*)：又称亚达利亚棕、亚达利棕、美洲油椰、巴西油椰、可亨油椰、可亨椰子、欧氏椰子。茎单生，常覆盖有老叶基；叶羽状，竖直伸展，羽片排列整齐，株形壮观，十分优美；果实似槟榔。分布于墨西哥、伯利兹、萨尔瓦多、危地马拉、洪都拉斯、尼加拉瓜、特立尼达和多巴哥*、哥伦比亚、中国(福建*、广东*、海南*)。

(26)大果直叶棕(*A. macrocarpa*)：茎单生，粗壮；叶长10~15 m，羽状全裂，羽片极多数，长线状披针形，近直立，中下部稍向下弯，极具有观赏价值。分布于委内瑞拉、哥伦比亚、印度尼西亚*、中国(广东*、福建*、云南*)。

(27)皮沙巴直叶椰子(*A. phalerata*)：又称直叶椰子。茎单生，是本属中茎干最粗的种类；叶羽状，叶片典型的中点扭曲到垂直，羽片既可生长于一个平面，也可生于多个平面。分布于秘鲁、玻利维亚、巴西、中国(广东*)。

(28)迤逦椰(*A. rostrata*)：又称迤逦棕、冷蜜棕、环带迤逦棕、环带迤逦椰子。茎单生；叶羽状，叶片竖直伸展，羽片整齐排列于叶轴上而呈一平面，株形优美，冠幅宽阔舒展，颇具观赏价值；苞片、花序和果序大而下垂；花黄色，芳香；果实卵圆形，成熟时呈黄褐色。分布于墨西哥湾、墨西哥、哥斯达黎加、危地马拉、洪都拉斯、尼加拉瓜、巴拿马、美国*、中国(广东*、海南*、福建*、云南*)。

（29）油帝王椰（*A. speciosa*）：又称美丽亚达利棕、巴巴苏酒椰、巴巴苏油椰子、菜地油椰子。茎单生；羽状叶，叶数达 22 片，羽片线状披针形，规则地排列于叶轴上而呈一个平面，向上伸展，形成美丽的叶丛；果大而多，株形美丽；茎干强壮，圆柱形；是本属中最美丽、最雅致的种类。分布于圭亚那、苏里南、玻利维亚、巴西、中国（云南*、广东*）。

（30）美丽直叶桐（*A. spectabilis*）：又称美丽直叶椰子。单生、无茎或非常短的茎；叶羽状，直立或扩散，呈线状渐尖；花序直立；果实大型，卵状。分布于巴西、印度尼西亚*、中国（广东*）。

（31）鱼尾栗椰（*Bactris caryotifolia*）：叶羽状分裂，羽片楔形，先端啮蚀状，似鱼尾，不规则地排列成多个干面；叶鞘、叶柄、叶轴均具长 5 cm 的淡黄色的刺；果实近球形，成熟时紫黑色。分布于巴西、中国（福建*）。

（32）圭亚那栗椰（*B. guineensis*）：又称桃桐、手杖栗椰、几内亚桃果椰子。小型丛生棕榈，茎干具刺；叶羽状，羽片暗绿，线形，扩展，从不同角度的尖刺叶轴生长，形成一个稍微羽状的叶片。分布于哥斯达黎加、尼加拉瓜、巴拿马、委内瑞拉、哥伦比亚、圭亚那、几内亚、印度尼西亚*、中国（广东*）。

（33）大桃果椰子（*B. major*）：又称大栗椰。叶羽状，羽片宽大，S 形，叶轴及叶鞘有黄色的刺，着生白色或褐色茸毛；叶柄生有黑色圆锥形长刺；果实成丛，大如杏子，成熟时为紫色。分布于墨西哥湾、墨西哥、伯利兹、哥斯达黎加、萨尔瓦多、危地马拉、洪都拉斯、尼加拉瓜、巴拿马、特立尼达和多巴哥、法属圭亚那、圭亚那、苏里南、委内瑞拉、哥伦比亚、巴西、印度尼西亚*、中国（广东*）。

（34）胃状桃桐（*B. militaris*）：又称胃状桃果椰。茎单生或丛生，但多丛生；叶片不分裂，深绿色，狭窄而厚，具有凹槽（对应于神秘的针线），从树干上僵硬地直立生长，叶中脉肉桂色，上被僵硬的、黑色的长刺，具有极高的观叶价值。分布于哥斯达黎加、巴拿马、美国*、中国（广东*）。

（35）杖椰（*Balaka seemannii*）：又称巴拉卡椰、泽曼矛椰。茎单生，具显著叶环痕；整齐排列的鱼尾状羽片加之红色的果实，观赏价值极高，斐济以此为图作为邮票发行。分布于斐济、中国（福建*、广东*）。

（36）马岛窗孔椰（*Beccariophoenix madagascariensis*）：又称贝加利椰子、贝加利椰、龟背棕、裂苞椰子。茎单生；叶羽状，幼时叶不完全分裂，呈"掌状"，叶数达 30 片，幼株不完全分裂而具窗孔状缝隙，叶鞘被丰富的棕色毛被，形态特别，株形丰满洒脱；果实成熟时紫棕色，具有棕色毛被，特别美丽。分布于马达加斯加、新加坡*、中国（广东*、台湾*、福建*、云南*）。

（37）霸王棕（*Bismarckia nobilis*）：又称裨斯麦棕、比斯马棕、霸王桐、阔叶桐、俾斯麦棕。茎单生；叶掌状、扇形，叶面呈明亮的蓝绿色，叶背银白色，迷人独特，硕大而丰满，坚挺且向上伸展，霸气十足；树形挺拔、魁伟，树冠广阔；果实倒卵形，成熟时暗棕色。分布于马达加斯加、美国*、缅甸*、爱尔兰*、苏里南*、中国（广东*、广西*、海南*、福建*、云南*、贵州*、湖北*、浙江*、上海*、北京*）。

（38）长穗棕（*Brahea armata*）：又称石棕、长穗岩桐。茎单生，光滑；叶片掌状，密集而坚韧，弓形，叶面灰蓝色，叶背月光下呈苍白色，非常美丽；肉穗花序腋生，浅黄色，多分枝，松散下垂，又大又长（长达 6 m），十分醒目；果实卵形，果皮呈发亮的褐色，有白色斑点和条纹。分布于墨西哥、美国*、西班牙*、新加坡*、中国（福建*、广东*、上海*）。

（39）异色长穗棕（*B. brandegeci*）：又称高杆岩桐。叶掌状，扇形，叶面绿色，背面呈银灰色，上面的叶直伸，下面的叶下垂，有许多叶脉；叶柄细长，边绿黄色；果实球形，成熟时褐色或黄色，表面鼓起，有光泽和亮斑。分布于墨西哥、美国、中国（广东*）。

（40）银叶长穗棕（*B. calcarea*）：又称巴拉桐。茎单生，光滑纤细；叶掌状，叶面深灰绿色，背面银白色，叶片坚韧，质感硬而粗，株形美丽。分布于墨西哥、危地马拉、意大利*、中国（广东*）。

（41）甜长穗棕（*B. dulcis*）：又称甜岩桐。茎单生，稀丛生；叶掌状，宽大，浓绿色，裂片线形，尖锐，直挺；花序长，直立，结果后下垂；果实卵形，成熟时褐色。分布于墨西哥、泰国*、中国（广东*）。

（42）大果长穗棕（*B. edulis*）：又称加州石棕、岩桐、食用岩桐。茎单生；叶片掌状深裂，裂片光端裂缺，内有丝状纤维，下垂美丽，背面苍白色，绿色的扇叶构成巨大的叶冠，形似圆球，非常美丽；果实球形，成熟时亮黑色。分布于美国、墨西哥、西班牙*、中国（广东*、福建*）。

（43）棱籽椰（*Burretiokentia hapala*）：又称裂柄椰。茎单生，深绿色，有明显的苍白叶环痕；叶羽状，羽片规则排列，基部窄椭圆形，逐渐变细成斜尖，紧密而美丽；冠茎大而呈淡绿色；花序被有白色茸毛，条状分枝；果实卵球形，稍椭圆形，成熟时呈紫色。分布于新喀里多尼亚、泰国*、中国（云南*）。

（44）小布迪椰子（*Butia campestris*）：又称平原椰子。茎单生；叶羽状，开展而反卷，坚挺，叶轴呈三角形，下面凸出，叶色浓绿，具较好的观赏价值。分布于巴西、泰国*、澳大利亚*、中国（广东*）。

（45）布迪椰（*B. capitata*）：又称弓葵、布迪椰子、冻子椰子、冻椰、波蒂亚棕、布提棕、果冻棕。茎单生；叶羽状，叶形如弓，强烈反卷，羽片排列整齐，向上伸展呈 V 形，表面灰绿色，背面银灰色，形成优美的叶冠；果实卵圆形，成熟时红色或橙色。分布于巴西、乌拉圭、澳大利亚*、中国(广东*、海南*、福建*、台湾*、云南*、四川*、贵州*、湖南*、江西*、湖北*、陕西*、浙江*、上海*、江苏*、北京*)。

(46)高干冻椰(*B. yatay*)：又称南美弓葵、南美布迪椰子。茎单生；叶羽状，羽片达 57~59 对，间距相等，近叶柄一对呈 V 形，叶色青绿，背面灰绿色，叶丛浓密、美丽迷人；具有相当大的雌性花而区别于本属其他种。分布于巴西、阿根廷、乌拉圭、中国(云南*、广东*、福建*)。

(47)狭叶黄藤(*Calamus angustifolia*)：茎攀缘；叶羽状，羽片窄披针形，整齐排列在一个平面，半下垂，非常美丽；果实成熟时红棕色。分布于泰国、马来西亚、中国(云南*)。

(48)南方省藤(*C. australis*)：又称澳洲省藤。茎攀缘；叶羽状，羽片狭窄，整齐排列成一平面，羽毛状，美丽迷人；果实豆形，淡白绿色。分布于澳大利亚、中国(广东*、云南*)。

(49)西加省藤(*C. caesius*)：又称蓝灰省藤。茎攀缘；叶鞘在嘴部呈非常歪斜的楔形；叶枕非常粗壮，幼嫩时有大理石似的绿色和苍白色斑点，有或多或少的鳞片，成熟时呈淡黄绿色，干时有纵条纹。分布于印度尼西亚、马来西亚、泰国*、中国(广东*)。

(50)鱼尾省藤(*C. caryotoides*)：又称截叶省藤。茎攀缘；叶羽状，少数是宽大的披针形，或椭圆形，又或是线形，或有简单或分叉的叶，羽片淡黄绿色，顶部截形和啮蚀状，形成鱼尾状的顶部；果实球形，奶油色或黄色；可供盆栽观赏。分布于澳大利亚、越南*、中国(广东*)。

(51)睫毛省藤(*C. ciliaris*)：茎攀缘；叶羽状，羽片群集而狭长，叶色翠绿，羽片多毛，具一定观赏价值。分布于印度尼西亚、马来西亚、泰国*、中国(广东*)。

(52)玛瑙省藤(*C. manan*)：茎攀缘，单生；叶羽状，弓形下垂，羽片线形，灰绿色，整齐排列，非常美丽；果实圆形至卵圆形，鳞片黄色。分布于泰国、马来西亚、印度尼西亚、中国(广东*、海南*)。

(53)麻鸡藤(*C. menglaensis*)：又称勐海省藤、wai nan leng、wai nuo xian、wai nuo kou (D-BN)。茎攀缘；叶鞘表面有暗绿色与白色相间的大理石花纹，颇具观赏价值；果实椭圆形，黄白色。分布于中国云南、广东*。

(54)管苞省藤(*C. siphonospathus*)：又称兰屿省藤。茎攀缘；叶羽状，羽片每侧约 50 片，整齐排列，浓密美丽；果实椭圆形，草黄色。分布于中国(台湾)、菲律宾、印度尼西亚。

（55）霍氏隐萼椰（*Calyptrocalyx hollrungii*）：又称隐萼椰、霍勒龙隐萼椰。茎丛生；叶羽状不分裂，呈 V 形，或有些裂成 2~4 片，呈叶绿色或淡红的绿色；果实卵形，成熟时红色；是优良的盆栽观赏植物。分布于新几内亚、美国*、中国（广东*）。

（56）普氏隐蕊椰（*Calyptronoma plumeriana*）：又称肖椰子。茎单生，树冠扩大，似椰子树；叶羽状，羽片达 100~160 片，劲直，浓绿色，边缘部分朝下并有凸出的中脉，形成非常美丽的叶丛；果实圆形，似葡萄，成熟时紫红色至紫黑色，多数群生。分布于古巴、多米尼加、海地、美国*、中国（广东*）。

（57）菲岛鱼尾葵（*Caryota cumingii*）：又称肯氏鱼尾葵。茎单生；叶羽状全裂，羽片斜菱形，伸展，叶中轴、叶柄均有鳞秕，叶鞘有少量纤维；茎干粗壮、白色，具有美丽的叶痕环。分布于菲律宾、印度尼西亚*、中国（云南*、广东*、福建*）。

（58）鱼尾葵（*C. maxima*）：著名观叶棕榈植物。见 4.6.2。

（59）大董棕（*C. no*）：又称孔雀椰、沙捞越鱼尾葵。茎单生；叶羽状，巨大、扁平，排列整齐，浓绿，向四周开展平伸，构成独特、美丽的树形，具有极高观赏价值；膨大的茎干似巨大花瓶，造型优美。分布于中国（云南）、马来西亚、印度尼西亚。

（60）同色竹节椰（*Chamaedorea concolor*）：茎丛生；叶羽状，羽片宽披针形，末端一对联合宽大呈二裂状，叶面亮绿色；花橙色；果实成熟时红色。分布于墨西哥、委内瑞拉、美国*、中国（广东*）。

（61）哥斯达黎加竹节椰（*C. costaricana*）：茎丛生；叶羽状，羽片排列整齐，似竹叶面镰状；花黄色；果实成熟时亮橙色；形态似竹节椰子，丛幅可达 2 m 宽。分布于哥斯达黎加、泰国*、中国（广东*）。

（62）袖珍椰（*C. elegans*）：又称袖珍椰子、矮生椰子、袖珍竹节椰、袖珍棕、矮棕、客厅棕、秀丽竹节椰、zong shi zai（Z）。茎丛生，植株小巧玲珑，株形美观别致，叶色浓绿光亮，耐阴性强，叶轴背面至叶鞘部有一条白色条纹；穗状花序腋生，花黄色；果实圆形，浆果橙黄色；是制作盆景较佳的植物。分布于墨西哥（中部、东北部、墨西哥湾、西南部、东南部）、伯利兹、危地马拉、中国（广东*、福建*、香港*、台湾*、云南*、四川*、湖南*、江西*、陕西*、浙江*、上海*、江苏*、河北*、北京*、山东*、辽宁*）。

（63）二裂竹节椰（*C. ernesti-augusti*）：又称二裂坎棕。茎单生；叶羽状，呈单片，卵状阔楔形，深二裂；花橙黄色，兜帽状；果实椭圆状球形，成熟时黑色。分布于墨西哥、洪都拉斯、美国*、中国（广东*、福建*）。

（64）镰叶竹节椰（*C. falcifera*）：又称廉叶裂坎棕。茎单生；叶羽状，羽片长椭圆形，叶轴下面灰白色；花序梗黑色，雄花黄绿色；果实镰刀形，成熟时橙色。分布于危地马拉、美国*、中国(广东*、云南*、福建*)。

(65)苇椰状竹节椰(*C. geonomiformis*)：又称差马椰子。叶片大型，光亮绿色，全缘，窄的倒卵形，顶端分裂成二叉，每片叶子都像一条大鱼的尾巴；茎单生，纤细，深绿色，被叶痕环。分布于墨西哥、伯利兹、危地马拉、洪都拉斯、中国(广东*、云南*)。

(66)银玲珑椰(*C. metallica*)：又称银袖珍椰、金光竹节椰、鱼尾椰子、鱼尾坎棕、玲珑椰、金光茶马椰子。茎单生；叶片顶端分裂，深绿色到几乎黑色，具独特的金属光泽，先端呈二叉状，因酷似鱼尾鳍而得名(亦称鱼尾椰)；红色密集的小花，花轴橙红色与果实墨绿色，形成鲜明的色彩对比；株形小巧玲珑、清新素雅，耐阴性强，是高级的室内盆栽观赏植物。分布于墨西哥、中国(福建*、广东*、四川*、北京*)。

(67)小穗竹节椰(*C. microspadix*)：又称小穗坎棕、红果袖珍椰、小穗水柱椰子。茎丛生；叶羽状，叶面泽绿色，背面灰绿色，每边有9枚羽片，末端一对联合成鱼尾状；花奶白色；结果序柄带绿的黄色；果实圆球形，成熟时橙色到红色。分布于墨西哥、美国*、澳大利亚*、中国(广东*、海南*、福建*、云南*、北京*)。

(68)长叶竹节椰(*C. oblongata*)：又称长叶坎棕、长叶裂坎棕、长圆袖珍椰、椭圆裂坎棕、长椭玲珑椰子。茎单生；叶羽状，羽片似镰刀状偏斜，近长椭圆形，沿叶轴两侧整齐排列成2列；花果序橙黄色，下垂，结果序柄淡朱黄色；果实长椭圆形，弯的，深绿色，成熟时紫黑色。分布于墨西哥、尼加拉瓜、巴西、中国(广东*、福建*、云南*)。

(69)禾草竹节椰(*C. plumosa*)：又称禾草袖珍椰。单生茎，具有疏散的冠茎；本属中独特的叶片，羽片非常狭窄，似禾草般，不规律地散生于叶轴上；通常5~9枚叶片，具有紧密、凌乱的120~170枚羽片。分布于墨西哥、美国*、中国(云南*)。

(70)廉叶竹节椰(*C. schiedeana*)：又称似廉叶裂坎棕、圣迪娜坎棕。叶羽状，羽片似镰刀状，羽片多于长叶竹节椰；茎干高而纤细，具有长的花序；红色的花序轴与小的、黑色的果实，显得更为特别。分布于墨西哥、中国(云南*、福建*)。

(71)竹茎袖珍椰(*C. seifrizii* var. *seifrizii*)：又称竹茎竹节椰、尤卡旦竹节椰、夏威夷椰子、雪佛里椰子、绿茎坎棕、根坎棕、裂坎棕、玲珑椰、竹茎玲珑椰、竹茎椰子、竹棚。茎干直立，细长中空，形似竹节，修长美丽；叶色浓绿，羽片雅致，富有光泽，清秀耐阴，是优良的室内观叶植物；果期时花轴鲜红色，多花果序，十分耀眼；果实圆形，成熟时黑色；可做盆景栽培。分布于墨西哥、危地马拉、伯利兹、洪都拉斯、美国*、澳大利亚*、马来西亚*、新加坡*、中国（福建*、广东*、海南*、云南*、贵州*、四川*、陕西*、上海*、北京*）。

（72）阔叶竹茎袖珍椰（*C. seifrizii* 'Florida broadleaf'）：又称阔叶竹茎竹节椰、阔叶竹茎裂坎棕。秆更粗壮，叶片具有较宽的羽片；观赏价值与原种相同。分布于美国、中国（云南*）。

（73）欧洲矮棕（*Chamaerops humilis*）：又称矮棕、欧洲桐、丛桐、丛棕、意大利丛桐、地中海蒲葵、欧洲扇棕。茎丛生，茎干数个，松散成群，树冠浓密；叶片浅灰蓝色，扇形柔软而披散，奇特迷人；果实球形，成熟时褐色或黄色。分布于西班牙、法国、葡萄牙、意大利、西班牙、阿尔及利亚、利比亚、摩洛哥、突尼斯、美国*、爱尔兰*、新加坡*、日本*、中国（广东*、福建*、云南*、四川*、江苏*、北京*）。

（74）大果红心椰（*Chambeyronia macrocarpa* var. *macrocarpa*）：又称红叶青春葵、大果茶梅椰子、孔雀椰子、大果肖肯棕。茎单生；叶羽状，长 1.4 m，下弯拱，羽片排列整齐，嫩叶常呈现紫红色；果实卵状椭圆形，个大，成熟时呈深红色。分布于新喀里多尼亚、中国（广东*、福建*、云南*）。

（75）红叶青春葵（*Chambeyronia macrocarpa* var. *hookeri*）：茎单生；叶羽状，下弯拱，新抽生新叶红色至淡橙红色，卷曲，约 10 d 后变为绿色；花粉红色；果实卵状，成熟时为绯红色。分布于新喀里多尼亚、印度*、中国（云南*）。

（76）高银叶棕（*Coccothrinax alta*）：又称波多黎各银棕。茎单生，稀丛生；叶掌状深裂，扇形，裂片长披针形，叶面暗绿色，叶背银白色；叶柄纤细，顶端叶舌啮蚀状；果实球形，成熟时黑褐色；茎单生，覆被网状纤维。分布于波多黎各、维尔京群岛、中国（广东*、台湾*）。

（77）银扇棕（*C. argentea*）：又称银棕。茎单生，稀丛生，覆被网状纤维；叶掌状深裂，扇形，裂片长披针形，叶面暗绿色，叶背银白色；叶柄纤细，顶端叶舌啮蚀状；果实球形，成熟时黑褐色。分布于伊斯帕尼奥拉岛、多米尼加、海地、美国、斯里兰卡*、印度*、中国（广东*、福建*、云南*）。

（78）杜银棕（*C. dussana*）：茎单生；叶球形，叶面深绿色，背面淡白色至白色，稍被柔毛，叶舌直立，亮橘色；果实球形，成熟时深棕色。分布于巴巴多斯、美国*、印度*、中国（广东*）。

（79）香银棕（*C. fragrans*）：又称香花银棕。茎单生；叶圆形，叶面有光泽，背面暗灰色，覆被鳞毛；花黄色，香气十足。分布于古巴、海地、美国*、中国（广东*、云南*）。

（80）巴哈马银棕（*C. inaguensis*）：茎单生；叶片坚硬，伞形，叶面亮绿色，背面银白色；花奶白色，有香气；果实淡紫黑色；形态多变，茎的粗细、树冠大小和浓密度、叶大小和裂片的劲直或下垂，都有极好的观赏价值。分布于巴哈马、泰国*、中国(广东*)。

(81)尖叶银棕(*C. miraguama*)：又称米拉瓜银棕。茎单生，茎干被网状纤维包被；叶掌状，圆形，坚硬，深裂，裂片较宽，叶面绿色，背面灰绿色；果实红色，成熟时深紫黑色；种子有皱纹。分布于古巴、美国*、新加坡*、中国(广东*、海南*、云南*)。

(82)射叶银棕(*C. readii*)：茎单生；叶圆形，深裂，狭长而下弯，叶面墨绿色而有光泽，背面银白色；花成团而芳香；果实近球形，成熟时紫黑色，肉质多汁。分布于墨西哥、美国*、中国(广东*)。

(83)细瓶棕(*Colpothrinax cookii*)：茎单生，茎干覆被有缠绕式长的纤维；叶片圆形，深裂，裂片线形，叶面淡黄绿色，背面灰绿色枝白色，顶端下垂，非常美丽。分布于伯利兹、危地马拉、洪都拉斯、中国(广东*、台湾*)。

(84)壮蜡棕(*Copernicia baileyana*)：又称比利蜡棕、贝利蜡棕、贝丽蜡棕、贝蜡棕。茎单生，茎干圆柱形或上部显著膨大成纺锤形，光滑、高大挺直；叶片形如大扇，坚挺不下垂，质感硬而粗，覆被有薄层蜡质，观赏价值高；果实椭圆形，成熟时棕色。分布于古巴、美国*、新加坡*、中国(云南*、广东*、福建*)。

(85)巨蜡棕(*C. gigas*)：茎干特粗，近似于 *C. baileyana*，但叶片更大，叶基也大，叶柄更长，叶片楔形至三角状。分布于古巴；中国(广东*)。

(86)奇异蜡棕(*C. hospita*)：茎单生，高可达 15 m；叶掌状，圆形至楔形，深裂，叶色灰绿色至蓝绿色，甚至到纯白色至银色，两面被蜡质；棕黄色的花与黑色的果实，以及圆形蓝灰色蜡质叶子，像扇子一样散布在长而细的茎上，形成奇异的观赏效果。分布于古巴、美国*、中国(广东*)。

(87)裙蜡棕(*C. macroglossa*)：又称大舌蜡棕、螺旋棕。茎单生，宿存枯叶下垂，紧密覆盖茎干，形似"筒裙"；叶掌状，近无柄，叶片平直伸出，翠绿心叶竖直上伸，恰似巨大舌头，独特美观，叶面暗绿色，被厚蜡层；果实球形，成熟时褐色。分布于古巴、美国*、马来西亚*、新加坡*、中国(广东*、福建*、云南*、重庆*、山西*、上海*、北京*)。

(88)蜡棕(*C. prunifera*)：又称巴西蜡棕、桃蜡棕、桃果蜡棕。茎单生，基部膨大，茎下部常有叶柄(鞘)残基及纤维；叶近圆形，掌状半裂，叶面深黄绿色至蓝绿色，两面均被厚的腊层；果实圆形，成熟时褐色至黑色。分布于巴西、泰国*、新加坡*、中国(福建*、广东*、广西*、海南*、云南*、北京*)。

(89)莱康特贝叶棕(*Corypha lecomtei*)：又称科尔发贝叶棕。茎单生；叶掌状，向上生长，一片叶可达 12 m 长，叶尖稍微下垂，灰绿色，叶柄具黑色长刺；果实球形，成熟时淡棕色；茎单生。分布于老挝、柬埔寨、泰国、越南、中国（广东*）。

（90）长柄贝叶棕（*C. utan*）：又称金丝棕、金丝葵、吕宋糖棕、高贝叶棕、巨人棕、金丝桐。茎单生；叶柄修长且呈金黄色，叶近圆形，叶片分裂深几至基部，两面亮绿色；花序长达 7 m，花时壮观美丽；果实球形，外果皮橄榄绿色；树冠紧密，叶痕呈螺旋状。分布于孟加拉国、印度、缅甸、老挝、柬埔寨、泰国、越南、马来西亚、印度尼西亚、文莱、菲律宾、新几内亚、澳大利亚、新加坡*、中国（云南*、广东*、福建*、台湾*）。

（91）美洲藤（*Desmoncus orthacanthos*）：又称直刺利棕。茎攀缘；叶轴直立、坚硬，并具有直立、黑色、坚硬如箭的长刺，颇具观赏价值。分布于墨西哥、伯利兹、哥斯达黎加、萨尔瓦多、危地马拉、洪都拉斯、尼加拉瓜、巴拿马、特立尼达和多巴哥、法属圭亚那、圭亚那、苏里南、委内瑞拉、玻利维亚、哥伦比亚、厄瓜多尔、秘鲁、巴西、中国（云南*、广东*）。

（92）环羽椰（*Dictyosperma album var. album*）：又称公主棕、白网籽棕、飓风椰子、网实椰子、飓风棕、飓风椰、淡白金棕、王后棕、鳞皮飓风椰子、鳞皮金棕。茎单生；叶羽状，羽片排列整齐，有带淡白色的叶脉，背面有棕色鳞片，呈灰绿色，玉镯般的叶环宿存，环绕叶身，将羽片相连，形态优雅；幼苗叶柄及叶轴紫红色，老叶浓绿，向下弯曲，叶片边缘长时期相连形成网状；冠茎色彩多样，树姿优美；5 年茎干基部开始显露膨大，干直，颇为奇特。分布于毛里求斯、留尼汪、美国*、日本*、泰国*、马来西亚*、中国（福建*、广东*、广西*、海南*、云南*）。

（93）金色环羽椰（*D. album var. aureum*）：又称金飓风椰、金棕。茎单生；幼树叶柄及叶脉黄色或橘黄色；茎矮小，有明显的冠茎及环状叶柄（鞘）痕，形态美丽。分布于毛里求斯、泰国*、中国（广东*、福建*、云南*）。

（94）细阔羽椰（*D. litigiosus*）：又称细射叶椰、争议木果椰。茎丛生，细长，光滑，环纹明显；叶羽状，羽片呈长卵形或椭圆形，不规则着生，具啮蚀状的条纹，奇特美丽；花黄白色；果实椭球形，成熟时鲜红色。分布于印度尼西亚、新几内亚、中国（广东*）。

（95）安汶阔羽椰（*D. olivaeformis*）：又称榄形木果椰。茎单生，纤细；叶羽状分裂，羽片楔形，整齐排列于叶轴上；果实成熟时红色；可进行热带地区林下栽培或盆栽。分布于印度尼西亚、新几内亚、泰国*、中国（广东*）。

（96）美丽散尾葵（*Dypsis arenarum*）：又称沙生马岛椰。茎丛生；叶羽状，叶片对生成90°，新叶红色；叶鞘具蜡质、散生红色鳞片，红棕色；羽片整齐排列，叶尖二叉，背面具有红棕色碎屑，幼叶浅红色。分布于马达加斯加、中国(云南*)。

(97)金果椰(*D. bejofo*)：又称迪普丝棕。茎单生，茎干粗大，红棕色，近冠茎2~10 cm为深绿色至灰白色，冠茎基部肿胀，白色，被蜡；叶羽状，有时3列着生，形成弓形叶冠，叶鞘被蜡和紧密之红棕色鳞片，叶柄基部带橙黄色，非常美丽迷人。分布于马达加斯加、泰国*、中国(广东*、福建*)。

(98)卡巴德马岛椰(*D. cabadae*)：又称卡巴达散尾葵、马达加斯加葵、卡巴达棕。茎丛生；羽状叶，特长(3 m)，全裂，裂片条状披针形，成簇排列在叶轴上，株形秀美；果实卵圆形，成熟时鲜红色，成串下垂。分布于科摩罗、中国(云南*、广东*、台湾*、福建*)。

(99)红叶金果椰(*D. catatiana*)：又称红叶迪普丝棕。茎单生；叶羽状，叶片不分裂，顶端二叉，或分裂具2~7对羽片，叶面亮绿色，背面淡棕色，新叶淡红色，叶鞘、叶轴和叶脉具有淡红色鳞片，非常漂亮迷人；果实椭圆形，成熟时亮红色。分布于马达加斯加、中国(福建*、广东*)。

(100)柯蒂斯马岛椰(*D. curtisii*)：茎单生；叶羽状，羽片2~3成组排列，表面暗绿色，中脉具有红色鳞片，背面无毛或中脉和边缘具有少许淡红色鳞片，叶鞘具红棕色散生鳞片，叶柄散生淡红色鳞片，中部羽片叶脉被紧密至疏散的暗红色鳞片，观叶效果较佳。分布于马达加斯加、中国(云南*)。

(101)扇形马岛椰(*D. faneva*)：又称青稞马岛椰、青稞金椰、青稞金果椰。茎丛生；茎干棕色，冠茎具淡黄色条纹；叶羽状，弓形，羽片规律排列于一平面，形成大型的扇形叶冠，叶鞘乳黄色或绿色，具红色斑块和散生棕色鳞片，叶柄和叶轴具鳞片；肉穗花序橙红色，非常美丽。分布于马达加斯加、中国(福建*)。

(102)马岛椰(*D. madagascariensis*)：又称马岛椰子、马岛散尾葵、蝴蝶椰子。茎单生或丛生，冠茎略呈三角形，被白蜡而呈灰白色；叶色翠绿，树冠大而叶密生，羽状复叶，呈垂直、3面螺旋排列，羽片排列成2排，使叶子看起来蓬松；肉穗花序，下垂；果实椭圆形，先端具喙，果实成熟时由红色转紫黑色。分布于马达加斯加、美国*、印度*、中国(云南*、广东*、海南*、台湾*)。

(103)斐丽金果椰(*D. perrieri*)：又称倍丽金果椰、佩氏狄棕。茎单生，巨大，具凋存的叶和叶鞘持久的基部；叶羽状，羽片规则排列，表面暗绿色，表面亮绿色，次脉被鳞片，有时背面被大型棕色至红色碎屑，中脉被银白色毛，叶鞘覆被淡红色鳞片，边缘纤维化；果实椭圆形，深绿棕色，内果皮极度纤维化，很少吻合。分布于马达加斯加、中国(广东*)。

(104)美丽金果椰(*D. pinnatifrons*)：又称羽叶金果椰、羽叶马岛椰、迷人拟散尾葵。茎丛生，有环纹；冠茎相当肿胀，幼时亮粉红色；叶羽状，全缘或边缘有锯齿，羽片轮生或成簇，心叶暗红色，叶鞘被淡红色至巧克力棕色和白色的蜡质，美丽迷人；花序通常 3～4 分枝，被红至巧克力棕色鳞片和斑片状白色蜡；果实成熟时褐色；是所有马岛椰属中最普遍的物种之一。分布于马达加斯加、泰国*、中国(广东*、福建*)。

（105）溪生马岛椰(*D. rivularis*)：又称湿生金果椰。茎单生，具不整洁的树冠和高跷的根部；叶片具有非常美丽的拱形叶轴，明显 S 形，叶片暗绿色，不规则丛生，但有些叶片规则排列，因此树冠松散，冠茎基部明显呈红色。分布于马达加斯加、中国(台湾*、广东*)。

（106）鱼尾马岛椰(*D. thiryana*)：茎丛生，稀单生；叶羽状，羽片排列整齐，美丽的鱼尾状(楔形)，叶鞘密被红棕色至苍白色的鳞片，株形优美；果实椭圆形，成熟时亮红色。分布于马达加斯加、中国(台湾*、广东*)。

（107）簇叶马岛椰(*D. tokoravina*)：茎单生，暗红棕色；叶羽状，羽片成组，着生于不同平面，背面被蜡质，特别是叶鞘非常肿胀，亦非常长而开展，外面灰棕色，内部亮红棕色，形成大型、美丽的叶冠。分布于马达加斯加、中国(台湾*、广东*)。

（108）皇子金果椰(*D. tsaravoasira*)：又称东北马岛椰。茎单生，光滑高大，具有绿色的环以及浅色的叶基留存痕；冠茎圆柱形，黄绿色；叶羽状，叶片拱形，3 纵列，羽片浅裂，与叶轴几近水平长出，形成的叶冠如巨大的鸡冠，特别具有观赏价值。分布于马达加斯加、中国(台湾*、广东*)。

（109）马来刺果椰(*Eugeissona tristis*)：又称马来凸果桐、暗穗刺果椰、马来厚壁椰。几无茎，叶子直接从地下茎长出，形成大而不整齐的群丛，羽状全裂，羽片柔软，有光泽，羽毛状下垂，叶柄具刺；果实卵球形，果实皮表面的鳞片黑色或褐色分布于。泰国、马来西亚、中国(广东*)。

（110）刺果椰(*E. utilis*)：又称厚壁椰。茎丛生，茎干有刺，并具长的支柱根；叶羽状，大而长，弓形，具有悬垂的羽片，形成美丽的树冠。分布于马来西亚、印度尼西亚、中国(广东*)。

（111）墨西哥根锥椰(*Gaussia gomez-pomez*)：又称墨西哥加西亚椰、墨西哥酒瓶椰子、戈麦斯玛雅椰。茎单生，圆柱形；叶羽状，羽片长而细，排列成 4 排，具有独特的、凸出的黄色中脉，形成美丽、狭小的树冠；果实球形，成密集的果实串，成熟时红色。分布于墨西哥、泰国*、中国(广东*)。

（112）密花唇苞椰(*Geonoma congesta*)：又称密花苇椰。茎单生或丛生，有时地上爬行，叶基伤处长出根，茎干似手杖，淡黄色、光滑；叶片有时直立，有时水平扩展，有些不分裂，顶端深二叉，有些分裂呈宽的、具沟而顶端锥形的羽片；果实圆形，成熟时紫黑色。分布于哥斯达黎加、洪都拉斯、尼加拉瓜、巴拿马、哥伦比亚、美国*、中国(广东*)。

(113)楔叶唇苞椰(*G. cuneata*)：又称楔叶苇椰。茎单生或丛生，茎干矮小，光滑、浅黄色；叶羽状，不分裂，呈现尾三裂楔形，或叶片分裂，羽片呈宽、镰刀状，顶端急尖，顶生羽片通常较大，叶冠呈圆形，具一定观赏价值。分布于哥斯达黎加、尼加拉瓜、巴拿马、哥伦比亚、厄瓜多尔、美国*、中国(广东*)。

(114)宽叶唇苞椰(*G. deversa*)：又称宽叶苇椰。茎丛生或丛生；叶片通常开展而拱形，不分裂或分裂为4~8片较宽的、S形的、间隔较宽、叶尖较长的羽片，新叶呈深粉红的青铜色。分布于伯利兹、哥斯达黎加、洪都拉斯、尼加拉瓜、巴拿马、法属圭亚那、圭亚那、苏里南、委内瑞拉、玻利维亚、哥伦比亚、厄瓜多尔、秘鲁、巴西、美国*、中国(广东*)。

(115)无柄唇苞椰(*G. epetiolata*)：又称无瓣苇椰。茎单生或丛生，矮小，光滑、浅黄色；叶羽状，叶尾呈现二裂的长椭圆形或倒楔形，很少分裂，叶柄无。分布于哥斯达黎加、巴拿马、美国*、中国(广东*)。

(116)参差唇苞椰(*G. interrupta*)：又称苇椰。茎单生，茎干淡绿色，有环纹；叶羽状，初期叶片不分裂，呈有光泽的绿色；果实圆尖，成熟时黑色。分布于墨西哥、伯利兹、哥斯达黎加、圭亚那、洪都拉斯、尼加拉瓜、巴拿马、海地、特立尼达和多巴哥、向风群岛、法属圭亚那、圭亚那、苏里南、委内瑞拉、玻利维亚、哥伦比亚、厄瓜多尔、秘鲁、巴西、美国*、新加坡*、中国(广东*)。

(117)长鞘唇苞椰(*G. longevaginata*)：又称长鞘苇椰。茎单生，茎干光滑，浅黄色；叶冠稀疏、半球形，被铜色或酒色的新叶，老叶深绿色，上长呈S形，单生具有一对较其他羽片要宽的羽片。分布于哥斯达黎加、巴拿马、美国*、中国(广东*)。

(118)石山棕(*Guihaia argyrata*)：又称崖棕。茎丛生，茎干矮小，树形美观；叶扇形或近圆形，掌状深裂，具单折(罕为2折)的外向折叠的裂片20~26片，叶背被密集毡状银白色茸毛，极适宜做盆景观赏。分布于中国广东、广西、云南、福建*、湖南*、湖北*。

(119)两广石山棕(*G. grossifibrosa*)：又称龙州石山棕、线穗棕竹、粉背崖棕、丝状棕竹、丝棕竹。茎丛生或丛生，茎干被浓密的叶鞘纤维及针刺所包裹；叶掌状深裂至4/5或几达基部，裂成10~21片具单折(罕为2折)先端短2裂的外向折叠的裂片，上面无毛，背面稍苍白，而被星散点伏鳞片，株形美观；果椭圆形，成熟时蓝黑色。分布于中国(广东、广西、贵州、福建*)、越南。

(120)高异苞椰(*Heterospathe elata*)：又称异苞椰。茎单生，茎干纤细，基部扩大，光滑，有环纹；叶羽状，羽片叶面非常平坦而稍弯曲，集生于顶，形成美丽的树冠，新生嫩小叶初张开时呈淡的棕粉红色；果实卵形，成熟时白色或灰绿色，群生成串悬挂于叶冠下，美丽特别。分布于印度尼西亚、菲律宾、加罗林群岛、马里亚纳群岛、美国*、印度*、中国(广东*)。

(121)埃氏异苞椰(*H. elmeri*)：又称埃尔默异苞椰。茎单生；叶片拱形，密集于树冠，直立上长，羽片多，暗绿色，狭窄的线状披针形，整齐排列而下垂。分布于菲律宾、泰国*、中国(广东*)。

(122)卷叶豪威椰(*Howea belmoreana*)：又称富贵椰子、缨珞豪爵椰、荷威椰、豪威椰、澳洲平叶棕、拱叶豪威椰、贝尔摩荷威棕、豪威椰子、巴摩椰子、宝贵椰子、金帝葵、金帝棕、拱叶棕。茎单生；叶羽状，长达5 m，叶片明显弯曲，拱起形成一个半圆树冠，加之叶色墨绿，表面有亮丽光泽，羽片近直立，向上生长，形成一个V形，姿态非常优美；果实近圆形，成熟时呈红褐色。分布于澳大利亚、印度*、中国(海南*、广东*、广西*、台湾*、福建*、云南*、贵州*、山西*、上海*、北京*)。

(123)垂羽豪威椰(*H. forsteriana*)：又称平叶棕、豪爵椰、金帝葵、荷威棕、金蒲葵。茎单生；叶羽状，叶色墨绿，表面有光泽，羽片像手指，以优雅的方式向下弯曲，柔和自然，树冠优美，极具观赏价值；果实长椭圆形，成熟时棕红色；较耐阴。分布于澳大利亚、爱尔兰*、印度*、中国(海南*、广东*、福建*、北京*)。

(124)水柱桐(*Hydriastele kasesa*)：又称凯萨水柱椰、卡西丛生槟榔。茎单生或紧密丛生，茎干纤细，顶生暗绿色冠茎；叶羽状，羽片不规则楔形，具倾斜的、锯齿状的顶尖，顶端的一对通常联合，并宽于其他羽片。分布于巴布亚新几内亚、泰国*、中国(广东*)。

(125)小果水柱椰(*H. microcarpa*)：又称南格拉棕、尖瓣满叶桐、小果长瓣槟榔。茎丛生，但通常单生，茎干纤细，叶环痕明显；叶羽状分裂，弧形，羽片整齐排列于叶轴上，羽片顶端截平，有啮齿状，叶柄和叶轴的被棕色点缀和稀疏的白色茸毛；果实成熟时红色。分布于斐济、印度尼西亚、中国(云南*、广东*)。

(126)小穗水柱椰子(*H. microspadix*)：又称小穗丛生槟榔。茎干丛生，有明显的环状叶痕；叶羽状分裂，羽片多数，顶端呈截形，叶柄覆盖深棕色毛毡和鳞片，株形优美；果实椭圆形，小，成熟时呈暗红色。分布于新几内亚、印度*、斐济*、中国(广东*、云南*)。

(127)银叶桐(*Itaya amicorum*)：又称秘鲁棕。茎单生，纤细光滑，有残余的叶鞘纤维和扯裂的叶柄；叶掌状，非常大(达2 m)，羽片较宽，表面绿色，背面银白色，形成宽大的树冠，非常美丽；果实卵状长椭圆形，成熟时黑色。分布于哥伦比亚、厄瓜多尔、秘鲁、巴西、美国*、泰国*、中国(广东*)。

（128）菱叶棕(*Johannesteijsmannia altifrons*)：又称秦氏桐、马来葵、苏门答蜡棕。几乎无茎，叶片从地面上长出，形成密集的群丛；叶片硕大，菱形，两面均为绿色，非常漂亮迷人；果实球形，上面生有软木塞状的疣；株形优美，耐阴性强。分布于泰国、马来西亚、印度尼西亚、美国*、中国(云南*、广东*、福建*)。

（129）狭菱叶棕(*J. lanceolata*)：又称剑叶棕、窄叶马来葵。几乎无茎；叶狭菱形，高可大 3.5 m，宽度通常不超过 50 cm，叶子下面覆盖着小的棕色鳞片，细长似箭，修长飘逸；花序有 3~6 个粗枝，花有乳头状凸起的花瓣。分布于马来西亚、中国(广东*、福建*)。

（130）银菱叶棕(*J. magnifica*)：又称白背菱叶棕、约翰菱叶棕、约翰棕。几乎无茎；叶片是巨大的矛形，整个叶子长达 3 m(其中最下面 1 m 是叶柄)，宽达 2 m，表面绿色，背面覆盖着细小的白色毛发，使其呈现出银色的外观；这些叶子拱起，银色的叶片，给人留下难忘的景象。分布于马来西亚、中国(广东*)。

（131）壮丽橄榄椰(*Kentiopsis magnifica*)：又称雄伟橄榄椰、粗壮椰。茎单生，茎干高大，灰白色，幼秆具环；冠茎蓝绿色至紫黑色，几与秆茎同粗；叶羽状，扭曲，新叶红棕色或樱桃红，羽片羽毛状，整齐排列形成单一平面，叶柄、花序和花梗上棕色鳞状凸起毛状体形成厚厚茸毛，漂亮迷人。分布于新喀里多尼亚、中国(台湾*、广东*)。

（132）橄榄椰(*K. oliviformis*)：又称肯托皮斯棕。茎单生，叶环痕明显，有苍白绿色冠茎；叶子在幼年幼苗中呈螺旋状排列，叶柄具有凸出的深棕色鳞片，随着植物的年龄增长逐渐变白丝状，最后变成白色絮状物，叶鞘、花序、苞片和花梗上有密集的白色茸毛，羽状叶，有光泽的深绿色，整齐排列于叶轴上，非常迷人；果实橄榄形，成熟时呈红色。分布于新喀里多尼亚、中国(广东*、云南*)。

（133）泰国棕(*Kerriodoxa elegans*)：又称卡里多棕、泰棕。茎单生；叶扇状，完全圆形，大型(直径 2 m 多)，叶面深绿色，叶背银白色，美丽优雅；果实圆形，成熟时橘黄色。分布于泰国、中国(广东*、云南*)。

（134）毛花帽棕(*Lanonia dasyantha*)：又称毛花轴桐。叶近半圆形，掌状深裂至几乎全裂，裂片长楔形，叶形奇特，叶色浓绿，株形优美；耐阴抗寒性极好。分布于中国广西、云南、广东*、福建*。

（135）海南帽棕(*L. hainanensis*)：又称海南拉诺棕、海南轴桐。茎丛生，茎干纤细；叶掌状，近圆形，叶青干直，相聚成丛，疏密有致，挺拔秀美；果实卵形，成熟时红色。分布于中国海南。

（136）蓝叶棕（*Latania loddigesii*）：又称蓝脉葵、蓝棕榈、蓝脉棕、蓝拉坦棕。茎单生；幼年植株具有美丽的红色叶柄和叶缘，成年植株叶呈蓝色、坚硬深厚、扇形大型，形成紧凑叶冠，叶表面都覆盖着白色、蜡状或毛茸茸的羽绒，而呈银白色，叶柄亦覆盖着厚厚的白色羊毛；果实大，形似李子，成熟时暗棕色。分布于毛里求斯、印度尼西亚*、新加坡*、中国（云南*、广东*、福建*、海南*）。

（137）红叶棕（*L. lontaroides*）：又称红脉葵、红棕榈、红脉棕、红脉桐。茎单生，成熟的茎干灰色、光滑，基部略微肿胀；叶子呈扇形，第一年为红叶，具有红色叶柄，后为绿色，叶缘和叶脉具细齿。分布于留尼汪、印度尼西亚*、澳大利亚*、中国（广东*、海南*、福建*、云南*、四川*、上海*）。

（138）黄叶棕（*L. verschaffeltii*）：又称黄棕榈、黄拉坦棕、黄金桐、黄脉桐。茎单生；叶掌状，苗期至幼株间，叶缘、叶脉、叶柄（橙）黄色，叶柄基部有茸毛和蜡质，株形壮观，具比同属其他物种更松弛的叶子，形成较大的树冠；果实大，形似李子，成熟时棕色。分布于毛里求斯、印度尼西亚*、中国（广东*、海南*、福建*、云南*、四川*、上海*、北京*）。

（139）鳞果棕（*Lepidocaryum tenue*）：又称鳞果桐。茎单生；叶掌状分裂，深裂达叶柄，裂片宽，墨绿色，形似小车轮；果实长圆形或球形，成熟时红褐色，表面被鳞片。分布于圭亚那、委内瑞拉、哥伦比亚、秘鲁、巴西、美国*、中国（广东*）。

（140）穗花轴榈（*Licuala fordiana*）：茎单生；叶掌状，圆形深裂，楔形的裂片与常青的叶色，加之细长的叶柄沿着边缘有小的黑色刺，尽现雄浑劲健之美；果实成熟时红色；茎干不明显，株形自然成圆球形，与山石配置，相得益彰。分布于中国海南、广东、云南*、福建*。

（141）圆叶轴榈（*L. grandis*）：又称皱叶轴榈、扇叶轴榈、圆叶刺轴榈。茎单生；叶掌状，近圆形，较大而不分裂，上有规律性皱褶，叶色深绿有光泽，植株形成圆锥状，奇特优美；果实球形，红色鲜艳；非常适合做小型热带景观和室内景观。分布于瓦努阿图、澳大利亚、马来西亚、美国、印度*、越南*、爱尔兰*、新加坡*、中国（福建*、广东*、广西*、海南*、香港*、台湾*、云南*、浙江*、上海*、江苏*、北京*）。

（142）坤氏轴榈（*L. kunstleri*）：茎单生，几乎无茎或具短茎；叶掌状，裂至基部，中央裂片较其他裂片大，楔形，叶形优美，具较高观赏价值；花单生或成对着生，花冠密被金黄色绢毛；果实球形；盆栽或植于庭院、办公楼。分布于泰国、马来西亚、中国（云南*）。

（143）绵毛轴榈（*L. lauterbachii*）：又称新几内亚轴榈。叶掌状，圆形，裂至基部，形成30~35片狭窄的三角形裂片，通常成群或丛生；叶柄具大的、绿色轮式针刺；果实球形，橘色至亮红色。分布于新几内亚、中国（台湾*、广东*、云南*）。

（144）沼生轴榈（*L. paludosa*）：又称粗轴榈。茎单生或丛生；叶掌状，几乎圆形，深裂至基部，裂片楔形，有折，末端有齿，叶柄具黑色弯曲的刺，被认为比刺轴榈漂亮；花序长而悬垂；果实球形，成熟时橘红色。分布于泰国、越南、马来西亚、印度尼西亚、美国*、中国（广东*）。

（145）盾叶轴榈（*L. peltata* var. *peltata*）：又称盾轴榈。茎单生；叶掌状，形状似盾，或分裂，有裂片12~30枚，裂片楔形；花序长于叶片，有多数分枝，延长，密生褐色柔毛，未开花时天鹅绒状；果实球形，成熟时橙色。分布于孟加拉国、印度、缅甸、泰国、马来西亚、新加坡*、越南*、中国（云南*、广东*）。

（146）苏玛班盾叶轴榈（*L. peltata* var. *sumawongii*）：又称苏马旺氏钝叶轴榈。茎单生；叶掌状，不分裂，形状似盾，新叶直立形同巨扇，叶老后下垂；幼果为绿色，成熟时黄红色。分布于泰国、马来西亚、缅甸*、中国（广东*、福建*）。

（147）雅致轴榈（*L. pumila*）：又称矮轴榈。茎单生，无茎或具短茎；叶掌状，圆形深裂，辐射呈轮状，叶面深绿色，背面蓝绿色；果实近球形或椭圆形，成熟时橘色至红色，具光泽。分布于印度尼西亚、泰国*、中国（广东*）。

（148）高干轴榈（*L. ramsayi*）：又称扇叶轴榈、刺叶轴榈、澳洲轴榈。茎单生，茎干高大；叶掌状，深裂，圆形，直径达2 m，具辐条状楔形裂片，裂片不规则联合或分裂，叶鞘纤维状，叶柄明显具刺；花奶白色，花朵单独成簇或3~4朵成簇；果实成簇，具有光泽的橙红色；是漂亮的盆栽观赏棕榈。分布于澳大利亚、美国*、印度尼西亚*、中国（广东*、云南*、福建*）。

（149）花叶轴榈（*L. robinsoniana*）：又称东方轴榈。叶近圆形，掌状全裂，深绿色，密布金黄色斑纹和斑点；核果近球形，成熟时橙黄色；植株小巧，形态优美，观赏价值较高。分布于中国（广西、海南、广东*、福建*、云南*）、越南。

（150）拉氏轴榈（*L. rumphii*）：又称塞岛轴榈、兰菲轴榈。茎单生，茎干细长，紧密聚集；叶掌状，扇形，深绿色，半圆形，裂片宽楔形，似盾；果实椭圆形，成熟时红色。分布于印度尼西亚、中国（广东*、云南*）。

（151）沙捞越轴榈（*L. sarawakensis*）：茎丛生；叶掌状，圆形，深绿色，折叠状，深裂，裂片楔形，顶端截平；果实球形，成熟时橙黄色。分布于马来西亚、印度尼西亚、中国（云南*）。

（152）刺轴榈（*L. spinosa*）：叶片圆肾形或 3/4 圆形，直径可达 1 m 或更大，辐射状深裂，裂片楔形，裂至近基部；果实球形或倒卵球形，成熟时橙黄色至紫红色，株形美观。分布于印度、泰国、越南、马来西亚、菲律宾、印度尼西亚、文莱、中国（福建*、广东*、海南*、云南*）。

（153）三叶轴榈（*L. triphylla*）：又称丝状轴榈、沼生轴榈。叶掌状，近半球形，深裂至基部，通常裂片 3 片（幼时稀 5 片），楔形，中间裂片明显较大，两侧的较小；适于庭院或盆栽使用。分布于泰国、马来西亚、印度尼西亚、中国（云南*）。

（154）澳洲蒲葵（*Livistona australis*）：又称南方蒲葵、澳大利亚蒲葵。茎单生，茎干被褐色的叶柄（鞘）残基和纤维所包裹；叶掌状，几近圆形，浅裂，裂片先端 2 裂，明显下垂，中肋黄色，叶柄的边缘具非常锋利的锯齿；果实球形，成熟时褐红色。分布于澳大利亚、美国*、印度*、中国（广东*、香港*、海南*、福建*、云南*）。

（155）裂叶蒲葵（*L. decora*）：又称丝垂蒲葵。茎单生，茎干具有老叶柄基部留下的迷人的戒指状物；叶掌状深裂，裂片非常薄，像丝带一样下垂，形成特别的、像泪线一样的景观；花序悬垂，黄色，也颇具观赏价值；果实成熟时黑色，有光泽。分布于澳大利亚、中国（福建*）。

（156）昆士兰蒲葵（*L. drudei*）：茎单生，有环纹，由红棕色转变成灰色；叶掌状，亮绿色，规则性深裂到一半，裂片 60% 的顶端下垂，非常特别；花序不分枝，花朵呈奶油色至黄色；果实球形至梨形，成熟时呈半光泽紫黑色。分布于澳大利亚、泰国*、中国（广东*）。

（157）矮蒲葵（*L. humilis*）：又称袖珍矮葵。叶掌状，深裂达一半；裂片劲直，尾部二裂，多少有点下垂；叶柄顶部有锯齿，亮褐色；果实卵球形，成熟时黑色。分布于澳大利亚、泰国*、中国（广东*）。

（158）印度蒲葵（*L. jenkinsiana*）：又称杰钦氏蒲葵、美丽蒲葵、香蒲葵。茎单生；叶大型，叶片外观为 3/4 圆形或近圆形，掌状叶深裂，裂片长线状，叶面深绿色，背面稍苍白，株形优美；果实球形，成熟时铜蓝色。分布于印度、缅甸、泰国、印度尼西亚、中国（广东*、云南*、福建*）。

（159）红叶蒲葵（*L. mariae*）：又称红蒲葵、旱生蒲葵、马利蒲葵。茎单生，茎干直立；叶掌状，叶面绿色，叶背苍白色，幼株的叶和叶柄带有淡淡的紫红色，株形优美，漂亮迷人；果实球形，成熟时呈有光泽的黑褐色。分布于澳大利亚、德国*、中国（广东*、云南*、福建*）。

（160）密叶蒲葵（*L. muelleri*）：又称茂列蒲葵、光亮蒲葵、矮生蒲葵。单生；叶掌状，叶大如扇，裂片光亮，树冠伞形，株形优美；花黄色；果实卵球形，呈粉蓝色，红黑色或蓝黑色，外果皮光滑，上有淡白色粉。分布于新几内亚、澳大利亚、印度尼西亚*、中国（云南*、广东*、福建*）。

（161）鲁宾孙蒲葵（*L. robinsoniana*）：茎单生，纤细，茎干绿色，有宽的灰色和规则的年轮环；叶掌状，扇形，大片，亮绿色，幼年时顶部下垂，扭转，叶柄光滑无刺；果实卵球形，棕褐色，内果皮壳上干后有灰白色条纹。分布于菲律宾、美国*、中国（广东*）。

（162）美丽蒲葵（*L. speciosa*）：又称香蒲葵、guo guo（D-BN）。叶掌状，扇形，折叠，裂片深裂达1/2，线状，叶面深绿色，背面稍苍白；果实椭圆形，成熟时蓝黑色、光滑；株形优美，适合庭园或寺庙栽培。分布于中国（云南、广东*、福建*）、孟加拉国、缅甸、泰国、马来西亚。

（163）维多利亚蒲葵（*L. victoriae*）：叶掌状，幼苗期呈灰绿色，叶面有褐色鳞秕，叶柄呈铜褐色，有细齿；果实卵球形，干时棕褐色。分布于澳大利亚、中国（广东*）。

（164）袖苞椰（*Manicaria saccifera*）：叶羽状，单片全缘，不分裂；花序长，总苞片如戴帽子，成熟时有细的、编织柔软的褐色苞片，最终破裂，但遗留悬挂于底下的叶中间；花非常大，玫瑰赭黄色，芳香。分布于伯利兹、中国（广东*）。

（165）玛瑙椰（*Marojejya darianii*）：又称马岛椰。叶羽状分裂，羽片常不规则合生成大的裂片，非常奇特；种子不规则椭圆形，表面有很多长条形凹槽纹，形似玛瑙条纹，棕褐色。分布于马达加斯加、中国（广东*、福建*）。

（166）中东矮棕（*Nannorrhops ritchiana*）：又称阿富汗棕、巴基斯坦棕。叶掌状深裂，蓝灰色，色彩迷人；花序大型（达2 m），比叶硕长（叶长1.2 m），甚为奇特；果实成熟时红棕色。分布于阿富汗、伊朗、巴基斯坦、伊拉克、科威特、沙特阿拉伯、巴林、卡塔尔、阿拉伯联合酋长国、阿曼、也门、美国*、中国（广东*、福建*、云南*、江苏*）。

（167）粗穗南格槟榔（*Nenga pumila* var. *pachystachys*）：又称南亚棕。叶羽状，羽片革质，叶柄短而纤细，近基部带蓝色；花序生于冠茎下；果实球形。分布于泰国、马来西亚、印度尼西亚、中国（广东*）。

（168）矮根柱槟榔（*N. pumila* var. *pumila*）：又称矮南格椰。叶羽状全裂，羽片具1片至数片折叠；果实成熟时红色；茎干具环状叶柄（鞘）痕，有小的冠茎。分布于泰国、马来西亚、印度尼西亚、中国（广东*、福建*）。

（169）纵花椰（*Neoveitchia storckii*）：又称斯托克椰。叶羽状，全裂；羽片线状披针形，整齐地排列在同一平面上；果实宽椭圆形，成熟时淡红褐色，可食；种子宽椭圆形，表面褐色，有白色网纹。分布于斐济、美国*、中国（广东*）。

（170）肾籽椰（*Nephrosperma vanhaoutteanum*）：又称塞舌耳刺椰。叶羽状，弯拱下垂，苗期叶柄及叶轴带有橙红色，叶柄有长刺；果实球形，成熟时橙红色；茎干基部扩展，冠茎亮绿色。分布于塞舌尔群岛、美国*、中国（广东*）。

（171）银叶狐尾椰（*Normanbya normanbyi*）：又称黑孤尾椰、黑孤尾椰子、诺曼椰、昆士兰黑椰子。叶羽状，拱形，像狐狸尾巴，叶面深绿色，叶背银白色；茎干光滑较细，密布叶鞘脱落后留下的轮状叶痕，成年后变为近黑色，植株形态优美，树冠绿色浓密；果实长梨形，成熟时呈美丽的粉红色，果序红色鲜艳。分布于澳大利亚、印度*、中国（广东*、福建*、云南*）。

（172）酒果椰（*Oenocarpus bataua* var. *bataua*）：又称油果椰。茎单生，基部有大量支撑根；叶羽状，每侧88~100片，橄榄绿色，直立，形成漏斗形冠；果实细长，成熟时呈紫色。分布于巴拿马、哥伦比亚、委内瑞拉、圭亚那、巴西、玻利维亚、厄瓜多尔、秘鲁、中国（广东*）。

（173）少果酒果椰（*O. bataua* var. *oligocarpus*）：又称油杰森椰。叶羽状，叶上面多刺，背面有白粉；羽片多数，下垂；果实长圆形，成熟时黑色。分布于特立尼达和多巴哥、法属圭亚那、圭亚那、苏里南、委内瑞拉、美国*、中国（广东*、云南*）。

（174）银叶凤尾椰（*Pelagodoxa henryana*）：又称全叶椰、亨利椰子、珀拉哥椰。叶单片，大型，优美的二叉状，叶面绿色，叶背面银白色，有数条纵向脉，侧脉多数，密，直达边缘，叶上端边缘有锯齿；果实大型，似网球，具独特的疣瘤，奇特而美丽。分布于法属波利尼西亚、瓦努阿图、中国（广东*、福建*）。

（175）凤尾椰（*Phoenicophorium borsigianum*）：又称博西吉棕、凤凰刺椰。单叶，顶端二叉状，叶面凹凸不平，深绿色嵌以橙红或橙黄色斑纹；叶柄橙红色，密生黑色针刺，新奇难得；果实卵球形，成熟时红色。分布于塞舌尔、美国*、印度*、中国（海南*、广东*、福建*）。

（176）刺葵（*Phoenix loureiroi* var. *loureiroi*）：又称台湾海枣、糠椰、桃椰、台湾桃椰、台湾糠椰、小针葵。羽状叶，小叶排成4列，在叶柄上作直角状着生，下部小叶常退化成针刺状；黄色肉穗花序从叶腋抽生，金黄色，非常迷人；核果初为橙黄色，成熟后黑紫色。分布于中国（台湾、广东、广西、福建*、云南、海南、安徽*）、孟加拉国、印度、尼泊尔、缅甸、柬埔寨、泰国、越南、菲律宾。

（177）壮干刺葵（*P. loureiroi* var. *pedunculata*）：又称壮干海枣。叶羽状；种子椭圆形，大小不一，外种皮灰白色，薄如蝉翼，种皮暗褐色，表面微有凹凸、纵条纹明显；茎单生。分布于孟加拉国、印度、尼泊尔、中国（广东*）。

（178）泰国刺葵（*P. paludosa*）：又称湿生枣椰、沼泽刺葵、大刺葵。叶羽状全裂，成对聚生，并从不同方向长出，先端丝裂，基部羽片整齐地排成一平面，叶中轴基部羽片呈尖刺状；果实成熟时橙黄色。分布于缅甸、印度、柬埔寨、孟加拉国、泰国、越南、马来西亚、印度尼西亚、中国（福建*）。

（179）斯里兰卡刺葵（*P. pusilla*）：又称锡兰刺葵、锡兰海枣、斯里兰卡海枣、槟榔竹。叶坚硬，羽状全裂，羽片多数，多排成4列，灰绿色，叶柄有细长针刺；果实椭圆形，成熟时淡紫褐色；茎干暗棕色，颇有特色。分布于斯里兰卡、印度、中国（台湾*、福建*、广东*、云南*）。

（180）非洲刺葵（*P. reclinata*）：又称非洲枣椰、非洲海枣、塞内加尔刺葵。羽状叶，亮绿色，叶中轴基部羽片呈尖刺状，叶柄长，橙色；果实卵球形至椭圆形，或倒卵球形，成熟时橙色或褐色；茎丛生，纤细，覆被粗糙的老叶残基。分布于贝宁、冈比亚、加纳、几内亚比绍、几内亚、科特迪瓦、利比里亚、尼日利亚、塞内加尔、塞拉利昂、布基纳法索、中非、喀麦隆、加蓬、卢旺达、刚果（金）、厄立特里亚、埃塞俄比亚、索马里、肯尼亚、坦桑尼亚、乌干达、安哥拉、马拉维、莫桑比克、赞比亚、津巴布韦、博茨瓦纳、南非、纳米比亚、斯威士兰、科摩罗、马达加斯加、沙特阿拉伯、也门、印度*、美国*、中国（广东*、海南*、福建*、云南*）。

（181）江边刺葵（*P. roebelenii*）：又称软叶枣椰、软叶刺葵、软叶针葵、美丽针葵、凤凰葵、罗比亲王椰子、罗比亲王海枣。叶片青翠亮泽，其羽片在本属中最柔软的类别，细密而飘逸，下部羽片针形，使得叶丛圆浑紧密，叶形秀丽清雅，株形挺拔，冠形舒展；茎单生，老叶基部以一种独特的方式显出（如钉子）；叶片是良好的插花配材。分布于中国（云南、广东*、海南*、广西*、福建*、四川*、贵州*、浙江*、安徽*、山东*）、缅甸、越南、老挝、印度*。

（182）岩枣椰（*P. rupicola*）：又称岩海枣、长叶葵。叶羽状，扁平，长约3 m，有时叶子扭曲，垂直于地面，羽片深橄榄色至有光泽的祖母绿色，柔软且整齐排列，质感软而细，下部叶片多少下垂；果实长椭圆形，未成熟时黄色，成熟时紫褐色；植于水体边，交相辉映，亮丽迷人。分布于印度、不丹、中国（云南*、广东*、海南*、福建*）。

（183）红柄椰（*Pholidostachys pulchra*）：又称丽椰。叶羽状，羽片宽，不规则排列，叶柄被毛，新柄青铜橘色；花序腋生，下垂；茎单生，叶冠在老秆上半球形，在新秆上羽毛球形。分布于哥斯达黎加、尼加拉瓜、巴拿马、哥伦比亚、美国*、中国（广东*）。

（184）厄瓜多尔象牙椰（*Phytelephas aequatorialis*）：羽状叶，叶片长；果实为巨大的棕色锥形果实，与葡萄柚大小近似。分布于厄瓜多尔、中国（云南*）。

（185）红冠山槟榔（*Pinanga caesia*）：叶羽状全裂，叶面有多数黄斑；叶脉凸出；叶鞘淡红或红褐色；花序轴红色；果实成熟时红色。分布于印度尼西亚、泰国*、中国(广东*、福建*)。

(186)斑叶山槟榔(*P. maculata*)：又称斑石山槟榔。羽状全裂，羽片大小不一，斜长圆形，叶面亮绿色，有浅色斑块，背面灰绿色；叶鞘淡紫色至橙色；果实排列为3列。分布于菲律宾、美国*、中国(广东*)。

(187)伸展山槟榔(*P. patula*)：又称苏岛山槟榔。叶羽状，弓形，宽间隔；羽片暗绿色；果实成熟时鲜红色。分布于印度尼西亚、中国(广东*)。

(188)燕尾山槟榔(*P. sinii*)：又称瑶山山槟榔。叶羽状全裂，羽片先端长尾尖，顶端1对羽片上端斜截形，有三角状齿裂；果实椭圆形或卵圆形，成熟时红色；茎丛生，有褐色斑纹。分布于中国广东、广西、云南。

(189)彩叶山槟榔(*P. veitchii*)：二叉状羽状叶，羽状脉显著、整齐排列，叶身淡绿色，沿叶轴、叶缘具咖啡色的斑纹；叶色奇异，适合做盆栽。分布于印度尼西亚、马来西亚、文莱、中国(东南)。

(190)高地钩叶藤(*Plectocomia himalayana*)：又称 ha ji (H)。叶鞘上具整齐的成斜列篦齿状的针刺；果实球形，淡黄褐色及带发亮的淡黑色；叶羽状全裂，两面绿色，2~3 片成组排列，顶端具丝状尖。分布于中国(云南、广东*)、不丹、印度、尼泊尔、老挝、泰国。

(191)小钩叶藤(*P. microstachys*)：又称小穗钩叶藤。羽片丛生，指向不同方向，稀整齐排列，羽片较小，披针形或长圆状披针形，背面被白粉；球形至椭圆形，鳞片呈褐色，具流苏。分布于中国海南、广西、广东*、福建*。

(192)钩叶藤(*P. pierreana*)：又称猪屎藤、wai lao (D-BN)、guai (JN)。羽片丛生，指向不同方向，稀整齐排列，背面被白色微柔毛。分布于中国(云南、广东*)、柬埔寨、老挝、泰国、越南。

(193)阔羽椰(*Ponapea hentyi*)：又称阔羽棕。茎单生，纤细；叶羽状分裂，羽片宽三角状，顶端斜有锯齿，整齐排列于叶轴上，拱形，美丽迷人；果实成熟时红色。分布于巴布亚新几内亚、中国(云南*、福建*)。

(194)加罗林阔羽椰(*P. ledermannianum*)：又称石坛椰、加罗林皱籽椰、波那佩椰子。叶片羽状，叶柄明显弯曲下垂，具刺，叶片蓝绿色；果实椭圆形，成熟时黄至红色；形态优美。分布于加罗林群岛、中国(云南*)。

(195)夏威夷金棕(*Pritchardia hillebrandii*)：又称夏威夷桐、希氏太平洋棕。叶掌状深裂，上面蓝绿色，背面及叶柄灰白色；花黄色；果实圆形，成熟时淡黑褐色。分布于美国、中国(广东*、福建*)。

(196)夏威夷葵(*P. maideniana*)：又称夏威夷太平洋棕。叶掌状深裂，亮绿色，老时黄绿色；花橙色；果实成熟时淡褐色。分布于美国、澳大利亚*、中国

（广东*）。

（197）金棕（*P. schattaueri*）：叶掌状圆形，呈有光泽的绿色，裂片顶端下垂；果实球形，成熟时黑褐色，有褐色的斑点。分布于美国、中国（广东*）。

（198）巴提射叶椰（*Ptychosperma burretianum*）：又称巴提青棕。叶羽状，羽片呈宽大的鱼尾状，几乎呈薄翼片样子，新叶粉红色；茎丛生，茎冠银绿色至白色；果实成熟时深橘色。分布于新几内亚、泰国*、中国（广东*、福建*）。

（199）昆奈射叶椰（*P. cuneatum*）：又称昆奈青棕。叶羽状，羽片披针形，尾端截形；花序生于冠茎下；果实椭圆形，有小喙，成熟时呈红色。分布于新几内亚、中国（福建*）。

（200）小果射叶椰（*P. microcarpum*）：又称小果皱籽椰。叶羽状全裂，羽片簇生，亮绿色，先端截形，一侧具尾尖；花序生于冠茎下，红色；果实椭圆形，成熟时红色，株形美观。分布于新几内亚、美国*、中国（广东*、福建*、云南*）。

（201）尼氏射叶椰（*P. nicolai*）：又称尼氏皱籽椰、尼古拉射叶椰。似青棕，但叶片上的小羽片常不超过 6.6 cm，并有个非常凸起的中脉；幼叶和佛焰苞覆盖花柄；花紫色。分布于新几内亚、中国（广东*）。

（202）所罗门射叶椰（*P. salomonense*）：又称所罗门皱籽椰、所罗门射杆椰、所罗门皱子棕。羽状全裂，羽片长线形，先端截形；幼叶叶鞘覆被白色的、茸毛状鳞片；果实成熟时亮红色，株形优美洒脱。分布于所罗门群岛、新几内亚、美国*、中国（广东*）。

（203）多羽射叶椰（*P. sanderiana*）：又称多羽皱籽椰、新几内亚射叶椰、新几内亚绒子棕。叶羽状，羽片 40~50 对，排列规则，顶端具 V 形凹痕；花序上密生黑褐色鳞片；果实成熟时橘色至红色。分布于新几内亚、美国*、印度*、中国（广东*、福建*）。

（204）威提亚射叶椰（*P. waitianum*）：又称威提亚皱籽椰。叶羽状，羽片亮绿色，宽楔形，沿叶轴上长，但顶端的丛生，幼叶红色；花红色，具有紧密的鳞片；果实成熟时黑色。分布于新几内亚、泰国*、中国（广东*）。

（205）南非酒椰（*Raphia australis*）：又称南方酒椰。羽状叶长达 18 m，羽片深绿色至蓝绿色，规则地排成 2 列，着生于叶轴不同方向，叶柄橙色；花序直立。分布于莫桑比克、南非、中国（云南*、海南*）。

（206）粉酒椰（*R. farinifera*）：又称东非酒椰、粉叶象鼻棕。茎干高仅 3 m，而叶片长达 18 m，指向上长，形成美丽的叶丛；叶羽状，羽片广披针形，中央部分的为双生，中肋及边缘有刺，鞘与叶柄带红色；果实倒圆锥形或椭圆形，较大（8 cm），覆被棕色的覆瓦状鳞片。分布于贝宁、布基纳法索、冈比亚、加纳、几内亚比绍、科特迪瓦、尼日利亚、塞内加尔、塞拉利昂、多哥、喀麦隆、肯尼亚、坦桑尼亚、乌干达、安哥拉、马拉维、莫桑比克、赞比亚、津巴布韦、毛里求斯、马达加斯加、塞舌尔、印度尼西亚*、中国(广东*、云南*)。

（207）王酒椰(*R. regalis*)：又称王拉菲亚椰。世界上至今所发现最长的叶，羽状叶长达 25 m(25.11 m，叶柄长近 1/3)，加之几乎无茎或具短的茎干，花序直立生于顶端，甚为奇特；果实有一个长而尖的顶端喙，呈深棕色，有光泽。分布于尼日利亚、安哥拉、喀麦隆、加蓬、刚果(金)、安哥拉、中国(广东*、云南*)。

（208）苏丹酒椰(*R. sudanica*)：幼叶具有明显的黄色至橘色叶轴，羽片的叶脉和边缘具有紧密的刺；果实具大的顶，成熟时黑棕色。分布于贝宁、布基纳法索、冈比亚、加纳、几内亚、科特迪瓦、马里、尼日利亚、尼日尔、塞内加尔、塞拉利昂、多哥、喀麦隆、中国(广东*)。

（209）南美酒椰(*R. taedigera*)：又称美洲酒椰、亚马孙酒椰。茎单生，植株与地面间有长 1 m 的气生根；叶羽状，长 12~20 m，直立且向上长，顶端弓形，羽片羽毛状排列；果实椭圆形，有覆瓦状鳞片，亮棕色。分布于尼日利亚、喀麦隆、哥斯达黎加、尼加拉瓜、巴拿马、哥伦比亚、巴西、美国*、中国(广东*)。

（210）银叶国王椰(*Ravenea glauca*)：又称银叶椰子、银白国王椰、银叶溪棕、银色国王椰子。叶羽状全裂，羽片多数，劲直，密集着生，叶中轴与羽片中肋背面有银白色绵毛；叶柄粗短，有灰白色鳞秕；茎单生，基部膨大，有环纹。分布于马达加斯加、泰国*、中国(广东*)。

（211）国王椰(*R. rivularis*)：又称国王椰子、佛竹、密节竹、溪棕。叶片翠绿，排列整齐；羽状叶似羽毛，羽叶浓密而伸展，飘逸而轻盈；茎干粗壮，茎部光洁，树形优美；果实圆形，成熟时红色。分布于马达加斯加、中国(云南*、广东*、海南*、台湾*、福建*、贵州*)。

（212）窗孔椰(*Reinhardtia gracilis* var. *gracilis*)：又称美兰葵、窗孔椰子。羽状叶，羽片楔形，叶基沿主脉两侧有小孔洞，叶形奇特，株形小巧玲珑；花序分枝绿色，成熟时呈鲜艳红色，着生白色小花；果实长圆形，成熟时黑色。分布于伯利兹、危地马拉、洪都拉斯、尼加拉瓜、墨西哥*、中国(广东*、海南*、福建*)。

（213）具喙窗孔椰(*R. gracilis* var. *rostrata*)：又称具嘴窗孔椰。叶片在叶轴两侧各有 11~15 条叶脉；果实有一肿起。分布于哥斯达黎加、尼加拉瓜、美国*、中国(广东*)。

（214）宽叶窗孔椰(*R. latisecta*)：又称阔羽窗孔椰、宽裂叶美兰葵、莱茵棕、莱茵窗孔椰。叶羽状，顶生两片末端有小齿，非常宽大，侧面羽片近叶轴处叶脉间有小空隙间隔，羽片形态多样；果实倒卵形，成熟时由鲜红色转褐色。分布于伯利兹、哥斯达黎加、洪都拉斯、尼加拉瓜、中国(广东*)。

（215）单叶窗孔椰(*R. simplex*)：叶羽状，呈单片，上面深绿色，背面亮绿色，不分裂或分裂为 3 个羽片，顶端一个较大，先端有尖齿或浅缺，叶柄细长；果实倒卵形，成熟时黑紫色。分布于哥斯达黎加、洪都拉斯、尼加拉瓜、巴拿马、哥伦比亚、美国*、中国(广东*)。

(216)棕竹(*Rhapis excelsa*)：著名观叶棕榈植物。见 4.6.3。

(217)细棕竹(*R. gracilis*)：叶指状或半圆形，深裂，裂片 2~4 片，长椭圆状披针形；果实球形，果实皮薄，成熟时棕色；茎丛生，叶鞘覆被褐色网状纤维。分布于中国广东、海南、广西、贵州、福建*。

(218)矮棕竹(*R. humilis* var. *humilis*)：又称细棕竹、细叶棕竹、小棕竹、观音棕竹、纤棕竹。叶形如扇，裂片纤细，7~20 片，枝叶婆娑，柔美婉约；冠幅较大，株形优雅，密集葱绿；茎丛生，叶鞘覆被褐色网状纤维。分布于中国(云南、贵州、广西、广东*、福建*、四川*、安徽*、北京*、河北*、山东*、浙江*、江苏*)、日本、印度尼西亚、印度*。

(219)软叶棕竹(*R. humilis* var. *tenerifron*)：叶掌状扇形，裂片长条状披针形或线形，深裂达基部，边缘有细齿，叶柔软，下垂。分布于中国云南、广东*。

(220)老挝棕竹(*R. laosensis*)：又称大花棕竹。叶掌状扇形，深裂为 9 裂片，裂片披针形，基部联合，叶面光亮；小花序互生，排成金字塔形的圆锥花序，花较大，密集；茎上叶鞘纤维成网状，均等，几乎像头发一样细而柔软。分布于老挝、泰国、越南、中国(广东*、云南*)。

(221)粗棕竹(*R. robusta*)：又称龙州棕竹。叶掌状扇形，深裂成 4 枚，裂片披针形或宽披针形；花序腋生，花轴被有淡绿色秋糠状茸毛；果实卵球形，成熟时黄褐色；茎丛生，叶鞘被褐色网状纤维。分布于中国广西、广东*、福建*、云南*。

(222)薄叶棕竹(*R. subtilis*)：叶掌状深裂，有裂片 2~5 枚，基部多少有些联合，裂片阔披针形，基部变狭，顶端扩大并有小齿；戟突半月形，早期有白色茸毛，脱落后边缘薄，褐色；果实椭球形，成熟时黄色。分布于柬埔寨、泰国、老挝、印度尼西亚、中国(广东*、福建*、云南*)。

(223)新加坡垂羽椰(*Rhopaloblaste singaporensis*)：又称新加坡垂叶椰、新加坡棒椰。叶长，上端下弯，羽状全裂，羽片劲直；雄花呈白色或黄色；果实卵球形，成熟时红色；茎干具黑色环状叶柄(鞘)痕。分布于新加坡、马来西亚、美国*、印度*、中国(广东*)。

(224)百慕大菜棕(*Sabal bermudana*)：又称百慕大箬棕。叶呈扇形或近圆形，掌状半裂，裂片呈线状披针形，裂口有丝状纤维，株形优美。分布于英国、泰国*、中国(广东*)。

(225)巨菜棕(*S. causiara*)：又称巨箬棕、海地菜棕。叶掌状深裂，裂片线状披针形，劲直，裂口处有许多丝状纤维，中肋明显，两面亮绿色或蓝绿色；果序长，果实小球形，成熟时深褐色至黑褐色，往往成串生于叶冠之外；是菜棕属中最粗大的一种。分布于多米尼加、海地、背风群岛、安的列斯群岛、波多黎各、美国*、中国(广东*、福建*、云南*)。

(226)大叶菜棕(*S. domingensis*)：又称大叶箬棕、粉白箬棕、多米尼加菜棕。树体高大，叶掌状，蓝绿色，裂片长于不同的平面，叶片间具有白色的细丝；花序分枝，下垂，与叶片等长或长于叶；果实圆形。分布于古巴、多米尼加、海地、中国(云南*、广东*、福建*)。

(227)垂裂菜棕(*S. mauritiiformis*)：又称灰绿箬棕、西印度箬棕、灰绿箬。叶扇形至椭圆形，宽达 4 m，比叶柄长，上面亮绿色，下面苍白色，深裂至中肋，柔软下垂，形成优美株形；花序非常长且有分枝，超出叶片；果实球形，成熟时黑色；圆柱形茎干具明显的叶痕环。分布于墨西哥、伯利兹、哥斯达黎加、危地马拉、洪都拉斯、巴拿马、特立尼达和多巴哥、委内瑞拉、哥伦比亚、印度*、中国(云南*、广东*、海南*、福建*)。

(228)墨西哥菜棕(*S. mexicana*)：又称墨西哥箬棕、熊掌棕榈、墨西哥箬竹。叶片呈圆扇形，掌状深裂，裂片线状披针形，中肋粗且向后弯，形态优美；茎干覆有老叶柄残基；花序与叶等长或稍长，花萼杯形，果实球形。分布于美国、墨西哥、萨尔瓦多、洪都拉斯、尼加拉瓜、印度*、中国(广东*、云南*、福建*)。

(229)矮菜棕(*S. minor*)：又称萨巴棕、小菜棕、小箬棕、矮箬棕、短茎沙巴榈、细箬棕、露沙棕、露莎箬棕。树姿优美，枝叶蓝绿；叶圆扇裂，裂片丝状，老叶在叶柄尖折断，叶片悬垂如一把倒伞，颇有特色；花序基生直立，伸出叶片之外；花黄白色，螺旋着生；果实亮黑色，端庄典雅。分布于美国、墨西哥、中国(广东*、海南*、广西*、福建*、云南*)。

(230)菜棕(*S. palmetto*)：又称箬棕、白菜棕、龙鳞桐、巴尔麦棕榈、小箬棕。掌状叶深裂，中肋特别优美，叶面呈波浪形起伏；宿存叶基常中部开裂露出三角形缝隙，呈网格状；果实球形，成熟时暗灰色。分布于美国、巴哈马、古巴、印度*、中国(广东*、海南*、广西*、福建*、云南*、四川*、上海*、浙江*)。

(231)大叶蛇皮果(*Salacca magnifica*)：又称大蛇皮果。无茎丛生，叶片巨大，不分裂，线状倒卵形，顶端二叉，具深沟纹，叶面亮绿色，背面是美丽的银绿色至白色，扩张直立稍微弓呈 V 形，叶柄和叶轴具长刺；果实豌豆形，成熟时深玫瑰色至黄棕色。分布于婆罗洲、中国(广东*)。

(232)单心棕(*Schippia concolor*)：又称康科罗棕、洪都拉斯棕、单雌棕。叶掌状深裂，裂片披针形，先端下垂，叶鞘基部扯裂，有密的茸毛及散乱的厚纤维，背面有鳞片；花序较长，花螺旋状排列；果实成熟时白色，株形美观。分布于伯利兹、危地马拉、洪都拉斯、美国＊、中国(云南＊、广东＊)。

(233)锯齿棕(*Serenoa repens*)：又称锯箬棕、锯叶棕、锯棕。植株矮小且丛生；叶片扇形，掌状深裂，裂片先端二裂，叶片颜色多样，从暗淡的浅灰绿色到纯绿色，到几乎纯银或蓝银色不等，美丽迷人，叶片僵硬直立于齿状的叶柄上，形成一个浓密的屏障。分布于美国、泰国＊、印度＊、中国(广东＊、海南＊、福建＊、台湾＊、云南＊)。

(234)萨氏高跷椰(*Socratea salazarii*)：又称秘鲁高跷椰。叶羽状，叶片生长于两个平面，形成羽毛状叶，顶端的一对叶片宽大。分布于秘鲁、玻利维亚、巴西(北部)、美国＊、中国(广东＊)。

(235)马提尼榈(*Syagrus amara*)：又称马提尼棕、马提尼榈、马提尼西亚椰子、马提尼西雅椰子、苦味女王椰子、凤尾棕。叶羽状全裂，有羽片 30 对，羽片墨绿色，排列紧密甚至丛生，生于叶轴同一平面，形成羽毛状叶，下垂；果实卵圆形，成熟时橙色，成丛。分布于法属背风群岛、特立尼达和多巴哥＊、法属向风群岛、美国＊、中国(云南＊、广东＊)。

(236)丛毛皇后椰(*S. comosa*)：又称毛西雅椰子。叶羽状全裂，弓形，暗绿色至深银绿色，羽片簇生于叶轴上；果实卵球形或球形，有奶油色褐斑，成熟时深黄绿色；茎单生，老秆覆被有三角状的紧密的叶基。分布于巴西、美国＊、中国(广东＊)。

(237)五列金山椰(*S. coronata*)：又称五列皇后椰、旋叶凤尾棕、西雅棕、五列叶椰、西雅椰子、毛西雅椰子。叶片自然排成 5 列，优雅而不失端庄；宿存的排成 5 列的叶基，则给植株增添了几分威武；叶背因具蜡质而呈银白色。分布于巴西、中国(广东＊、云南＊、福建)。

(238)大果皇后椰(*S. macrocarpa*)：又称纤叶棕。叶羽状，拱形，形成圆形叶冠，羽片成组排列成几列，叶柄及叶轴覆被白色茸毛，特别是幼叶时明显；果实近球形或倒卵球形，较大。分布于巴西、澳大利亚＊、中国(广东＊、云南＊)。

(239)菜皇后椰(*S. oleracea*)：又称药用西雅椰子。叶羽状，羽片簇生，羽片末端长尖，形成 V 形、羽毛状叶；果实球形，成熟时亮橙色；老秆几乎白色。分布于巴西、巴拉圭、美国＊、中国(广东＊)。

(240)凤尾皇后椰(*S. weddelliana*)：又称凤尾棕、凤尾榈、穴棕、韦氏裂果椰、凤尾椰子、钻石椰子、迷你椰、裂果椰、小穴椰子。叶羽状全裂，于叶轴两侧近等距排列成同一平面，叶面亮绿色，叶背银灰色，青翠亮泽，柔软纤细，下垂飘逸，形似凤尾，娇小、秀丽而精致；果实卵形至椭圆形，成熟时棕色。分布于巴西、澳大利亚＊、中国(广东＊、云南＊、福建＊、北京＊)。

（241）聚花椰（*Synechanthus fibrosus*）：又称纤根巧椰。叶羽状，长 2 m，直立或弓形，绿色；羽片披针形，疏散的 2~4 片成 1 簇；果球形或椭圆形，成熟时黄到橙色。分布于墨西哥、伯利兹、哥斯达黎加、危地马拉、洪都拉斯、尼加拉瓜、罗马尼亚*、美国*、中国（广东*）。

（242）龙棕（*Trachycarpus nanus*）：无茎，叶簇生于地面，叶片形状如棕榈叶，但较小且更深裂，裂片为线状披针形，叶面绿色，叶背面苍白色，树形美观，是优良的盆栽植物。分布于中国云南、贵州、四川*、福建*、江苏*、北京*。

（243）贡山棕榈（*T. princeps*）：又称怒江棕榈。叶片呈半圆至 3/4 圆形，整齐地分裂至叶片长度的中部，叶面暗绿色，叶背面蜡白色；果实具短梗，略呈肾形至卵形，成熟时黑色带蜡白粉；树形优美。分布于中国云南。

（244）维提蜡轴椰（*Veitchia vitiensis*）：又称斐济圣诞椰、韦弟蜡轴椰、斐济圣诞椰。叶羽状，全裂，强烈弓形，形成美丽的、圆形的冠茎；花序生于冠茎下，花淡绿色；果实近球形，成熟时红色至橘色；茎单生，有环纹。分布于瓦努阿图、中国（台湾*、广东*）。

（245）琴叶瓦理棕（*Wallichia caryotoides*）：又称琴叶椰、云南瓦理棕、泰国瓦理棕。叶羽状全裂，羽片楔状长圆形，浅裂，或两侧具深波状裂片，似提琴状，顶端羽片宽楔形，上面绿色，背面稍白色，非常独特，株形洒脱。分布于中国（云南、福建*、广东*）、孟加拉国、尼泊尔、缅甸、印度尼西亚*。

（246）二列瓦理棕（*W. disticha*）：又称二列琴叶椰、二列小堇棕。叶羽状，呈 2 列互生于茎上，生长在一个平面上，从侧面呈现平坦的外观，是真正的二维树之一，羽片斜四边形至长圆形，叶面绿色，背面银白色，2~5 片聚生于叶轴的两侧；叶柄密被褐色秕糠，叶鞘背面被褐色秕糠；果实长球形，成熟时淡红色。分布于中国（云南、西藏、广东*、海南*、福建*）、印度、孟加拉国、尼泊尔、缅甸、泰国、新加坡*。

（247）瓦理棕（*W. gracilis*）：又称小瓦理椰、琴叶椰、小堇棕、纤细瓦理棕。叶羽状，羽片楔形，薄，有皱纹，上面绿色，背面银白色；果实卵形到椭圆形，成熟时红色，结果密集成群。分布于中国（云南、广西、湖南、广东*、福建*）、越南。

（248）密花瓦理棕（*W. oblongifolia*）：又称密花琴叶椰、密花小堇棕。茎很短或几无茎；叶羽状，羽片互生或在叶轴下部呈 2~4 片聚生，羽片呈线状矩圆形或长圆形，形似鱼尾，叶面浓绿色，背面银白色，锯齿状的尖端和边缘，中脉粗壮，褐色；叶柄及叶轴粗壮，被褐色鳞秕；叶鞘被鳞秕和柔毛；果实长球形，成熟时紫红色。分布于中国（云南、福建*、广东*、海南*）、印度、孟加拉国、尼泊尔、不丹、缅甸。

（249）杏果椰（*Welfia regia*）：又称哥斯达黎加羽叶椰。叶羽状，弯拱，羽片约有 150 对，下垂，羽片呈发亮的绿色，背面淡白色；果实卵球形，杏仁状，成熟时深紫罗兰色。分布于哥斯达黎加、洪都拉斯、尼加拉瓜、巴拿马、哥伦比亚、厄瓜多尔、中国（广东*）。

（250）狐尾椰（*Wodyetia bifurcata*）：又称狐狸椰子、二枝棕、孤尾椰子、狐尾棕。叶如狐尾（羽片多数，紧密排列于不同平面，酷似狐狸的尾巴而名），优雅拱形，浓密如伞；茎单生，茎干细长而具紧密的环痕，柱状到稍微瓶状，加之细长的冠茎、洁白的花色以及大簇橙红色的果实，在不同时期都具有极高的观赏价值。分布于澳大利亚（昆士兰北部）、泰国*、缅甸*、印度尼西亚*、苏里南*、中国（广东*、广西*、海南*、福建*、云南*、重庆*、湖北*、上海*、江苏*、北京*）。

4.3　观花棕榈植物

很少有其他的植物花序，在数量上可与棕榈植物花序一较高低。贝叶棕顶生 2 000 多万小花所组成的大型花序居于一树，花序高可达 7 m，成就了世界上最大花序的美誉。长穗棕（*Brahea armata*）花序下垂达 6 m，彰显了极高的观赏价值。

棕榈植物花序、花朵色彩鲜艳、美轮美奂。紫苞冻椰的紫色花序，金线棕、鱼尾椰等金黄色花序，开花时散落在地上的金黄色的花粉，能把地面装饰一新。钩叶藤属的花序轴苞片于花序轴上相当整齐地排成 2 列，似人工特制，形态优美。香桄榔、桄榔、阔叶亚山槟榔等更是绚丽多彩（图 4-10 ~ 图 4-12）。

（a）

（b）

图 4-10　香桄榔

图 4-11　桄榔

图 4-12　阔叶亚山槟榔

某些棕榈植物具有特别观赏价值的花或者花序：

（1）香桄榔（*Arenga engleri*）：又称山棕、散尾棕、矮桄榔、矮桃榔、白榄王、恩氏桄榔、米斗、香棕、散尾南椰。茎丛生；花序硕大，花期长达 1~2 个月，花色橘黄色或橙色，十分艳丽，花香四溢，散发出类似丹桂般芳香的气味；果穗较大，果序成串指向不同方向，形成圆球形，挂果时间长，果实色彩鲜艳，初时橙黄色，逐渐转红色；叶羽状，叶面深绿色，背面银灰色，叶裂片交错如梳，姿形秀美，株群密集，是良好的观花、观果和观叶棕榈。分布于中国（福建、台湾、西藏、广东*、海南*、广西*、云南*、四川*、重庆*、浙江*、上海*、江苏*、河南*、北京*）、琉球群岛、印度尼西亚*。

（2）紫苞冻椰（*Butia eriospatha*）：又称毛冻椰、棉包椰。茎单生；叶羽状，叶形如弓，鞘状叶基部覆盖着浓郁的褐色茸毛；花序梗苞片为淡紫红色，小花为深紫红色，奇特而美丽，株形优美适中；果实球形，成熟时橙黄色。分布于巴西、日本*、中国（广东*、海南*、福建*、云南*、上海*）。

（3）穗状隐萼椰（*Calyptrocalyx spicatus*）：又称马鲁古隐萼椰、帽萼棕。茎单生，茎干浅褐色，具有美丽、深色叶痕环，直立如剑而纤细；穗状果序极大、特长（长达 3 m 多），红色，非常迷人；羽状叶，具有狭窄、长矛状、深绿色、下垂的羽片，亦美丽迷人；果实圆形，成熟时亮红色，美丽动人。分布于印度尼西亚、中国（海南*）。

（4）单穗鱼尾葵（*Caryota monostachya*）：又称单穗鱼尾椰。茎丛生；单穗花序从叶腋抽生，下垂；果序雅致美观，果实球形，成熟时紫红色；叶片羽状全

120

裂，羽片宽楔形。分布于中国（广东、广西、海南、云南、贵州、福建*、江苏*）、印度、缅甸、越南、老挝。

（5）丛生鱼尾葵（*C. sympetala*）：又称越南鱼尾葵。茎丛生；花序短，具密集穗状的分枝花序；果实球形，成熟时呈紫红色；茎绿色；叶羽片淡绿色。分布于老挝、越南、中国（云南*、广东*）。

（6）矮贝叶棕（*Corypha taliera*）：又称孟加拉贝叶棕。花序顶生，长达 9 m，开花时花序分枝高出叶面，有花数百万朵，非常奇特；果实绿黄色。分布于印度、孟加拉国、缅甸、中国（广东*、福建*）。

（7）贝叶棕（*C. umbraculifera*）：又称吕宋糖棕、行李叶椰子、贝叶、团扇葵、锡兰行李叶椰子、行李棕、贝叶树、思惟树、贝多罗树、guolang（D-BN）。世界上花序最大的种类，花序长达 7 m，一树小花达 2 000 多万朵，花小乳白色，开花时壮观美丽；树冠像一把巨伞，叶片像手掌一样散开，体形巨大雄伟、笔直浑圆，给人以庄重、充满活力的感觉；叶基残存，呈巨鳞状包被茎干，气质高贵典雅。详见第 8 章。

（8）马亚根锥椰（*Gaussia maya*）：又称马椰棕、马氏加西亚椰、石崖椰。茎单生，叶羽状；花终年开放，同一茎上有不同时期开放的黄色、黄绿色花序和红色的果实，美丽迷人。分布于墨西哥、伯利兹、危地马拉、美国*、中国（广东*、福建*）。

（9）摩鹿加水柱椰（*Hydriastele beguinii*）：又称合被槟榔、摩鹿加椰。茎单生；叶羽状，羽片楔形，不规则排列，幼树为单叶，叶片全缘，叶面灰绿色，背面暗绿色，叶柄短，上面有槽沟，基部叶鞘抱茎形成冠茎；花序生于冠茎下，花序柄及分枝白色，形似长长的麦穗、多条下垂，花奶油白色；果实椭圆形，成熟时淡红色；多条下垂的乳白色花序加之红色果序共存，非常迷人。分布于印度尼西亚、美国*、中国（广东*）。

（10）大籽蒲葵（*Livistona alfredii*）：又称阿尔弗蒲葵。茎单生，深灰色或棕色，叶鞘基存留上部，叶冠密集、圆形；叶掌状，青绿色至蓝绿色，裂片深至叶片一半，叶柄粉棕色；成丛花朵呈奶油色至黄色，花期特长（9—11 月），具有极高观花价值；果实圆形，成熟时红褐色到黑色。分布于澳大利亚、中国（广东*）。

（11）垂裂蒲葵（*L. decipiens*）：又称裂叶蒲葵、银环圆叶蒲葵。茎单生，茎干具显著的近白色环状叶痕；叶掌状，裂片长而下垂；花序分枝多，花单生或 2~6 朵簇生，亮黄色，美丽迷人；果实球形，成熟时亮黑色，结实后下垂，株形优美。分布于澳大利亚、菲律宾、印度尼西亚*、印度*、中国（福建*、广东*、海南*）。

（12）伊氏蒲葵（*L. eastonii*）：又称西澳蒲葵。茎单生；叶掌状，深裂达一半，裂片劲直，尾部二裂，多少有点下垂；叶柄顶部有锯齿，亮褐色；花序特长，延伸到叶冠部以外，花呈奶油色/淡黄色，具有较高的观花价值；果实卵球形，成熟时黑色，是鹦鹉最爱的食品。分布于澳大利亚、中国（广东*）。

（13）无刺蒲葵（*L. inermis*）：茎单生，纤细，吊挂，有枯叶，树冠稀疏；叶掌状，非常狭窄，叶片间分得很开，裂片灰绿色；花序不分枝，长不超过叶冠，花白色到奶油色，开花时节，近满树白花，非常漂亮迷人。分布于澳大利亚、印度尼西亚*、泰国*、美国*、中国（广东*）。

（14）杜氏金棕（*Pritchardia thurstonii*）：花序 3 m 多长，悬挂于叶冠下，顶生大团、多分枝的黄色花朵，非常美丽迷人；果实卵球形至圆形，暗红色茎；茎单生，纤细，亮棕色至深灰色，有环纹；叶掌状，亮绿色，叶柄被灰色至白色皮屑和蜡质。分布于斐济、中国（广东*）。

（15）苏丹酒椰（*Raphia sudanica*）：幼叶具有明显的黄色至橘色叶轴，羽片的叶脉和边缘具有紧密的刺；果实具大的顶，成熟时黑棕色。分布于贝宁、布基纳法索、冈比亚、加纳、几内亚、科特迪瓦、马里、尼日利亚、尼日尔、塞内加尔、塞拉利昂、多哥、喀麦隆、中国（广东*）。

4.4 观果棕榈植物

棕榈植物果主要为浆果或核果，形状各异，有球形、圆形、菱形等；色泽多彩，有红、黑、黄、绿等，显现出极高的观赏价值（图 4-13）。

棕榈植物果实五颜六色，各领风骚。红果轴榈果为红色，皇后椰果为橙色，橙槟榔果为黄色，大叶蒲葵果为蓝色，软叶枣椰果为紫黑色，垂裂蒲葵果为黑

（a）加那利海枣　　　　　　　　　　　（b）圣诞椰

图 4-13　美丽的棕榈植物果实

色，白果棕的果为白色。星果椰果实为橙色或黄绿色，密布长刺；云南省藤果实新鲜时橙红色，干时红褐色，边缘具啮蚀状的浅黄褐色带，美丽迷人；滇南省藤果实黄褐色，果序长长一串，似珍珠悬垂；盈江省藤果实球形至椭圆形，较大，乳白色至肉桂褐色，顶端暗色，颇具观赏价值。

棕榈植物果实大小不一，引人注目。巨籽棕果达 45 cm × 30 cm × 22.5 cm，椰子果直径约 20 cm，糖棕果直径为 15~20 cm，非洲糖棕果直径为 10 cm。大型果实醒目耀眼，色彩缤纷，即使在远处也能看到。此外，这些果几乎紧贴着茎干，故不会对行人造成伤害。

大型果序、彩色果梗、各式果形，构成了棕榈植物世界多彩多样的景观特色。圣诞椰果实仅长 3 cm，但串串鲜红的果实相当耀眼，加之圣诞时节成熟美艳，增添了圣诞的快乐；麦氏皱籽椰的果尽管不大，但一二十个果序形成的丛生花穗，彰显了果实的大家风采；大钩叶藤果实被发亮的棕褐色鳞片包裹，非常奇特。总之，棕榈植物世界各式各样、各领风骚的果实，为人类美好的生活增添了不少彩色的元素。

果实用于观赏的棕榈植物包括以下种类：

（1）圣诞椰（*Adonidia merrillii*）：又称圣诞椰子、马尼拉椰子。茎单生；一簇簇明亮的、有光泽的红色果实，刚好在圣诞节时成熟，增添了节日的热烈气氛；叶羽状，羽片向上伸展而先端下垂，十几片弯曲的叶子下有一个短的、绿色、基部略微肿胀的冠茎，形成了独特而极为优美树冠，较低的羽片具有突出的、细长的缰绳；茎干通直平滑，密集轮纹明显。分布于科摩罗、婆罗洲岛、菲律宾、库克群岛、多米尼加、海地、法属背风群岛、波多黎各、特立尼达和多巴哥、苏里南*、中国（广东*、海南*、福建*、云南*）。

（2）星果椰（*Astrocaryum aculeatum*）：又称星果棕、刺皮星果椰、刺皮星果刺椰子、皮刺星棕、棘刺星果椰子。果实橙色或黄绿色，密布长刺，内果皮具特别明显的星状纹路；叶羽状，羽片成簇排列于叶轴上而呈多个平面，叶柄、叶轴、中肋均具刺；茎干密被黑色长刺。分布于特立尼达和多巴哥、法属圭亚那、圭亚那、苏里南、委内瑞拉、玻利维亚、哥伦比亚、巴西、印度尼西亚*、中国（广东*、福建*）。

（3）墨西哥星果椰（*A. mexicanum*）：又称墨西哥果桐。茎单生；果实球形，成簇，具黑刺；叶羽状，叶长近 1 m，羽片整齐排列，墨绿色闪闪发亮，背面白色，叶柄有刺。分布于墨西哥湾、墨西哥、伯利兹、萨尔瓦多、危地马拉、洪都拉斯、尼加拉瓜、美国*、中国（广东*、云南*）。

（4）墨西哥桃棕（*Bactris mexicana*）：又称墨西哥桃桐、墨西哥桃果桐、墨西哥桃果椰子、墨西哥栗椰。茎单生或丛生，但多丛生，多刺；叶羽状全裂，羽片多数，羽毛状，背面苍白色，中轴具多数细长的黑刺；多达 12~36 的小花轴(长 8~16 cm)形成大串的花序；果序多而大，果实卵圆形，成熟时橘色，是极好的观果植物。分布于墨西哥、伯利兹、危地马拉、洪都拉斯、尼加拉瓜、中国(广东*、福建*、香港*)。

(5)云南省藤(*Calamus acanthospathus*)：又称刺苞省藤、缅甸省藤、墨脱省藤、密花省藤、屏边省藤、lei (H)、lei lei niu (H)、lei lei xiu (H)、lei bo lei (H)、a ri pun (JP)、weng (Z)。茎攀缘；果实椭圆形至近球形，新鲜时橙红色，干时红褐色，边缘具啮蚀状的浅黄褐色带，成串迷人；藤茎细而具密刺，羽片椭圆状披针形或倒披针形。分布于中国(云南、西藏、广东*)、不丹、印度、缅甸、老挝、尼泊尔、泰国、越南。

(6)桂南省藤(*C. austro-guangxiensis*)：又称上思省藤、长果省藤。茎攀缘；果实卵球形或椭圆形，草黄色，具一定观赏价值。分布于中国广西、广东。

(7)小白藤(*C. balansaeanus*)：又称小糯藤。茎攀缘；叶羽状，羽片 25~28 片，不整齐地每 3~4 片或更多片靠近成组排列；果实草黄色，成串迷人。分布于中国广西、广东*、云南*。

(8)土藤(*C. beccarii*)：又称台湾水藤、水藤。茎攀缘；叶羽状，羽片 30~62 片，等距排列；果球形至椭圆形，鳞片具流苏，黄棕色，漂亮迷人。分布于中国台湾。

(9)短轴省藤(*C. compsostachys*)：茎攀缘；果实草黄色，成串迷人。分布于中国广东、广西、云南*。

(10)电白省藤(*C. dianbaiensis*)：又称广西省藤、阳春省藤。茎攀缘；叶羽状，羽片 25~28 片，不整齐地每 3~4 片或更多片靠近成组排列；果实草黄色，成串迷人。分布于中国广东、广西。

(11)短叶省藤(*C. egregius*)：又称厘藤。茎攀缘；果实草黄色，叶片短，具较好的观赏价值。分布于中国海南、广东*。

(12)直立省藤(*C. erectus*)：又称滇缅省藤、he wai long (D-DH)、he wai wan (D-DH)。茎直立；花序、果序较大，果实椭圆形或卵状椭圆形，红褐色；叶鞘在腹面张开(不完全的管状)，具密集而不整齐的近成列的长刺；直立藤类，可作为绿篱栽培。分布于中国(云南、广东*)、孟加拉国、不丹、印度、尼泊尔、缅甸、老挝、泰国。

(13)长鞭藤(*C. flagellum* var. *flagellum*)：又称黑鳞秕藤、wai xi mi (D-BN)、ye (JN)、sou lou (H)。茎攀缘；叶羽状，羽片等距或近等距排列；果实较大，淡黄色至淡棕色，成串观赏。分布于中国(云南、西藏、广西、广东*)、孟加拉国、不丹、尼泊尔、印度、缅甸、老挝、泰国、越南。

（14）勐腊鞭藤（*C. flagellum* var. *karinensis*）：又称 wai xi mi（D-BN）、ye（JN）。茎攀缘；叶羽状，羽片等距排列；果序成串，果实阔卵圆形或近球形，成熟时淡黄色或草黄色，观赏价值高。分布于中国（云南、广东*）、缅甸。

（15）台湾水藤（*C. formosanus*）：又称五脉刚毛省藤、阔叶省藤、假黄藤、台湾省藤。茎攀缘；叶羽状，羽片成组整齐排列；果实椭圆形，淡褐色至淡黄色。分布于中国台湾。

（16）泰藤（*C. godefroyi*）：茎攀缘；果实球形至椭圆形，较大（至6 cm），浅黄色至乳白色；叶鞘绿色，背棕色毛。分布于柬埔寨、老挝、泰国、越南、中国（广东*）。

（17）小省藤（*C. gracilis*）：又称细茎省藤、纤细省藤、海南省藤、糯藤、大鸡藤、wai nuo（D-BN）、wai xi ling（D-BN）、wai ho mu（D-BN）、ga dan ja mu（Y）。茎攀缘；果实卵状椭圆形，小而成串，新鲜时橙红色，干时草黄色，具极高观赏价值。分布于中国（云南、海南、广东*）、孟加拉国、印度、缅甸。

（18）褐鞘省藤（*C. guruba*）：又称椭圆果省藤。茎攀缘；果实球形，淡黄色，排列紧密成串，鳞片褐色，颇具观赏价值；叶片羽状，羽片排列整齐，狭剑形，浓密，叶鞘绿色，具淡褐色刺。分布于中国（云南）、孟加拉国、不丹、柬埔寨、印度、缅甸、老挝、泰国、越南、马来西亚。

（19）滇南省藤（*C. henryanus*）：又称褐鳞省藤、wai xi gai（D-BN）。茎攀缘；叶羽状，羽片稍整齐排列，细长浓密；果实倒卵球形，黄褐色，花序、果序长长一串，非常迷人。分布于中国（云南、广东*）、缅甸、老挝、泰国、越南。

（20）黄藤（*C. jenkinsiana*）：又称长嘴黄藤、长嘴红藤。茎攀缘；终年结果，果序大，果实球形，较大，被具直刺、舟状佛焰苞所包被，外面鳞片黄色，有光泽，颇具观赏价值；叶羽状，等距排列，细小的羽状叶子和非常粗壮的具刺藤茎，也颇具观赏价值。分布于中国（广东、广西、海南、福建、江西、台湾、云南*）、印度、孟加拉国、缅甸、老挝、越南、柬埔寨、泰国。

（21）大喙省藤（*C. macrorrhynchus*）：又称喙尖黄藤。茎直立至半攀缘、丛生；果实卵球形，栗褐色至褐色，具较好观赏价值。分布于中国广东、广西。

（22）马尼拉省藤（*C. manillensis*）：茎攀缘；果实圆形，成串着生，乳白色果皮加黑色网络状鳞片，黑白分明，网纹清晰，美丽异常；叶羽状，整齐排列。分布于菲律宾、中国（广东*）。

（23）裂苞省藤（*C. multispicatus*）：茎攀缘；果实倒卵状球形，鳞片中央有浅槽，黄色，边缘红褐色，具较好观赏价值。分布于中国（海南、广西、广东*）。

（24）高地省藤（*C. nambariensis* var. *alpinus*）：又称 dan hong（H）。茎攀缘；果序极多，形成非常大、长圆状的果穗，果实椭圆形，黄褐色，光亮迷人。分布于中国(云南、广东*)。

(25)南巴省藤(*C. nambariensis* var. *nambariensis*):又称班岭省藤、鳞秕省藤、勐龙省藤、倒卵果省藤。茎攀缘；果实球形至椭圆形，较大，乳白色鳞被；果实成团，非常漂亮。分布于中国(云南、广东*)、孟加拉国、不丹、印度、尼泊尔、缅甸、老挝、泰国、越南。

(26)盈江省藤(*C. nambariensis* var. *yingjiangensis*):又称版纳省藤、dan hong(H)。茎攀缘；果实球形至椭圆形，较大，乳白色至肉桂褐色，顶端暗色，颇具观赏价值。分布于中国(云南、广东*)。

(27)尖果省藤(*C. oxycarpus* var. *oxycarpus*):茎直立，丛生，灌木状；果实长卵球形，较大，其顶部骤缩成一个狭长圆锥状的喙，鳞片黄色或淡红黄色，顶尖为亮黑色，边缘密被锈色茸毛，奇特而迷人；叶羽状，叶面无毛，背面被灰白色或褐色柔软的棉毛和星散的微刺状刚毛。分布于中国(贵州、广西)。

(28)狭叶省藤(*C. oxycarpus* var. *albidus*):茎攀缘；果实卵球形或卵状椭圆形，鳞片淡褐色，边缘密被锈色茸毛；羽片背面具灰白色或褐色柔软的棉毛。分布于中国(云南、广东*)。

(29)泽生藤(*C. palustris*):又称滇越省藤、长穗省藤。茎攀缘；果序大，果实卵状椭圆形或近倒卵球形，较大而长，草黄色。分布于中国(云南、广西)、印度、柬埔寨、老挝、泰国、越南、马来西亚。

(30)宽刺藤(*C. platyacanthoides*):又称长果宽刺藤、中穗省藤、wai nan leng(D-BN)、wai xian(D-DH)、a ri pun(JP)、weng(Z)。茎攀缘；果实卵状椭圆形，淡黄褐色。分布于中国(云南、海南、广西、广东)。

(31)杖藤(*C. rhabdocladus*):又称弓弦藤、华南省藤、手杖藤、弓藤、木藤、大广藤、巴老藤、wai men(D-BN)、wai hai gong(D-BN)、ga dang eng(Y)。茎攀缘；果实椭圆形，草黄色，具一定观赏价值。分布于中国(云南、贵州、广西、广东、海南、福建、江西)、老挝、越南。

(32)单叶省藤(*C. simplicifolius*):茎攀缘；果实球形或近球形，黄白色。分布于中国(海南、广西、贵州、广东*)。

(33)多刺鸡藤(*C. tetradactyloides*):又称高山鸡藤、阔叶鸡藤。茎攀缘；果实近球形，草黄色。分布于中国(海南、江西、广东*)。

(34)白藤(*C. tetradactylus* var. *tetradactylus*):又称鸡藤、柬埔寨省藤。茎攀缘；叶羽状，羽片披针形，亮绿色，背面暗绿色；果实球形，草黄色稍灰白，具较好观赏价值。分布于中国(海南、广东、广西、福建、香港、台湾、云南*)、柬埔寨、老挝、泰国、越南、新加坡*。

(35)多穗白藤(*C. tetradactylus* var. *bonianus*):茎攀缘；果穗较多，果实球

形，淡黄色。分布于中国（海南、广东、广西）。

（36）毛鳞省藤（*C. thysanolepis*）：又称多鳞省藤、高毛鳞省藤。茎直立，丛生；叶羽状，轮生；果序多，果实阔卵状椭圆形，淡红黄色，具较好的观赏价值。分布于中国（广东、广西、福建、江西、浙江、湖南、香港、台湾）、越南、新加坡*。

（37）柳条省藤（*C. viminalis*）：又称勐捧省藤、苦藤、wai nam leng（D-BN）、wai gan（D-DH）。茎攀缘，或近直立；叶羽状，近轮生；果穗较多，果实球形或稍扁，有时近陀螺形，草黄色。分布于中国（云南、广东*、海南*、台湾*）、印度、孟加拉国、柬埔寨、老挝、泰国、越南、马来西亚、印度尼西亚。

（38）大藤（*C. wailong*）：又称巨藤、粗壮省藤、wai long（D-BN）。茎攀缘；果实卵状椭圆形至椭圆形，较大，草黄色；羽片近等距排列。分布于中国（云南）。

（39）多果省藤（*C. walkeri*）：又称东京省藤、短穗省藤、大白藤。茎攀缘；果实小，浅黄色，形成多果的果序，颇具观赏价值。分布于中国（海南、广东、香港）、越南。

（40）无量山省藤（*C. wuliangshanensis*）：又称球果无量山省藤。茎攀缘；果实椭圆形，顶部黑色，顶部及边缘被棕色鳞秕，具较好观赏价值。分布于中国（云南）。

（41）北澳椰（*Carpentaria acuminata*）：又称东澳棕、卡奔塔利亚棕榈树。茎单生；果实球形，成熟时鲜红色，形成大串的果序，株形美观，观赏效果好；叶羽状分裂，拱形，叶柄长，深绿色，带红色和褐色斑。分布于澳大利亚、美国*、印度*、新加坡*、中国（广东*、福建*、云南*）。

（42）基生竹节椰（*Chamaedorea radicalis*）：又称根生竹节椰、山猫竹节椰。茎几乎无，稀具 3~4 m 高的茎；叶羽状，羽片披针形，淡绿色，常直立或伸展不在一个平面，形成明显的 V 形；花序生于叶间，如无茎，则生于基部；果实卵球形至卵球，初时绿色，变为黄色，然后为橙色，完全成熟后呈红色，表面具白霜，奇特而美丽。分布于墨西哥、美国*、法国*、中国（广东*、福建*）。

（43）琼棕（*Chuniophoenix hainanensis*）：又称陈氏棕。茎单生；长且鲜艳果穗从叶腋间斜伸出，潇洒美丽，姿态优美，是良好的观果棕榈；叶掌状，叶形独特，叶色翠绿，光泽亮丽。分布于中国海南、广东*、福建*、云南*。

（44）矮琼棕（*C. humilis*）：又称小琼棕。茎丛生；串串红果诱人；花淡黄色，花瓣强烈反卷；株形优美，叶色青翠，叶子宽软，敦厚可爱。分布于中国海南、广东*、福建*、云南*。

（45）宽叶马岛椰（*Dypsis lanceolata*）：又称披针马岛椰、披针金果椰、披针散尾葵。茎丛生，橄榄绿色，老秆具有宽的暗色叶痕环；长的冠茎亮银绿色，甚至覆被白色鳞片而呈白色；叶羽状，羽片在马岛椰树中最宽，羽片老时在一个平面；成熟的果序携带数千个细长的、椭圆形、红色的果实，美丽迷人。分布于科摩罗、中国(云南*)。

(46)美洲油椰(*Elaeis oleifera*)：又称美洲油棕。茎单生，茎干幼时直立上长，而老秆下部几乎在地面上俯卧，因而具有气生根，并覆被老的叶基；果实蛋形，紧密簇生，呈黄色、橙色或红色，通常三色并存，非常奇特；叶片直立，但形成美丽的弓形，线状羽片生于同一平面，构成一片平坦的叶子。分布于哥斯达黎加、洪都拉斯、尼加拉瓜、巴拿马、法属圭亚那、苏里南、哥伦比亚、厄瓜多尔、秘鲁、巴西、美国*、中国(云南*、广东*、海南*)。

(47)馔菜椰(*Euterpe edulis*)：又称食用菜椰、蔬食埃塔棕、可食埃塔棕、阿沙依椰子、纤叶棕、可食纤叶椰。茎丛生，茎干细长而高，顶生凸出的绿色冠茎，以及优雅的深绿色羽状叶，羽片紧密下垂，形成美丽的叶冠；花白色，盛开时形成直立的圆锥花序，结出大量紫色或褐色的果实，果实直径可达5 cm，魅力无穷。分布于巴西、阿根廷、巴拉圭、泰国*、中国(福建*、广东*、云南*)。

(48)念珠状菜椰(*E. precatoria var. precatoria*)：又称哥伦比亚埃塔棕、串珠埃塔棕、嫩茎纤叶椰。茎丛生，冠茎红绿色；叶片羽状，伸展而下垂；花白色；果实念珠状，呈紫黑色，株形优美。分布于特立尼达和多巴哥、法属圭亚那、圭亚那、苏里南、委内瑞拉、玻利维亚、哥伦比亚、厄瓜多尔、秘鲁、巴西、美国*、中国(广东*、台湾*、云南*)。

(49)狭根锥椰(*Gaussia attenuata*)：又称加西亚椰、细叶玛雅椰。茎单生，茎干圆柱形，基部膨大，平滑无刺，有不规则环纹，下部逐渐变粗；果实卵形，呈密集的果实串，成熟时橙红色，大小如樱桃，观赏价值极高；叶羽状，深绿色，羽毛状。分布于波多黎各、中国(广东*)。

(50)彩果椰(*Iguanura wallichiana*)：又称彩果桐、南亚桐、彩果棕、瓦氏齿叶椰。茎丛生；叶羽状全裂，羽片多椭圆形或长圆形，不再分裂或再分裂，有宽或细的小裂片，叶中轴红色，有茸毛；果实成熟时从白色变红色，再呈黑色，即同一果序上常有白、红、黑不同颜色，甚为美丽。分布于泰国、马来西亚、印度尼西亚、美国*、中国(云南*、广东*)。

(51)穗序椰(*Laccospadix australasicus*)：又称白轴棕、白轴椰、澳洲隐萼椰。茎单生，有时丛生；叶羽状全裂，羽片多数，在叶中轴上排列整齐，嫩叶褐红色，中肋深绿色；花茎没有分枝，结出许多小而鲜艳的红色椭圆形果实，长串下垂，很吸引人；是优美的盆栽观赏棕榈。分布于澳大利亚、中国(广东*、福建*)。

(52)红果轴榈（*Licuala beccariana*）：又称贝氏轴榈。茎单生；叶掌状，圆形，裂至基部，形成 30～35 片狭窄的三角形裂片，通常成群或丛生；叶柄具大的、绿色轮式针刺；花枝和果枝被厚的白色棉毛，果序多而密集，果实球形，成熟时橘色至亮红色，观果价值极高。分布于新几内亚、新加坡*、中国（广东*）。

(53)锈毛轴榈（*L. ferruginea*）：又称锈色轴榈。茎单生；果实粉红色，成熟时黑色，成丛亮丽，植株小巧，形态优美；较大的花序苞片和短的分枝密被铁锈色的鳞片和毛被；叶掌状深裂，圆形，裂片 3～12 片，宽楔形，顶端截形，幼叶覆盖着长长的、棕色的毛和鳞片。分布于马来西亚、中国（云南*）。

(54)娇小线序椰（*Linospadix minor*）：又称小手杖椰。茎丛生，矮小；叶羽状，弓形，顶端 2 片较大，叶尖具有齿；果实红色，悬垂成串，美丽迷人。分布于澳大利亚、泰国*、中国（广东*）。

(55)单穗线序椰（*L. monostachya*）：又称单穗椰、线序椰、手枝椰子。茎单生，茎干纤细，暗绿色，具显著紧密间隔的较暗叶环痕；叶羽状，弓形，宽窄不一；穗状的红色果序，长而不分枝并下垂，美丽迷人；果实在其原生地需要 3 年才能成熟，从绿色到红色。分布于澳大利亚、中国（广东*、福建*）。

(56)巨籽棕（*Lodoicea maldivica*）：又称大实椰子、海椰子、睾丸椰子。果实特别，种子在世界上最大、最重（可达 20 kg 以上），纵向浅裂、外形奇异；叶片巨大，极为壮观，叶身基部楔形，美丽迷人；植株高大通直，树冠碧绿浓荫。分布于塞舌尔；中国未见引种（广东、云南有果实展示）。

(57)科纳多梗苞椰（*Masoala kona*）：又称梅索拉椰。果实卵球形，干时中果实皮细纤维纵向整齐排列，红棕色，粘连内果实皮呈壳状；茎单生，叶羽状，V 形，亮绿色。分布于马达加斯加、中国（台湾*、广东*）。

(58)单干鳞果棕（*Mauritia flexuosa*）：又称毛芮蒂棕、毛瑞榈、布里奇果、曲叶矛榈、葡萄湿地榈、葡萄榈。果实栗子色，果成大串，似葡萄，覆盖有光泽的鳞片，中部有凹槽；花黄色；叶大，掌状，形态优美。分布于特立尼达和多巴哥、法属圭亚那、圭亚那、苏里南、委内瑞拉、玻利维亚、哥伦比亚、厄瓜多尔、秘鲁、巴西、泰国*、中国（广东*、云南*）。

(59)长寿西谷椰（*Metroxylon amicarum*）：种子为著名的植物象牙；株形美丽，叶紧密的排成多列，略呈狐尾状，观赏价值高。分布于卡罗林群岛、马里亚纳群岛；中国引种不详。

(60)大果象牙椰（*Phytelephas macrocarpa*）：又称大象牙椰子。果实巨大，聚合果的直径达 40 cm，单果数可达 20 个；种子是重要植物象牙，由此而得名；茎高 0.6～2 m，匍匐生根；叶羽状，长达 6 m，整齐地排成 2 列，从地面上直立上举，故尤显气派、壮观。分布于巴西、玻利维亚、秘鲁、葡萄牙*、中国

（广东*）。

（61）二列山槟榔（*Pinanga disticha*）：又称二裂山槟榔。果实成熟时红色，呈2列；叶羽状，羽片倒卵形，顶端裂片大，深裂，二叉，绿色至深绿色，具有白色的斑纹。分布于泰国、马来西亚、印度尼西亚、中国（广东*）。

（62）大钩叶藤（*Plectocomia assamica*）：wai lao（H）、guai（Y）。果实扁球形，极大（2.5~2.8cm），被发亮的棕褐色鳞片包裹，非常奇特；叶羽状，羽片上面绿色，背面有白色鳞秕，羽片整齐排列，指向同一面。分布于中国（云南、广东*）、印度、缅甸。

（63）伸长钩叶藤（*P. elongata*）：果实红色，具较好的观赏价值；叶羽状，羽片似帷幔，下垂，叶面深绿色，背面浅灰色至灰白色。分布于泰国、越南、马来西亚、菲律宾、印度尼西亚、中国（云南*）。

（64）紫果皱籽椰（*Ptychosperma lineare*）：又称紫果穴穗椰、紫果穴穗棕、穴穗射叶椰。果实紫黑色，与橙色或红色的果枝，构成美丽的大型果序，颇具观赏价值；茎干纤细，竹节状具显著叶环痕，冠茎银绿色至白色；叶羽状，羽片狭窄楔形，整齐排列于一个平面，幼嫩叶鞘棉毛状，白色。分布于新几内亚、中国（云南*、福建*、广东*）。

（65）橙果皱籽椰（*P. schefferi*）：又称红果穴穗椰、穴穗棕、穴穗射叶椰。果球形，深紫色，果轴橙黄色，果实基部有淡黄色花被，美丽迷人；叶羽状，羽片排列规则，两面亮深绿色，幼嫩叶鞘背白色的羊毛般鳞片。分布于新几内亚、斯里兰卡*、中国（云南*、广东*、福建*）。

（66）象鼻棕（*Raphia vinifera*）：又称酒椰、拉菲亚酒椰子、拉菲亚椰、酒瓶棕、酒瓶椰子、酒椰子。花序、果序由冠茎悬垂而下，长短不一，下端略向内弯曲，酷似象鼻，奇特美丽；果实独特，形似松球，外被木质化鳞片，圆滑且富有光泽，橙黄色；体态魁伟，十分优美。分布于贝宁、加纳、尼日利亚、喀麦隆、加蓬、几内亚湾、刚果（金）、中国（广东*、福建*、云南*、四川*、广西*、台湾*）。

（67）滇西蛇皮果（*Salacca griffithii*）：果序生于基部，果实球状陀螺形，成串，黄色有鳞状，似蛇皮，成熟时紫红色，密被长刺；茎丛生，近直立，多刺，刺扁且长；叶羽状全裂，羽片规则对生，末端两小叶基部合生。分布于中国（云南、广东*、福建*）、印度、缅甸、泰国。

（68）蛇皮果（*S. zalacca*）：又称鳞果椰。花果皮有鳞状，似蛇皮，成熟时紫红色，有光泽，非常漂亮；红色，每一雌花序结果10余粒；几乎无茎成丛，群丛庞大；叶羽状，全裂，直立，羽片线状披针形，深绿色，背面带红色。分布于马来西亚、印度尼西亚、文莱、泰国*、中国（广东*、海南*、福建*、云南*)。

(69)圆叶叉序棕(*Saribus rotundifolia*)：又称圆叶蒲葵、爪哇蒲葵。花序红色，果实椭圆形，状如橄榄，幼时鲜红色，成熟时亮紫黑色；茎单生，光滑、淡灰色近乎白色，具有规则的红褐色的叶痕环，基部膨大；树冠紧实，近圆球形，冠幅可达 8 m；叶扇形，较大，掌状浅裂，下垂，裂片条状披针形，顶端长渐尖。分布于印度尼西亚、马来西亚、菲律宾、斯里兰卡*、印度*、中国(广东*、福建*、云南*、四川*)。

(70)红果蜡轴椰(*Veitchia arecina*)：又称类槟榔圣诞椰、红果圣诞椰、瓦努阿图圣诞椰、蒙氏贝棕、马克圣诞椰。茎单生，淡褐色，冠茎较短，呈绿色至灰色；叶羽状全裂，直立至水平伸展，构成美丽的树冠；大串果穗耀眼夺目，果实长椭球形，成熟时淡红到橙色。分布于瓦努阿图、中国(海南*、广东*)。

4.5　冠形和冠茎观赏棕榈植物

4.5.1　冠形和冠茎观赏棕榈植物分类

棕榈植物中乔木型的种类，除极少种类有分枝外，大多数种类均不分枝，并拥有令人称羡的冠形，其无须人工裁剪修饰，自然而成，是其他植物无法逾越的特质。棕榈植物自然冠形的形式多样，有喷泉形、圆球形、半球形等造型(陈莉，2015)。

(1)喷泉形：如同水景池中喷泉一般，平滑的弧度曲线，拥有由上至下的方向感。如三角椰、布迪椰、美丽针葵、棍棒椰子、大王椰子、狐尾椰、董棕等。

(2)圆球形：整个植株形成圆球状，表现柔和、宁静、严谨之态，如银海枣、加那利海枣(或半球形)等。

(3)半球形：植株形成半球形，有柔和之感，如海枣、国王椰、金山葵、棕榈等。

(4)椭球形：蒲葵、澳洲蒲葵、华盛顿棕、大丝葵、霸王棕等。

(5)伞形：刺葵、非洲海枣等。

(6)倒钟形：砂糖椰子等。

(7)丛生形：三药槟榔、散尾葵、夏威夷椰子、璎珞椰子、香桄榔、棕竹、多裂棕竹等。

(8)圆柱形：鱼尾葵、短穗鱼尾葵等。

各式冠茎是棕榈植物特有的景观。伞椰冠茎银绿色，红椰、彩颈椰、红颈马岛椰冠茎红色，橙槟椰冠茎橙色，樱桃椰冠茎灰绿色，紫蓝彩颈椰具有红色、灰蓝色至紫黑色的冠茎，塞舌尔王椰冠茎白色……色彩缤纷、形态多样的冠茎，支撑着膨大的叶冠，是非棕榈植物所没有的特殊形态(图 4-14 ~ 图 4-16)。

（a）董棕 　　　　　　　　　　 （b）三角椰

图 4-14　棕榈植物多彩的冠形

图 4-15　加那利海枣

（a）假槟榔　　　　　　　　　　　　（b）王棕

图 4-16　棕榈植物的冠茎

4.5.2　冠形和冠茎观赏棕榈植物分布及栽培种类

（1）红脉椰（*Acanthophoenix rubra*）：又称刺椰、长毛刺棕、长毛刺椰。单生；冠茎鲜艳、红色或红棕色，被长而尖的黑刺；叶羽状，在树冠上近下垂，幼时叶片呈暗绿色，具显著红色条纹，植株年老时条纹消失；叶肋上有结实的尖刺，但成熟后通常脱落；叶裂片墨绿色或背面银白色，叶脉上有硬毛；叶柄基部有直的黑刺；花赤红色至红色；果实成熟时黑色。分布于毛里求斯、留尼汪、泰国*、中国（广东*、云南*）。

（2）紫假槟榔（*Archontophoenix purpurea*）：又称紫色假槟榔、蒙特假槟榔。茎单生；冠茎修长，略带球形，紫色，叶基部脱落或被移除后几乎可以变成红色，非常美丽迷人；叶羽状，硬直、宽大，叶面苍白绿色，叶背面银灰色；小羽片比假槟榔宽、厚。分布于澳大利亚（昆士兰）、美国*、印度尼西亚*、泰国*、中国（广东*、福建*）。

（3）橙槟榔（*Areca vestiaria*）：又称黄杆槟榔、红茎槟榔。茎单生，茎干竹节状，绿色具显著叶环痕；冠茎色彩多变，从橙色至亮红色；羽状叶的叶轴、叶柄、叶鞘以及佛焰苞、花梗、果序和果实均为橙色，亮眼迷人。分布于印度尼西亚、美国*、中国（云南*、广东*、福建*、海南*）。

（4）纤细彩颈椰（*Basselinia gracilis*）：又称红颈椰、纤细喀里多尼亚椰。叶鞘形成具蓝灰色边缘的红色冠茎，叶柄淡红色；叶羽状，羽片规则或不规则地排成一平面，顶端羽片合生呈二叉状；花序条状分枝，呈粉红色；果实圆形，黑色。分布于新喀里多尼亚、美国*、中国（广东*）。

(5)紫蓝彩颈椰(*B. pancheri*)：又称紫蓝喀里多尼亚椰、肾果彩颈椰。叶鞘形成红色、灰蓝色至紫黑色冠茎，使冠茎呈现五颜六色，阴凉处常为红色、橙色等，颇为优美；羽片不规则排列，不等宽；花序条状分枝，呈粉红色；果实二浅裂而呈肾形，黑色。分布于新喀里多尼亚、美国*、中国(广东*)。

(6)毛梗椰(*Bentinckia condapanna*)：叶鞘形成长的冠茎(1.6 m)；羽片先端尖、二叉状；花序苞片鲜红色至蓝紫色，艳丽迷人；果圆形至卵形，紫黑色。分布于印度、中国(福建*)。

(7)尼科巴毛梗椰(*B. nicobarica*)：又称尼可巴棕、尼可巴椰。冠茎比假槟榔长而优美，茎干具显著叶环痕；果实大小如樱桃，成熟时深红色或紫蓝色。分布于印度、马来西亚*、印度尼西亚*、新加坡*、中国(云南*、广东*)。

(8)黄果三叉羽椰(*Brassiophoenix schumannii*)：茎单生，纤细，竹节状；叶羽状，整齐或不整齐排列，叶鞘长，浓密的白色羊毛状和褐色斑点贯穿始终，有时在叶柄对面的顶点有一个不起眼的三角形附属物，形成独特而美丽的冠茎；花序具深色的鳞，覆有白色的卷毛，花奶油色或黄绿色；果实椭圆形，成熟时鲜艳，深红色或橙黄色。分布于巴布亚新几内亚、中国(广东*)。

(9)维氏棱籽椰(*Burretiokentia vieillardii*)：又称维拉裂柄椰。茎单生，冠茎膨大，上有棕褐色条斑，非常美丽迷人；叶羽状，直而平展，羽片渐尖，两边排列等距；花序长而悬垂，被橘红色的分枝花序；果实椭圆形，成熟时紫红色。分布于新喀里多尼亚、美国*、澳大利亚*、中国(广东*)。

(10)短穗鱼尾葵(*Caryota mitis*)：又称短穗鱼尾椰、丛立孔雀椰子、酒椰子、缅甸鱼尾葵、丛生鱼尾葵。茎丛生；树冠浓密，株丛低矮致密，形成柱状群丛；叶片翠绿，叶形奇特，其羽片呈三角形，边缘参差不齐，有独特的"鱼尾"形状；花色鲜黄，果实珠圆，成串悬垂，美丽迷人。分布于中国(海南、广东、广西、福建、台湾、贵州、云南、四川*、重庆*、湖北*、陕西*、上海*、浙江*、江苏*、安徽*、山东*、北京*、辽宁*)、泰国、缅甸、印度、马来西亚、菲律宾、印度尼西亚(爪哇)、新加坡*、日本*、苏里南*。

(11)董棕(*C. obtusa*)：著名观形棕榈植物。见4.6.3。

(12)密鳞椰(*Clinosperma macrocarpa*)：又称拉瓦齐椰。茎单生，茎干棕色到深棕色，幼秆具有暗色的叶痕环，冠茎在底部、中部甚至顶部都有轻微凸起，灰色到蓝灰色，甚至棕褐色，具有水平的深色条纹；叶羽状，羽片具有长尖，直立上长在一个平面，形成V形叶；果实圆形，成熟时巧克力紫色。分布于新喀里多尼亚、中国(广东*)。

(13)根柱椰(*Clinostigma exorrhizum*)：茎单生，茎干基部具多刺的高跷根，异常奇特；叶羽状，叶片拱形，羽片整齐排列并下垂，形成近球形的叶冠，十分优雅；果实卵形，成熟时红色或粉红色；列植或丛植较佳。分布于萨摩亚、斐济、中国(福建*)。

(14)红椰(*Cyrtostachys renda*)：又称红椰子、红槟榔、红杆槟榔、猩红椰子、伦达棕、封蜡棕、猩红椰、大猩红椰。茎丛生，纤细；叶鞘、叶柄和叶轴猩红色，形成显著的冠茎(色彩多变，橙色至亮红色)，与绿色的羽片形成鲜明对比，十分醒目；株形优美，树姿婆娑，极为美观。分布于泰国、马来西亚、印度尼西亚、文莱、新加坡*、日本*、美国*、苏里南*、中国(云南*、广东*、福建*、海南*)。

(15)塞舌尔王椰(*Deckenia nobilis*)：又称华丽刺椰。茎单生，茎干高大挺拔，叶环痕明显，幼秆覆被锋利的刺，老秆脱落，白色的冠茎带有最优雅的羽状叶冠，优美迷人；花序浅黄色；果实长圆状卵球形，成熟时呈黑的锦葵花色。分布于塞舌尔、美国*、中国(广东*、福建*)。

(16)巴氏马岛椰(*Dypsis baronii*)：又称秀丽散尾葵、巴罗尼金果椰、男爵金果椰、巴诺尼金椰。茎丛生，稀单生；茎干深绿色，老秆具有宽的白色叶痕环；冠茎绿色至黄绿色，基部稍肿胀，中部有时基部具有蜡质；叶羽状，新叶通常红色，羽片以一定角度从叶轴长出，形成V形叶；果实椭圆形或近球形，成熟时亮黄色。分布于马达加斯加、中国(云南*、广东*、福建*)。

(17)混杂马岛椰(*D. confusa*)：茎单生或丛生，具有棕色鳞片，冠茎苍绿色，具有棕色或淡红色鳞片；叶羽状，羽片披针形，叶鞘、叶柄和叶脉具棕色或淡红色鳞片；果实椭圆形，成熟时橘色至红色。分布于马达加斯加、中国(广东*)。

(18)红颈马岛椰(*D. lastelliana*)：又称红冠棕、红冠金果椰、红颈椰、红颈椰子、红鞘三角椰、红鞘三角椰子、耐久金果椰。茎单生，茎干淡绿色至灰蜡色，具明显波状叶环痕；叶羽状，羽片排列成一平面，叶鞘密被红色(内侧)及红褐色(外侧)的茸毛，形成红褐色被茸毛的冠茎，非常优美，惹人注目；果倒卵球形。分布于马达加斯加、美国*、中国(云南*、广东*、海南*、台湾*、福建*、四川*)。

(19)红领马岛椰(*D. leptocheilos*)：又称红领椰、红领椰子、红茎三角椰、薄皮椰、囊金果椰。茎单生，茎干上部被白粉，冠茎独特的茸毛状锈褐橙色，叶柄、叶鞘密被红色鳞秕状茸毛，十分漂亮，令人耳目一新；果实球形，成熟时深褐色；其与红颈马岛椰的区别在于后者具有更大、红色的冠茎，以及羽毛状排列的叶片。分布于马达加斯加、新加坡*、中国(广东*、福建*、台湾*、云南*、上海*、北京*)。

(20)拟散尾葵(*D. utilis*)：又称曼尼拉金果椰。茎单生；冠茎被白粉和浅棕色纤维；叶羽状，下垂，羽片细长，叶鞘被棕灰色茸毛，直立的树冠由众多的、长长的、拱形的羽状叶子组成，较具观赏价值；花叶鞘管状；果实小，成熟时呈红色。分布于马达加斯加、中国(云南*、福建*)。

(21)菜椰(*Euterpe oleracea*)：又称千叶菜棕、阿萨伊棕榈、巴西莓、嫩茎纤叶椰。茎丛生，修长的茎干，纤细下垂的羽片，构成柔美的株形；叶鞘形成绿色冠茎，有时边缘略带红色、紫色。分布于特立尼达和多巴哥、法属圭亚那、圭亚那、苏里南、委内瑞拉、哥伦比亚、厄瓜多尔、巴西、新加坡*、中国(福建*、广东*、海南*、云南*)。

(22)伞椰(*Hedyscepe canterburyana*)：茎单生，茎干纤细，叶环痕密集；冠茎短，银白色；羽状叶短、拱形，紧密聚生茎顶，形成伞形叶冠；果实大，卵圆形，成熟时深红色。分布于澳大利亚、中国(广东*)。

(23)新几内亚水柱椰(*Hydriastele costata*)：又称新几内亚单茎椰、垂羽单生槟椰。茎单生，非常粗壮，有环纹及苍白绿色的冠茎；叶羽状，高耸向上，硬而狭窄，而羽片下垂，形成一个独特的球形树冠；花奶白色；果实卵球形，栗色，其独特的纵条纹果实与具肋骨的种子，区别于本属的其他种类。分布于巴布亚新几内亚、新几内亚、澳大利亚、美国*、泰国*、中国(广东*)。

(24)嘴状水柱椰(*H. rostrata*)：具喙丛生槟椰。茎丛生，纤细，有暗绿色冠茎；叶羽状，羽片有暗绿色和不规则的切割状顶部。分布于新几内亚、印度尼西亚*、中国(广东*)。

(25)澳洲丛生槟椰(*H. wendlandiana*)：又称文氏水柱椰。茎修直细长，灰色至白色，幼秆具有明显的黑色叶痕环；冠茎较短，中部肿大，银绿色至蓝绿色；叶羽状，羽片表面绿色，背面带粉白色，羽片宽窄不一；果实具紫褐色纵条纹。分布于澳大利亚、印度尼西亚*、中国(广东*)。

(26)印度瓶椰(*Hyophorbe indica*)：又称印度瓶椰。茎单生，细长，基部不膨大；冠茎多色，东部生长的亮绿色、深绿色，南部的巧克力色或红棕色；树冠上有4~9片叶，稀疏，半球形至圆形，叶羽状，呈优美的弓形，羽片呈一平面，S形，叶柄也是暗色至棕红色。分布于马斯卡林群岛、留尼汪、泰国*、中国(广东*)。

(27)矮叉干棕(*Hyphaene coriacea*)：又称非洲棕、皮果棕、沙旦分枝棕、革棕。茎丛生，有时单生，强壮，有深环，通常不分枝，偶有分枝；宽大的叶片坚挺不下垂，形成一个浑圆浓密的树冠，美观大方，株形优美；低矮的茎干、坚硬的掌状叶、蓝绿色的叶子和橙色的梨形果实，赋予它非常独特的外观。分布于埃塞俄比亚、索马里、肯尼亚、坦桑尼亚、马拉维、莫桑比克、南非、马达加斯加、澳大利亚*、印度尼西亚*、新加坡*、中国(广东*、海南*、台湾*、福建*、云南*、江苏*)。

(28)胡安椰(*Juania australis*):茎单生,茎干浅到深灰色,具有浅色、紧密间隔的叶痕环,轻微拱形叶子形成半球到圆形的叶冠;叶羽状,叶片绿色到深绿色,从叶轴以一定角度生长,形成 V 形,叶鞘具有长的苞片包被;雄花黄白色,香味浓郁。分布于智利、中国(广东*)。

(29)南非丛椰(*Jubaeopsis caffra*):又称潘道兰椰子。稀疏的丛生型,茎干覆被老叶包裹;叶冠半球形,形似修面刷;叶片在树枝上有轻微的扭曲,大且向上长,羽片弓形,形成 V 形叶片,粗大叶柄绿色、黄色甚至深橘色;果实圆形,成熟时棕色或黄色。分布于南非、中国(广东*、台湾*)。

(30)鳞轴椰(*Lepidorrhachis mooreana*):又称小山槟椰。茎单生,低矮而粗壮,叶痕环非常紧密;叶羽状,深绿色,弓形而稍微扭曲,形成紧凑的叶冠;叶基肿胀,厚而肉质的叶鞘形成了一个假冠茎,其松散分裂,浅绿色,通常呈粉红色;果实卵圆形,成熟时红色。分布于澳大利亚、泰国*、中国(广东*、云南*)。

(31)蒲葵(*Livistona chinensis*):又称葵树、扇叶葵、葵扇叶、中华蒲葵、zhuan meng(D-DH)、suo yi pun(JP)、suo yi gang(Z)。茎单生,茎干耸立,树冠如伞,四季常青;叶掌状,叶形如扇,叶丛婆娑,裂叶下垂似喷泉,韵味无穷;群植成片,绿影摇曳,景致迷人。分布于中国(广东、海南、广西、福建、台湾、香港、云南、四川*、贵州*、重庆*、湖南*、浙江*、江西*、安徽*、上海*、江苏*、天津*、北京*、河北*、河南*、山东*、陕西*、辽宁*)、越南、印度*、苏里南*。

(32)西谷棕(*Metroxylon sagu*):又称西谷椰、沙孤椰。叶片羽状全裂,叶长 5~6 m,鲜绿色,羽毛状,僵硬而直立,顶部轻轻弯曲,形成独特的叶冠;花序大型,直立;花淡红色;果实扁球形,外果实皮表面的鳞片斜方形,黄褐色,有纵向深沟。分布于新几内亚、马来西亚、印度尼西亚、文莱、所罗门群岛、中国(广东*、云南*、福建*)。

(33)南美酒果椰(*Oenocarpus bacaba*):又称巴卡巴酒果椰。茎单生,高大直立,灰绿色的冠茎像一个倒金字塔;叶冠的形状像一个巨大的公鸡,叶片拱形,羽片线形,深橄榄绿至祖母绿,下垂;果实成熟时紫黑色。分布于法属圭亚那、圭亚那、苏里南、委内瑞拉、哥伦比亚、巴西、中国(云南*)。

(34)二列酒果椰(*O. distichus*):又称二裂酒实椰。茎单生,较高但纤细,浅灰色近白色,具间隔较宽的灰色叶痕环,假冠茎高近 1 m,扁平的倒金字塔形,灰绿色到灰棕色;叶羽状,具有肿胀的、橄榄绿的叶鞘,羽片多数,狭窄,不规则成组着生,形成半球形至近球形的叶冠;花序红棕色,悬垂;果实有两类,一种果肉白色,一种淡红色。分布于巴西、玻利维亚、中国(广东*)。

(35)德氏酒果椰(*O. mapora*):又称巴拿马酒实椰。茎丛生,2~20株纤细植株形成密丛,茎干有环纹和明显的节,形似竹子,伪冠茎高近1 m,狭窄的倒金字塔形状,深橄榄绿至绿棕色,形成美丽的群丛;花序生于冠茎下,分枝悬挂;果实卵球形,坚硬,成熟时黑色。分布于哥斯达黎加、巴拿马、委内瑞拉、玻利维亚、哥伦比亚、厄瓜多尔、美国*、中国(广东*)。

(36)脊果椰(*Parajubaea cocoides*):又称帕拉久巴椰子。茎单生,纤细,暗灰色,具美丽圆形的叶冠;叶羽状,叶面亮绿色至暗绿色,叶背面银白色;果实暗绿色,成熟时棕色。分布于厄瓜多尔、哥伦比亚、中国(广东*)。

(37)海枣(*Phoenix dactylifera*):又称枣椰、椰枣、伊拉克枣、伊拉克蜜枣、伊拉克枣、波斯枣、番枣、仙枣、海棕、山枣、长叶刺葵、枣橄子。浅灰蓝色的稀疏半球形美丽树冠,茎干粗大,被疏松排列的底边弧状的近三角形的叶痕;穗状花序从叶腋抽生,长可达2 m,常多个花序同时存在,小花黄色;果穗长,圆锥形,橙黄色果,形成满树金灿灿的果实景致,别具特色。分布于中东、北非、印度*、阿尔及利亚、埃及、利比亚、摩洛哥、西班牙、佛得角、马德拉群岛、索科特拉岛、索马里、毛里求斯、伊朗、伊拉克、土耳其、巴林、卡塔尔、阿拉伯联合酋长国、阿曼、沙特阿拉伯、巴基斯坦、印度*、美国、中国(广东*、海南*、广西*、福建*、云南*、四川*、重庆*、湖南*、江西*、浙江*、上海*、安徽*、天津*、江苏*、北京*、河南*)。

(38)山槟榔(*Pinanga coronata* var. *coronata*):又称美冠山槟榔、亚山槟榔。铜绿色的叶片组成优美的树冠,茎干有环状叶痕,树形美观;花序下垂,花轴红色;果实卵球形,闪亮的亮红色,成熟时紫红色至黑色。分布于印度、印度尼西亚、马来西亚、澳大利亚*、泰国*、中国(福建*)。

(39)顾氏山槟榔(*P. coronata* var. *kuhlii*):又称库里氏山槟榔。近山槟榔,但羽片少而宽,顶端二叉,叶面具有迷人的斑点(尤其是幼株),果实成熟时亮红色。分布于马来西亚、印度尼西亚、泰国*、中国(广东*)。

(40)水生国王椰(*Ravenea musicalis*):又称音乐国王椰。茎干基部膨胀,叶片拱形下垂和叶鞘基部橙色,形成美丽的树冠;果实成熟时橙色;棕榈家族中少有水生种类,生在水深2.5 m,直立或倾斜横过水面。分布于马达加斯加、泰国*、中国(广东*)。

(41)蛇路国王椰(*R. xerophila*):单干型,幼秆覆被紧密的暗灰色至黑色的叶鞘留存物;20片上长弓形的、反卷的、长达3 m的羽状叶,羽片狭窄,多数而坚硬,整齐排列,构成半球形的叶冠;果实近圆形,成熟时淡黄色。分布于马达加斯加、中国(福建*)。

（42）壮窗孔椰（*Reinhardtia paiewonskiana*）：茎单生，12 片长达 3 m 优雅的羽状叶，构成球形的叶冠；羽片亮绿色，窄椭圆形，具长尖；果实倒卵形至圆形，成熟时紫黑色。分布于多米尼加、中国（台湾*、广东*）。

（43）新西兰椰（*Rhopalostylis sapida*）：又称香棕、尼卡椰子、胡刷椰。冠茎短，叶近直立，形成特别的羽毛球形树冠；花序长，花紫色或淡紫色；果实卵球形，成熟时红色。分布于新西兰、澳大利亚*、印度*、中国（广东*、福建*）。

（44）琉球椰（*Satakentia liukiuensis*）：又称硫球椰子。茎干平滑，环纹明显但不规则，淡褐色到灰褐色，冠茎基部具有鲜艳的紫色；羽状叶长 5 m，羽片约 180 片，叶鞘筒状，淡红带绿色，有许多栗褐色发亮的膜质鳞秕，株形优美。分布于日本、泰国*、中国（广东*、云南*）。

（45）金山葵（*Syagrus romanzoffiana*）：又称皇后椰、女王椰子、皇后葵、山葵。枝叶婆娑，树形秀美；羽状叶螺旋状排列而形成极大冠茎，叶片如松散的羽毛，酷似皇后头上冠饰，优美而飘逸；果实橙黄，耀眼醒目。分布于玻利维亚、巴西、阿根廷、巴拉圭、乌拉圭、中国（广东*、广西*、海南*、福建*、云南*、四川*、浙江*）。

（46）棕榈（*Trachycarpus fortunei*）：又称棕搁、拼榈、棕树、唐棕、拼棕、中国扇棕、山棕、dun zhuan meng（D-DH）、suo yi pun（JP）、tang zan（Z）。冠茎翠影婆娑，树干纤细通直，叶形优雅如扇，是作为观赏栽培最广的棕榈植物。分布于中国（云南、广西*、广东*、海南*、四川*、重庆*、贵州*、福建*、江西*、湖北*、湖南*、江苏*、浙江*、上海*、安徽*、陕西*、甘肃*、青海*、北京*、河北*）、缅甸、日本*、英国*、瑞士*、意大利*。

4.6 代表性观赏棕榈植物

4.6.1 王棕 *Roystonea regia*（Kunth）O. F. Cook

4.6.1.1 植物基本信息

（1）异名：*Oreodoxa regia* Kunth（1816）；*Oenocarpus regius*（Kunth）Spreng.（1825）；*Roystonea floridana* O. F. Cook（1901）；*Euterpe* jenmanii C. H. Wright（1906）；*E. ventricosa* C. H. Wright（1906）；*Roystonea jenmanii*（C. H. Wright）Burret（1929）；*R. elata*（W. Bartram）F. Harper（1946）；*R. ventricosa*（C. H. Wright）L. H. Bailey（1949）。

（2）别名：大王棕、大王椰子、王椰、文笔树、zhuan meng din zhang（D-DH）。

（3）形态特征：茎直立，乔木状，高 10~20 m；茎幼时基部膨大，老时近中部不规则膨大，向上部渐狭；叶长约 4~5 m，叶轴每侧的羽片多达 250 片，羽片呈 4 列排列，线状披针形，渐尖，顶端浅二裂，顶部羽片较短而狭，在中脉的每侧具粗壮的叶脉；花序长达 1.5 m，佛焰苞在开花前像 1 根垒球棒，花小；果实近球形至倒卵形，暗红色至淡紫色；种子歪卵形，一侧压扁，胚乳均匀，胚近基生。花期 3~4 月，果期 10 月。

(4)生境分布：原产于美国佛罗里达南部、墨西哥东南部至中美洲、加勒比海地区，包括美国(佛罗里达)、墨西哥东南部、伯利兹、洪都拉斯、巴哈马、开曼群岛、古巴。中国南方城市广泛引种栽培，云南的芒市、瑞丽、蒙自等种植极多。

4.6.1.2　观赏价值

茎幼时基部膨大，老时近中部不规则膨大，向上部渐窄，像巨大花瓶，高耸挺拔，犹如面向蓝天待发射的导弹，而被称为"导弹树"；羽状叶巨大，集于树顶，4 列排列，枝繁叶茂，形态优美，广泛作为行道树和庭园绿化树种(图 4-17)。

（a）　　　　　　　　　　　　　　（b）

图 4-17　王棕(*Roystonea regia*)

4.6.2　鱼尾葵 *Caryota maxima* Blume

4.6.2.1　植物基本信息

(1)别名：青棕、长穗鱼尾葵、鱼尾椰、假桃榔、铁木、guo hu (D-BN)、la wuo you di (H)、me (JN)、mai jing (D-DH)、lai xi pun (JP)、zong gang (Z)。

(2)形态特征：乔木状，茎绿色，被白色的毡状茸毛，具环状叶痕。叶大型；羽片最上部的 1 片较大，楔形，先端二裂至三裂，侧边的羽片小，菱形，外缘笔直，内缘上半部或 1/4 以上弯曲成不规则的齿缺，且延伸成短尖或尾尖。佛焰苞与花序无糠秕状的鳞秕；花序具多数穗状的分枝花序；果实球形，成熟时橙红色至红色。种子 1 颗，罕为 2 颗，胚乳嚼烂状。花期 5—7 月，果期 8—11 月（图 4-18）。

（3）生境分布：中国特有种。产于中国福建、广东、海南、广西、云南等省（自治区、直辖市）；生于海拔 450~700 m 的山坡或沟谷林中。

4.6.2.2 观赏价值

叶片翠绿，叶形奇特，酷似鱼尾；花序金黄，长而下垂；茎干挺直，具白色毡状茸毛和环状叶痕；果实成熟时橙红色至红色，圆珠成串，非常美丽，是公园、绿地和行道观花、观叶、观果俱佳的树种之一；也是优良的室内大型盆栽树种，适合于布置在宾馆门口、客厅、会场、餐厅等处；羽叶可剪做切花配叶。

同属的短穗鱼尾葵、单穗鱼尾葵、大董棕、董棕等均具良好的观赏价值。

（a）　　　　　　　　　　（b）

图 4-18　鱼尾葵

4.6.3　棕竹 *Rhapis excelsa*（Thunberg）Henry ex Rehder

4.6.3.1　植物基本信息

（1）异名：*Chamaerops excelsa* Thunb.（1784）；*Rhapis flabelliformis* L'Hér. ex Aiton（1789）；*R. aspera* W. Baxter（1839）；*R. cordata* W. Baxter（1839）；*R. major* Blume（1839）；*Chamaerops kwanwortsik* Siebold ex H. Wendl.（1854）；*Trachycarpus excelsus*（Thunb.）H. Wendl.（1861）；*Rhapis kwamwonzick* Siebold ex Linden（1887）；*R. divaricata* Gagnep.（1937）。

（2）别名：稷竹、筋头竹、观音竹、虎散竹、棕榈竹、汉园竹、琉球竹、dun zhuan wan（D-DH）。

（3）形态特征：丛生灌木，上部叶鞘分解成稍松散的马尾状淡黑色粗糙而硬的网状纤维；叶掌状深裂，裂片4~10片，不均等，具2~5条肋脉，宽线形或线状椭圆形，先端宽，截状而具多对稍深裂的小裂片，边缘及肋脉上具稍锐利的锯齿；叶柄边缘微粗糙，顶端的小戟突略呈半圆形或钝三角形，被毛；花序具2~3个分枝花序；果实球状倒卵形。种子球形，胚位于种脊对面近基部。花期6~7月（图4-19）。

（4）生境分布：产于中国南部至西南部。日本、越南亦有分布。

（a） （b）

图4-19 棕竹

4.6.3.2 观赏价值

（宋）文同在《竹棕》中云："秀干扶疏彩槛新，琅玕一束净无尘。重苞吐实黄金穗，密叶围条碧玉轮。凌犯雪霜持劲节，遮藏烟雨长轻筠。此名未入华林记，谁念西南寂寞春。"棕竹四季常青、株形紧密秀丽、矮小优美，叶色碧绿光亮、叶形幽雅潇洒、叶片铺散如扇，茎细生节如竹，既体现了热带棕榈的韵味，也是亚热带、温带区域棕榈的代表，配植于窗前、路旁、花坛、廊隅、宾馆前台等，均极为美观，也可作为盆栽培装饰室内，亦可制作盆景。

4.6.4 董棕 *Caryota urens* Linn.

4.6.4.1 植物基本信息

（1）别名：酒假桄榔、钝齿鱼尾葵、单干鱼尾葵、guo bang（D-BN）、la wuo

buo ma（H）、zong bie（Z）。

（2）形态特征：乔木状；茎黑褐色，茎不膨大成花瓶状，表面无白色的毡状茸毛，具明显的环状叶痕。叶长 3.5~5 m；羽片宽楔形或狭的斜楔形，最下部的羽片紧贴于分枝叶轴的基部，边缘具规则的齿缺，基部以上的羽片渐成狭楔形，外缘笔直，内缘斜伸或弯曲成不规则的齿缺，且延伸成尾状渐尖，最顶端的 1 个羽片为宽楔形，先端二至三裂；叶鞘边缘具网状的棕黑色纤维。花序较长，具多数、密集的穗状分枝花序；雄花花萼与花瓣被脱落性的黑褐色毡状茸毛，雄蕊（30~）80~100 个；雌花与雄花相似，退化雄蕊 3 个。果实球形至扁球形，成熟时红色。种子 1~2 颗，近球形或半球形，胚乳嚼烂状。花期 6—10 月，果期 5—10 月。

（3）生境分布：产于中国广西西南部（龙州）、云南东南部至西北部。生于海拔 370~1 500（~2 450）m 的石灰岩山地区或沟谷林中。小笠原诸岛、印度（阿萨姆）、孟加拉国、尼泊尔、斯里兰卡、缅甸、泰国和马来西亚亦有分布。中国华南、东南引种栽培。

4.6.4.2 观赏价值

树干高大挺拔，叶片宽大平展，如同孔雀开屏，美丽迷人；树形奇异，叶片排列整齐；茎干树干中下部常膨大成瓶状（图 4-20），是云南诸多城市栽植于行道、公园、绿地、湖泊边的重要观赏棕榈植物。

图 4-20　董棕

4.6.5　加那利海枣 *Phoenix canariensis* Chabaud

4.6.5.1　植物基本信息

（1）异名：*Phoenix dactylifera* var. *jubae* Webb & Berthel.（1847）；*P. jubae*（Webb & Berthel.）Webb ex H. Christ（1885）；*P. tenuis* Verschaff.（1869）；*P. cycadifolia* Regel（1879）；*P. vigieri* Naudin（1885）；*P. erecta* Sauv.（1894）；*P. macrocarpa* Sauv.（1894）。

（2）别名：加拿利海枣、加纳利海枣、加拿列海枣、长叶刺葵、槟榔竹、针葵、迦那利海枣、迦那利椰子。

（3）形态特征：茎单干型、直立，高达 20 m 以上，直径常超过 50 cm，粗的可达 70 cm 以上，具紧密排列的扇菱形叶痕而较为平整。羽状叶长达 6 m，羽片数达 400 片，绿色，坚韧，较整齐地排列。花序长达 2 m。果长 25 cm，成熟时黄色（见图 4-13、图 4-15）。

（3）生境分布：原产于非洲西北部加那利群岛，19 世纪中叶被引入欧洲。20 世纪初引入中国云南昆明栽培，20 世纪 80 年代大量引入中国，福建、广东、广西、海南、云南等较多省（自治区、直辖市）栽培。

4.6.5.2　观赏价值

绿色的球形树冠、金黄色的果穗以及被菱形叶痕所装扮的粗壮茎干（枣椰属中茎干最粗的种类），使本种成为最具观赏价值的羽状叶棕榈植物。可孤植于公园等地作为主景植物，也特别适合列植而作为行道树。昆明有两株生长百年、胸径达 70 cm 的加那利海枣，在中国实属罕见。

本属海枣、刺葵、江边刺葵和林刺葵等，均是重要的观赏棕榈植物。

4.6.6　酒瓶棕 *Hyophorbe lagenicaulis*（L. Bailey）H. Moore

4.6.6.1　植物基本信息

（1）异名：*Mascarena lagenicaulis* L. H. Bailey, Gentes Herb. 6：74（1942）。

（2）别名：酒瓶椰子、lai ba（JP）。

（3）形态特征：高 6 m，球径可达 70 cm 以上。羽状叶拱形、旋转，叶数 5~6 片，长达 2.5 m，叶柄长约 45 cm，羽片数可达 100 片，羽片整齐地排成 2 列，长约 45 cm、宽约 5 cm，于基部侧向扭转而使羽片的叶面和叶轴所在的平面成 45°角。有时羽片和叶柄边缘略带红色。花序长约 0.6 m。果实长可达 3 cm，宽达 2.5 cm（图 4-21）。

（4）生境分布：产于马达加斯加和美国加利福尼亚南部。中国云南、福建等地区引种栽培。

4.6.6.2　观赏价值

茎干膨大似酒瓶，因而中文名为酒瓶棕。拱形、旋转的羽状叶，组成了美丽的树冠，羽片扭转 45°增强了叶片的层次感及立体感，美不胜收。可孤植作为公园的主景植物，也可列植、丛植、坛植或群植于公园、宾馆、图书馆等门口，以及道路两侧。

（a）

（b）

图 4-21　酒瓶棕

5 棕榈植物与绿色食品

　　绿色食品是无污染的、安全、优质、营养类食品的统称，是遵循可持续发展的原则，按照特定的生产方式生产，经专门机构认定，许可使用绿色食品标志商标的食品。棕榈植物食品满足无污染的、安全、优质、营养类食品的要求，是极富潜力的可认证绿色食品：①棕榈植物生长于优良的生态环境。棕榈植物大多生长于森林环境中，是无污染而安全的，即使是栽培的棕榈植物，也很少使用化肥和农药。②棕榈植物食用优质而成分营养。大量可食用的棕榈植物，都是优质而营养丰富的。如棕包，其市场价格往往高于猪肉，比一般蔬菜更是高很多；藤笋的营养价值也要高于竹笋等。③棕榈植物食用类型多样而可持续性强。棕榈植物不仅可以直接作为蔬菜、水果食用，而且还可以加工成优质的食用油料、淀粉、糖类、酒类和醋类等，具有生态、高效的生产潜力，如油棕被称为"世界油王"；而森林中棕榈植物可多年收获，而人工棕榈植物林分（如槟榔）一经种植，也多年受益。

　　许多棕榈植物为人类提供了美味的食品。花序、果实和果序、茎干和茎尖等，构成棕榈食品多彩的食品世界。如桃椰花序汁液可制糖、酿酒，髓心含淀粉可食用，种子的胚乳可用糖煮成蜜饯，嫩茎可作为蔬菜食用。南巴省藤、盈江省藤、云南省藤等的果实可直接食用或代替醋用；高地钩叶藤、钩叶藤、柳条省藤和黄藤等种类的藤笋民间常做蔬食。棕榈未开放的花苞又称"棕鱼"，在云南省德宏、腾冲等地被作为蔬菜食用，颇具民族风味，市场价格有时高于猪肉。董棕的髓心所产淀粉加工产品即为西米，其嫩茎叶可食用，味道优于茭白（*Zizania latifolia*），属美味山珍，种仁含有丰富的淀粉和蛋白质，磨粉后可食用或做牲畜饲料。鱼尾葵、贝叶棕等茎髓含大量淀粉，亦可食。

5.1 蔬食棕榈植物

一些棕榈植物的芽、幼叶或嫩茎可直接蔬食，也常被人们制成罐头。如巴西桃果椰子嫩茎棕心可作为蔬菜食用。再如棕榈花在中国自古就有食用的记载。(宋)阳枋在《棕花》中写道："满株摞甲诧棕榈，叶展蒲葵冬不枯。鬼发擘开织玉掌，蚌胎剖破细琼珠。熟煨炉火香于笋，白饤盘银美似酥。珍膳莫充禅客供，恐猜鱼子放江湖。"更有(宋)董嗣杲在《樱榈花》(《棕榈花》)中写道："碧玉轮张万叶阴，一皮一节笋抽金。胚成黄穗如鱼子，朵作珠花出树心。蜜渍可驰千里远，种收不待早春深。蜀人事佛营精馔，遗得坡仙食木吟。"而现代，棕榈花在云南西部(特别是德宏)，更是传统的美味食品。

又如黄藤，其笋是一种高蛋白、低脂肪、富含纤维素的绿色森林蔬菜，味道独特，甘中带苦，含有钙、磷、镁等丰富的矿质元素，尤其是钙含量高达0.824%；此外，黄藤笋中含有 17 种氨基酸，其中人体必需氨基酸有 8 种，占氨基酸总量的 52.69%。且必需氨基酸组成比例接近人体需要的氨基酸比例，蛋白质营养价值优于韭菜、菠菜、苋菜等常见蔬菜(赵霞 等，2007)。棕榈藤笋是环保、健康和绿色的食品，具有极大的发展潜力。

棕榈植物的花蕾、嫩芽、茎尖，甚至嫩叶，可以煮熟或生吃，以及制作沙拉，在世界各地深受当地部落和西方美食家的喜爱。在巴西、巴拉圭和委内瑞拉等国家和地区，这些棕榈植物的食用部位被罐装并作为"棕榈心"等产品出口，不同地域对棕榈植物作为蔬菜的食用习惯，由于气候等原因，也不尽相同。某些种类分布较广，如拱叶椰(*Actinorhytis calapparia*，又称马来椰，分布在巴布亚新几内亚、所罗门群岛、泰国*、马来西亚*、印度尼西亚*)，其棕心可食用，种子可作为槟榔替代品，但具有强烈的麻醉作用；木鲁星果椰(*Astrocaryum murumuru*，分布于法属圭亚那、圭亚那、苏里南、委内瑞拉、巴西北部)、马里帕帝王椰(*Attalea maripa*，分布于特立尼达和多巴哥、法属圭亚那、圭亚那、苏里南、委内瑞拉、玻利维亚、哥伦比亚、厄瓜多尔、秘鲁、巴西)、高异苞椰(*Heterospathe elata*，分布于印度尼西亚、菲律宾、马里亚纳群岛)、海地王棕(*Roystonea borinquena*，分布于多米尼加、海地、法属背风群岛、波多黎各)等种类的棕心也较为美味。

可作为蔬食的棕榈植物分布于较多的区域，具有较大的发展潜力(表 5-1)。

表 5-1　蔬食类棕榈植物

种类	食用特性
Acanthophoenix rubra 红脉椰	幼嫩茎尖可做蔬菜
Acrocomia aculeata 刺干椰	幼嫩叶是上等菜肴，可生食
Aiphanes aculeata 孔雀椰	幼嫩茎尖可做蔬菜
Basselinia glabrata 侧胚椰	棕心可食用
Aphandra natalia 毛鞘象牙椰	未成熟果实可以食用
Archontophoenix alexandrae 假槟榔	顶芽可以食用
A. cunninghamiana 紫花假槟榔	茎尖可食（Jones，1995）
Areca catechu 槟榔	顶芽可以食用（包括哈氏槟榔 *A. hutchinsoniana*、伊波特槟榔 *A. ipot*、吕宋槟榔 *A. parens*，均产于菲律宾）
A. macrocalyx 大萼槟榔	棕心可食；果实可为槟榔替代品，可食
A. vestiaria 橙槟榔	嫩芽蔬食（印度尼西亚）
Arenga brevipes 短柄桄榔	嫩芽、茎尖可作为蔬食，香甜、松软而细嫩（印度尼西亚、马来西亚）
A. listeri 圣诞岛桄榔	茎尖可食（Jones，1995）
A. microcarpa 小果桄榔	棕心可食用
A. obtusifolia 钝叶桄榔	茎髓含咖喱，辛香味，可食
A. pinnata 砂糖椰子	幼嫩茎尖可做蔬菜
A. undulatifolia 波叶桄榔	嫩芽、茎尖可作为蔬食，香甜、松软而细嫩（马来西亚）
A. wightii 怀氏桄榔	花梗尖含汁液，可食
Astrocaryum aculeatum 星果椰	棕心可食
A. jauari 贾氏星果椰	棕心可食
A. mexicanum 墨西哥星果椰	棕笋、棕心和花均可食用
Attalea butyracea 毛鞘帝王椰	顶芽作为蔬菜食用
A. macrocarpa 大果直叶桐	嫩芽可做蔬菜
A. phalerata 皮沙巴直叶椰子	茎尖可食（Jones，1995）
Bactris gasipaes 桃棕	幼嫩芽、棕心可做蔬菜食用，味道鲜美
Beccariophoenix madagascariensis 马岛窗孔椰	棕心美味可食
Borassodendron borneensis 婆罗洲垂裂棕	食用茎尖甜、香而脆，在宾图鲁市场有售（Dransfield，1972）；幼嫩果实（胚乳）狩猎时可食
B. machadonis 垂裂棕	茎尖可食（Jones，1995）
Borassus flabellifer 糖棕	种子萌发出的嫩芽和肉质根可供食用
B. madagascariensis 马岛糖棕	棕心、茎尖用于蔬食；茎髓含淀粉
Brahea brandegeei 异色长穗棕	茎尖可食（Jones，1995）

续表

种类	食用特性
B. edulis 大果长穗棕	嫩的心叶可当蔬菜食用
Calamus acanthospathus 云南省藤	藤嫩梢富含人体所需的多种营养成分，可做蔬菜食用
C. egregius 短叶省藤	嫩芽可做蔬菜食用
C. flagellum var. *flagellum* 长鞭藤	藤株顶部嫩梢可供食用
C. jenkinsiana 黄藤	黄藤笋提取液的抗氧化物活性非常高，与保健蔬菜芦笋相当，远高于竹笋、葛笋和菱白等，是新型蔬菜
C. paspalanthus 雀稗花省藤	藤笋可食
C. rhabdocladus 杖藤	藤尖可食
C. viminalis 柳条省藤	藤心、果实可食
Calyptronoma plumeriana 普氏隐蕊椰	雄花含有甜蜜，可食
Carpentaria acuminata 北澳椰	茎尖可食（Jones，1995）
C. macrospermum 硬果椰	棕榈心偶尔与椰子汁混合，用于制作沙拉
Caryota obtusa 董棕	茎尖可食（Jones，1995）
Chamaedorea elegans 袖珍椰	幼嫩花序可供食用
C. tepejilote 玲珑竹节椰	幼嫩花苞可供煮食，味似芦笋
Chamaerops humilis 欧洲矮棕	花芽是非洲北部招待贵宾的食蔬
Coccothrinax argentata 银叶棕	幼嫩叶是上等菜肴，可生食
Cocos nucifera 椰子	棕心可食，茎尖可食（Jones，1995）
Corypha utan 长柄贝叶棕	嫩芽可做凉拌菜食用
Deckenia nobilis 塞舌尔王椰	收割嫩茎芽做蔬菜食用
Dictyosperma album 环羽椰	植株嫩芽间供食用
Dypsis ampasindavae 三列叶马岛椰	棕心用于蔬食
D. ankaizinensis 安凯金马岛椰	棕心用于蔬食
D. baronii 巴氏马岛椰	棕心可作为蔬菜，非常美味
D. basilonga 基叶长马岛椰	棕心用于蔬食
D. canaliculata 具沟马岛椰	棕心用于蔬食
D. decipiens 王马岛椰	棕心美味，可蔬食
D. hovomantsina 异味马岛椰	棕心用于蔬食
D. ligulata 舌状马岛椰	棕心用于蔬食
D. madagascariensis 马岛椰	棕榈心（顶叶芽）是一种很好的蔬菜
D. malcomberi 马氏马岛椰	棕心用于蔬食
D. mananjarensis 马南扎里马岛椰	棕心用于蔬食
D. oreophila 山生马岛椰	棕心用于蔬食

种类	食用特性
D. perrieri 斐丽金果椰	棕心用于蔬食
D. pilulifera 球状马岛椰	棕心用于蔬食
D. prestoniana 普氏马岛椰	棕心用于蔬食
D. tsaratananensis 察拉塔纳纳马岛椰	棕心用于蔬食
D. tsaravoasira 皇子金果椰	棕榈心可食用，备受推崇
D. utilis 拟散尾葵	棕心用于蔬食
Euterpe edulis 馑菜椰	棕榈心非常美味，作为蔬菜食用；茎尖可食（Jones，1995）
E. oleracea 菜椰	棕榈心似卷心菜，非常美味，味似"朝鲜蓟"
E. precatoria var. *precatoria* 念珠状菜椰	嫩心叶可做蔬菜，特别受人喜爱
Hydriastele ramsayi 澳洲长瓣槟榔	茎尖可食（Jones，1995）
H. palauensis 帕劳单生槟榔	茎尖可食（Jones，1995）
Hyophorbe lagenicaulis 酒瓶椰	茎尖可食（Jones，1995）
H. verschaffeltii 棍棒椰	茎尖可食（Jones，1995）
Hyphaene coriacea 矮叉干棕	棕心可食
H. thebaica 叉干棕	顶芽作为蔬菜食用（palm cabbage），棕心有时煮熟食用，幼苗的下胚轴也可煮熟食用
Juania australis 胡安椰	茎尖可食（Jones，1995）
Licuala paludosa 沼生轴榈	茎尖可食（Jones，1995）
L. spinosa 刺轴榈	茎尖作为蔬菜食用
Linospadix monostachya 单穗线序椰	茎尖可食（Jones，1995）
Livistona australis 澳洲蒲葵	茎尖可食（Jones，1995）
L. benthamii 本氏蒲葵	茎尖可食（Jones，1995）
L. humilis 矮蒲葵	茎尖可食（Jones，1995）
L. speciosa 美丽蒲葵	茎尖可食（Jones，1995）
Lodoicea maldivica 巨籽棕	茎尖可食（Jones，1995）
Metroxylon sagu 西谷棕	茎尖可食（Jones，1995）
Nannorrhops ritchiana 中东矮棕	幼嫩叶是上等菜肴，可生食
Normanbya normanbyi 银叶狐尾椰	茎尖可食（Jones，1995）
Oenocarpus bacaba 南美酒果椰	茎尖可食（Jones，1995）
Oenocarpus bataua var. *oligocarpus* 少果酒果椰	茎尖可食（Jones，1995）

种类	食用特性
Oncosperma horridum 刺毛刺菜椰	棕心没有苦味，大小适合，在马来西亚奥斯利(Orang As-li)的棕榈心中品质是最好的。然而，取食需要一把钢化钢棒(丛林刀)来切断坚硬的树干(Kiew，1991)
O. tigillarium 绵毛刺菜椰	茎尖可食(Jones，1995)
Phoenix dactylifera 海枣	嫩芽和花苞可做蔬菜，烹饪后鲜美异常；幼树的树髓经加工后也是名贵的食品
P. loureiroi 刺葵	嫩芽洗净可生食，也可炒食或煮食，烹煮尤佳
P. paludosa 泰国刺葵	棕心可食
Pritchardiopsis jeanneneyi 脊果棕	茎尖可食(Jones，1995)
Raphia farinifera 粉酒椰	棕心可以食用
Ravenea albicans 变白国王椰	棕心用于蔬食
R. dransfieldii 德氏国王椰	棕心用于蔬食
R. madagascariensis 马岛国王椰	茎尖可食(Jones，1995)
R. robustior 略粗壮国王椰	棕心用于蔬食；茎髓含淀粉
R. sambiranensis 桑布兰诺国王椰	棕心用于蔬食
Rhopalostylis sapida 新西兰椰	幼嫩花序可做蔬菜(新西兰毛利人)
Roystonea oleracea 菜王棕	幼嫩茎尖可以生食、煮熟或腌制(Jones，1995)
R. regia 王棕	叶芽可做蔬菜食用
Sabal causiara 巨菜棕	嫩芽可做蔬菜
S. minor 矮菜棕	嫩芽可做蔬菜
S. palmetto 菜棕	嫩叶芽、嫩花序可做蔬菜，味如卷心菜，原产地将其加工成罐头出口
Salacca griffithii 滇西蛇皮果	嫩芽可食
S. zalacca 蛇皮果	嫩芽可食
Saribus jeanneneyi 美丽叉序棕	茎尖可食
S. rotundifolius 圆叶叉序棕	茎尖可食(Jones，1995)
Satakentia liukiuensis 琉球椰	茎尖可食(Jones，1995)
Socratea exorrhiza 高根柱椰	幼芽可当蔬菜食用
Syagrus romanzoffiana 金山葵	茎尖可食；叶子和水果被喂给牲畜；种子被碾碎并喂食家禽
Trachycarpus fortunei 棕榈	幼嫩花芽是著名的民间蔬菜，可炒食和煮汤，美味异常
T. nana 龙棕	花可食用
T. princeps 贡山棕榈	幼嫩花序可食用

此外，棕榈植物的某些部位也常常用于牲畜饲料。如叉干棕的幼叶和嫩茎可做牲畜饲料，在苏丹，嫩叶被切割并干燥，以便在旱季用作饲料；雄性花序也作为饲料。王棕的果实在古巴作为家畜饲料。本书一些表中的某些种类，也含有饲料的食用特性。

5.2 果食棕榈植物

椰果是最广为人知的热带水果，椰肉（固体胚乳）细嫩松软，甘香可口，可加工成如椰奶、椰奶粉、椰蓉、椰丝、椰干、椰子饼、椰子酱和椰子蜜等系列营养食品。椰子水（液体胚乳）鲜美清甜，一般 7—8 月的嫩椰子果的水糖分含量达到 6%~10%，可当成水果直接食用，深受广大消费者喜爱。又如桃棕，是巴西当地的主要"粮食"，果实营养价值极高，含人体必需的多种营养成分。其果肉含水分 49.5%~92.8%，蛋白质 6.1%~9.8%，脂肪 8.3%~23%，无氮提取物59.5%~79.9%，纤维 2.8%~9.3%，灰分 1.3%~2.4%，β-胡萝卜素 15~670 μg，维生素 B_1 0.04~0.05 mg，维生素 B_2 0.11~0.16 mg，烟酸 0.9~1.4 mg，维生素 C 20~35 mg，且蛋白质中含各种氨基酸、脂肪酸 53.3%~69.9%，以棕榈油酸、油酸、亚油酸、亚麻酸各种不饱和酸为主，饱和脂肪酸为 29.6%~46.3%，主要为棕榈酸及硬脂酸。桃棕果实可食率 88.5%~92.8%，无籽桃棕为 100%（胡建湘等，2001）。海枣是地中海地区的代用粮食，其果实可加工成果汁和"蜜枣"，现市场上广泛销售；《南方草木状》中描述海枣："身无闲枝，直耸三四十丈，树顶四面，共生十余枝，叶如拼榈，五年一实。实甚大，如杯碗，核两头不尖，双卷而圆；味极甘美，安邑御枣无以加也。"蛇皮果是东南亚地区高级宾馆的上等佳果。

此外，柏状穗黄藤（*Calamus acamptostachys*）、环刺黄藤（*C. collariferus*）、双生叶黄藤（*C. didymophylla*）、刺毛黄藤（*C. hystrix*）、硕大黄藤（*C. ingens*）、长梗黄藤（*C. longipes*）、小穗黄藤（*C. microstachys*）、周刺黄藤（*C. periacantha*）、具花葶黄藤（*C. scapigera*）和美丽黄藤（*C. spectabilis*）等的果实含有甜味，在马来西亚可以食用（Pearce，1991）。还有许多属的棕榈植物所产的果实可鲜食和加工成食品（表 5-2）。

表 5-2　果实/种子食用棕榈植物

种类	食用特性
Acrocomia aculeata 刺干椰	种仁可食用，味甜；果实油腻，有点苦，可食
Adonidia merrillii 圣诞椰	种子作为槟榔的代替品，可以食用
Aiphanes aculeata 孔雀椰	果实富含胡萝卜素，可食用
Allagoptera arenaria 轮羽椰	果肉可食用，味甜（短萼轮羽椰 *A. brevicalyx*、平原轮羽椰 *A. campestris* 均产巴西，可食用），可以鲜食或者制作成果汁

种类	食用特性
A. leucocalyx 白萼轮羽椰	果实的胚乳和种子可食用
Areca catechu 槟榔	果实可食用
A. macrocalyx 大萼槟榔	在印度民间可作为槟榔代用品食用
Arenga obtusifolia 钝叶桄榔	胚乳可食用
A. pinnata 砂糖椰子	幼嫩胚乳被称为科郎灵（印度尼西亚），可鲜食或罐装
Astrocaryum acaule 无茎星果椰	鲜果含丰富的维生素 A，可食
A. aculeatum 星果椰	果实富含蛋白质、脂肪，可以食用或提取油脂；种仁占果重 1/3，干重含油 35%
A. campestre 平原星果椰	果实可食用
A. murumuru 木鲁星果椰	果实味道多汁、芳香可口
A. vulgare 果棕	液状胚乳类似椰汁，可以饮用，味酸且解渴，也可做成果泥
Attalea allenii 阿伦帝王椰	果实可食
A. butyracea 毛鞘帝王椰	果实可作为蜜饯；果浆可食用，呈肉质和纤维状，口感好，浓稠，略带甜味和坚果味
A. cohune 帝王椰	果实、果仁和棕心均可食
A. crassispatha 海地帝王椰	孩子喜欢食用的果实
A. rostrata 迤逦椰	果实味甜，可食
A. macrocarpa 大果直叶椰	果实可作为蜜饯
A. maripa 马里帕帝王椰	果实和嫩芽均可食用
A. phalerata 皮沙巴直叶椰子	果实（果肉和内核）及其副产品的可食用部分具有极高的营养和商业价值
Bactris gasipaes 桃棕	果实富含脂肪、蛋白质，可代替粮食食用；与椰子、伊拉克蜜枣、油棕并列为棕榈科四大作物
Borassodendron borneensis 婆罗洲垂裂棕	果实的胚乳也可同椰子胚乳一样食用（Pearce，1991）
Borassus flabellifer 糖棕	果实大，果肉多汁、可食，可制果汁或罐头；果实未熟时在种子里面有一层凝胶状胚乳和少量清凉的水，也可食用和饮用
B. madagascariensis 马岛糖棕	果实可以食用
B. sambiranensi 王糖棕	果实未成熟即可食用，也可制作饮料
Brahea dulcis 甜长穗棕	种子味甜，可食
B. edulis 大果长穗棕	果肉很甜，种子味甜，可食用
Butia capitata 布迪椰	果肉可食，也可发酵制成饮料，或制作果汁，是果冻的优质原料；种子可食
Calamus acanthospathus 云南省藤	果实酸甜，可食
C. calospathus 美苞藤	果实美味，可食

续表

种类	食用特性
C. caryotoides 鱼尾省藤	果实可以食用
C. flagellum var. *flagellum* 长鞭藤	果实可食用
C. lobbianus 洛氏省藤	果实甜且可口
C. manillensis 马尼拉省藤	果肉特酸，但食后有不寻常的味道，是8—10月市场常售的水果之一（菲律宾）
C. nambariensis var. *alpinus* 高地省藤	果实、藤心可食
C. nambariensis var. *nambariensis* 南巴省藤	果实、藤心可食
C. nambariensis var. *yingjiangensis* 盈江省藤	果实、藤心可食
C. paspalanthus 雀稗花省藤	果实被做成泡菜，非常好吃（Dransfield，1979）；藤笋可食
C. thysanolepis 毛鳞省藤	果实可食
Calyptrocalyx spicatus 穗状隐萼椰	果实可食，做槟榔的代用品（印度尼西亚）
Calyptronoma plumeriana 普氏隐蕊椰	花果味甜，可以食用
Carpoxylon macrospermum 硬果椰	鲜果可食，在质地和味道上类似于绿色椰子，被当地村民认为是一种美味佳肴
Colpothrinax wrightii 瓶棕	果实可食用
Copernicia prunifera 蜡棕	果实可食用
Corypha umbraculifera 贝叶棕	幼嫩的果仁可用糖浆熬成糖食
C. utan 长柄贝叶棕	幼果仁可制甜食
Dypsis baronii 巴氏马岛椰	果实可食用，味甜
D. decaryi 三角椰	果实可食，也可以发酵做饮料
D. madagascariensis 马岛椰	果实可以食用
D. utilis 拟散尾葵	果肉含糖，可以食用
Elaeis guineensis 油棕	果实熟时煮食
Eleiodoxa conferta 双雄椰	水果可以用于制作调味蔬菜菜肴或保存在糖溶液中后的零食（印度尼西亚）
Eugeissona tristis 马来刺果椰	马来西亚奥斯利人食用未成熟果实的胚乳
Euterpe edulis 馔菜椰	果实可果腹，常被制作成冰激凌、高档酒类的添加剂或果汁饮用
E. oleracea 菜椰	果实是冰棋淋及其他冷饮的原料，清爽可口；也可制稀糊，是当地居民的主食
E. precatoria var. *precatoria* 念珠状菜椰	果实可以食用

续表

种类	食用特性
E. precatoria var. *longivaginata* 长鞘念珠莱椰	果实可以做原料
Geonoma interrupta 参差唇苞椰	种子用于制作饮料(厄瓜多尔)
Hydriastele microcarpa 小果水柱椰	果实可以代替槟榔食用
Hyphaene thebaica 叉干棕	果实风味特别，可食，又称姜果棕；未成熟种子的胚乳是柔软的，并且有一个腔，里面装着一种液体，这种液体在尼日利亚北部是一种非常美味的饮料；未成熟种子的胚乳也可生吃或煮熟食用
Jubaea chilensis 智利蜜椰	果肉味甜似蜂蜜，可制蜜饯
Jubaeopsis caffra 南非丛椰	近似椰子，果肉油腻，可以食用
Livistona saribus 大叶蒲葵	果实可食
L. speciosa 美丽蒲葵	果实可食
Lodoicea maldivica 巨籽棕	果肉甜美，具有滋阴、补肾、壮阳、强身的功效
Mauritia flexuosa 单干鳞果棕	果实成大串，可食
M. vinifera 南美桐	果实成大串，可食
Nannorrhops ritchieana 中东矮棕	果实可食
Nypa fruticans 水椰	嫩果可生食或糖渍
Parajubaea cocoides 脊果椰	核果种仁可食用
Phoenix acaulis 无茎刺葵	新鲜果实具有甜浆，印度东北部部落食用
P. dactylifera 海枣	果实可食，可以做蜜饯、果脯；果仁粉可代替咖啡；果实烘干后磨成粉可当粮食
P. loureiroi 刺葵	成熟果实可生吃，味道类似枣干
P. paludosa 泰国刺葵	果实可食，作为咖啡替代品(Mogea，1991)
P. pusilla 斯里兰卡刺葵	果肉味甜可食
P. reclinata 非洲刺葵	果实被认为是代替椰枣最重要的种类，香甜可食；种子烘烤后可作为咖啡代用品
Raphia farinifera 粉酒椰	果实可以食用
Ravenea sambiranensis 桑布兰诺国王椰	果实可以食用
Roystonea regia 王棕	果实可食用
Sabal palmetto 菜棕	果实可代替粮食或做饲料
Salacca griffithii 滇西蛇皮果	果实可食，酸味
S. zalacca 蛇皮果	果肉多汁，味甜鲜美，营养丰富，可食(Mogea，1991)
Serenoa repens 锯齿棕	果实可食
Syagrus botryophora 高大皇后椰	果实可食

种类	食用特性
S. coronata 五列金山椰	果肉质，可食
S. pseudococos 假椰皇后椰	果实可食
S. romanzoffiana 金山葵	果实成熟时味甜，可食
Trithrinax brasiliensis 巴西鞘刺棕	果实可食
Washingtonia filifera 丝葵	果实小，似豌豆，具有椰枣样甜味，可食
W. robusta 大丝葵	果实浆汁甜味，果肉似椰肉，可食

5.3 油料棕榈植物

棕榈植物中约有 10 个属的果实、种仁可生产食用油或工业、药用油脂，以油棕和椰子最为典型。油棕果和种子均可榨油，油棕果含油量达 70%，种子含油量约 50%，每 667 m² 油棕生产棕油 200~400 kg；椰子肉烘干后也可榨油，通常每 667 m² 椰子生产椰油 80~100 kg。棕油和椰油品质极佳，可用于人造奶油、烹调油、沙拉油、酥烤油、调味酱等。科学家们已发现，椰油和棕油等与汽油混合使用可以作为内燃机的燃料。目前，菲律宾、印度尼西亚和马来西亚等国家，利用棕榈油成功地开发出生物柴油、生物机油和高级润滑油等，产品已投放市场使用。因而，椰子和油棕等棕榈植物是未来重要的能源植物研究对象之一。

单杆鳞果棕（*Mauritia flexuosa*）果油是以不饱和脂肪酸为主的油脂，脂肪酸中含油酸 78.73%、亚油酸 3.93%、棕榈酸 17.34，另含类胡萝卜素、维生素 E 和维生素 C。毛瑞棕果油可用作化妆品的基础油脂，具有很好的渗透性，以及促进细胞再生、强化屏障功能的作用，以此油脂制得的乳状液稳定性好，可使皮肤保持细致嫩滑，同时具有很好的保湿效果。

分布在各地的许多种类，在不同的区域，如南美酒果椰（*Oenocarpus bacaba*；分布于哥伦比亚、委内瑞拉、圭亚那、苏里南、法属圭亚那、秘鲁和巴西）、酒果椰（*Oenocarpus bataua*；分布于巴拿马、特立尼达和多巴哥、法属圭亚那、圭亚那、苏里南、委内瑞拉、玻利维亚、哥伦比亚、厄瓜多尔、秘鲁和巴西）等，其种子均可榨油；含油较多的种类，被用于生产或提取食用油料或工业油料（表 5-3）。

表 5-3 油料类棕榈植物

种类	食用特性
Acrocomia aculeata 刺干椰	种仁可食用，味甜；种子可榨油
Astrocaryum murumuru 木鲁星果椰	种子可榨油
Attalea butyracea 毛鞘帝王椰	种子富含油，种子可榨油食用或工业用
A. cohune 帝王椰	种子富含油，可以食用，为美洲热带地区重要的油料树种

种类	食用特性
A. funifera 绳状帝王椰	种仁含油，可食用
A. macrocarpa 大果直叶桐	种子可榨油，食用或工业用
A. speciosa 油帝王椰	种子可榨油，种子含油量达60%~70%，产量大，是除油棕和椰子外最重要的油料作物，是巴西植物油出口的重要来源之一；其油闻起来像核桃，在20~30℃时变成液体，有奶油味，当地人用于加工肥皂、甘油和食用油
A. spectabilis 美丽直叶桐	种子可榨油
Elaeis guineensis 油棕	有"世界油王"之称，油可供食用和工业用
E. oleifera 美洲油椰	果实油可供食用和工业用
Euterpe oleracea 菜椰	果实中主要成分为油酸、棕榈酸、亚油酸、棕榈油酸、硬脂酸、亚麻酸；食用菜椰萃取的油中饱和脂肪酸、单不饱和脂肪酸、多不饱和脂肪酸比例更加均衡，其亚麻酸含量较橄榄油及油茶籽油偏高，更加有利于人体健康（瞿研 等，2018）
Jubaea chilensis 智利蜜椰	种仁含油，可食用
Manicaria saccifera 袖苞椰	种仁含油，可食用
Syagrus coronata 五列金山椰	种子可榨油
Trithrinax brasiliensis 巴西鞘刺棕	种子可榨油

5.4 制糖棕榈植物

棕榈植物中约有13个属的种类可以制作糖类产品（表5-4）。多数是将花序割开后采集其花汁，将花汁经蒸煮与加工而制成食用棕榈糖，如糖棕、桄榔等。东南亚一带通常将糖棕未开放的花序割开取得的汁液称为"椰花汁"，糖棕的"椰花汁"含糖量约15%，每株糖棕1 d可收集3~5 L的"椰花汁"，"椰花汁"可直接发酵制作成酒，也可制成醋，还可以蒸制成食用棕榈糖。有些棕榈植物的树汁或果汁，可直接当作饮料饮用或发酵制成酒和醋，如智利椰子，树干内有丰富的含糖树液，在春天可以砍伤或钻孔采集树汁，每株每年能采270~400 L树液，经煮沸浓缩即得"椰蜜"，可供饮用。

表5-4 制糖棕榈植物

种类	食用特性
Arenga westerhoutii 桄榔	茎干含淀粉，可以制糖
Borassus flabellifer 糖棕	粗壮的花序梗可以割取汁液（印度尼西亚），用于制糖、酿酒、制醋和制作饮料
Butia capitata 布迪椰	花序汁液可饮用或制糖、酿酒等

种类	食用特性
Caryota mitis 短穗鱼尾葵	花序液汁含糖分，供制糖或制酒，故又称"酒椰子"
Corypha umbraculifera 贝叶棕	花序割取汁液可用于炼糖或制成饮料；幼嫩的果仁可用糖浆熬成糖食
C. utan 长柄贝叶棕	花序液汁可制酒精、醋、糖和糖浆，故又称"吕宋糖棕"
Elaeis guineensis 油棕	花序汁可酿酒、制糖或制作饮料
Hydriastele microcarpa 小果水柱椰	花序的汁液可以食用
Jubaea chilensis 智利蜜椰	茎干和树干内有丰富的含糖树液，在春天砍伤或钻孔采集树汁，每株能采 270~400 L，经煮沸浓缩即得"椰蜜"，可供饮用或制糖、酿酒
Nypa fruticans 水椰	佛焰花序上的汁液含糖 15%，割取汁液可制糖、酿酒、制醋；种仁可食
Phoenix dactylifera 海枣	肥厚的花穗切断后流出的乳白色液体含有大量的糖，可提炼砂糖；果实含糖量高达 55%~70%，主要为多糖、葡萄糖和蔗糖，蛋白质含量 3%，并含有多种氨基酸
P. sylvestris 林刺葵	新鲜获得的棕榈汁含 12%~15% 的糖分，是一种美味的富含维生素的饮料(印度)
Raphia farinifera 粉酒椰	花序汁可产糖及制饮料、酿酒等

5.5　制酒、醋棕榈植物

大多数的棕榈植物的树汁、花序汁经发酵后可获得高能量的、富含矿物质及蛋白质的美味果酒，果酒经蒸馏后便是含酒精度较高的烧酒，即棕榈酒，但不同的区域，使用的种类和部位不同(表 5-5)。有些棕榈植物也作为制作醋的原料(表 5-6)。

表 5-5　利用树液制酒的棕榈植物

种类	地域/国家	种类	地域/国家
Arenga pinnata 桄榔	印度、马来西亚	*H. coriacea* 矮叉茎棕	非洲
Borassus aethiopum 非洲糖棕	非洲	*Mauritia flexuosa* 单杆鳞果棕	南美洲
Borassus flabellifer 糖棕	印度	*Nypa fruticans* 水椰	菲律宾
Borassus madagascariensis 马岛糖棕	马达加斯加	*Phoenix dactylifera* 海枣	北非
Caryota obtusa 董棕	印度	*P. reclinata* 非洲刺葵	非洲
Cocos nucifera 椰子	波利尼西亚	*P. sylvestris* 林刺葵	印度
Elaeis guineensis 油棕	非洲	*Raphia taedigera* 南美酒椰	中、南美洲
Hyphaene compressa 东非叉茎棕	非洲	*R. vinifera* 象鼻棕	尼日利亚

来源：JONES D L, 1995. Palms throughout the World[M]. Washington：Smithsonian Institution Press.

可以酿酒和制醋的棕榈植物如下：

表 5-6　酿酒和制醋的棕榈植物

种类	食用特性
Acrocomia aculeata 刺干椰	果肉可酿酒，在哥斯达黎加有名
A. crispa 刺瓶椰	果实可做饲料，并可用来酿酒
Allagoptera arenaria 轮羽椰	果肉可酿酒
Attalea butyracea 毛鞘帝王椰	通过去除顶芽获得汁液，树汁收集在芽所在的空洞中，树液可经发酵制作酒精饮料
Bactris guineensis 圭亚那栗椰	果实富含脂肪、蛋白质，可代替粮食供食用，可酿酒和制醋
B. major 大桃果椰子	果实具有多汁的肉，可以炒食或煮食，也可以酿酒或制醋
B. maraja 马拉雅栗椰	果实可以制醋
Copernicia prunifera 蜡棕	果实可制作食用的果醋
Corypha utan 长柄贝叶棕	花序液汁可酿酒、制醋
Cryosophila nana 矮叉刺棕	果实可酿酒
Euterpe oleracea 菜椰	果实可以酿酒
Hyphaene coriacea 矮叉干棕	棕心有时可以制作棕榈酒（马达加斯加）
H. thebaica 叉干棕	开花前从树中提取的树液，用于生产棕榈酒；果实也可酿酒，风味极佳
Jubaea chilensis 智利蜜椰	茎干、树干内有丰富的含糖树液，通常用于制醋
Oenocarpus distichus 二列叶酒果椰	果实可以酿酒
Pseudophoenix vinifera 酒樱桃椰	茎干含糖液，可以酿酒
Raphia vinifera 象鼻棕	幼嫩花柄上割取汁液可以酿酒，因而称"酒椰"，也可制糖或制作饮料
Syagrus amara 马提尼桐	未成熟的种子包含苦的汁液，可以发酵制作酒类

5.6　淀粉类可食棕榈植物

棕榈淀粉是棕榈植物重要的食用成分，桃椰属、栗椰属、糖棕属、鱼尾椰属、贝叶棕属、刺果椰属、鳞果棕属、西谷椰属、王椰属、皇后椰属等属的部分种类及水椰属的茎干含有淀粉，作为制作"西米"的原料（表 5-7）。如西谷棕属（*Metroxylon*）的西谷棕（*M. sagu*，现包括 *M. rumphii*）、桃椰属的砂糖椰子、鱼尾葵属的董棕和菜棕属的伞菜棕（*Sabal umbraculifera*）是印度尼西亚制作西米的重要原料，而单杆鳞果棕属（*Mauritia*）的单杆鳞果棕（*M. flexuosa*）和桃棕属的桃棕（*Bactris gasipaes*）是南美洲重要的西米资源。

此外，鱼尾葵、菜王椰等棕榈植物的茎干可生产淀粉和制成各种食品，如饭、粥、面包、布丁等。西谷棕在栽培条件下，8 年后可以收获，每株可产茎髓

1 000 kg，其含淀粉约 18%，淀粉产量高于木薯和水稻，主干死后可由根部生出更多的新芽更新。1 株西谷棕的淀粉产量可供一个成年人食用 1 年。这类淀粉都具有极高的营养价值，如鱼尾葵含有丰富的矿质元素、维生素、β-胡萝卜素和多种营养成分，至少含有 17 种氨基酸（7 种为人体必需的氨基酸），其中总糖、谷氨酸、维生素 B_2 含量、钙含量较高（钟华 等，2007）。

表 5-7　淀粉类可食棕榈植物

种类	食用特性
Arenga caudata 双籽棕	茎髓含淀粉，可制西米食用
A. microcarpa 小果桃榔	茎髓部富含淀粉（印度尼西亚），用作主食和制作饼干
A. pinnata 砂糖椰子	茎髓部富含淀粉、可制西米，供食用
A. undulatifolia 波叶桃榔	树干中提取淀粉，作为饥荒的食物食用（印度尼西亚）
Bismarckia nobilis 霸王棕	茎髓含淀粉，可制作优良西米
Caryota cumingii 菲岛鱼尾葵	茎髓部含淀粉，可制西米，供食用
C. maxima 鱼尾葵	茎含大量淀粉，可作为桃榔粉的代用品
C. mitis 短穗鱼尾葵	茎的髓心含淀粉，可食
C. rumphiana 鲁氏鱼尾葵	树干含有淀粉，食物短缺时可食用（印度尼西亚）
C. obtusa 董棕	茎髓含淀粉，可制西米，供食用；中国云南西北、西南部用其制作面包
Copernicia prunifera 蜡棕	树干髓部淀粉可制西米，供食用
Corypha umbraculifera 贝叶棕	茎干髓心捣碎用水沉淀，可提炼淀粉，供食用
C. utan 长柄贝叶棕	茎髓含淀粉，可食
Dypsis jumelleana 琼氏马岛椰	以前茎髓用于制作盐巴；茎髓苦，有毒，不能食用（马达加斯加）
D. lastelliana 红颈马岛椰	以前茎髓用于制作盐巴（马达加斯加）
Eugeissona tristis 马来刺果椰	茎髓部富含淀粉，可食用
E. utilis 刺果椰	从茎的髓中获得的淀粉，用于制作质量优良的西米，也可用于烹饪；花粉量大，紫罗兰色的花粉粒与米饭或西米一起，制作为甜点食用
Hydriastele microcarpa 小果水柱椰	树干含淀粉，食物短缺时可食用（印度尼西亚）
Mauritia flexuosa 单干鳞果棕	茎髓含淀粉，可食
Metroxylon sagu 西谷棕	树干中部蓄有大量淀粉，优良品种单个茎干淀粉产量可达 120～260 kg；淀粉可作为食品，制酒精，也通过乳酸发酵做成可降解塑胶制品
Phoenix rupicola 岩枣椰	茎干核心包含淀粉，粮食短缺时可食用（印度）
Ravenea robustior 略粗壮国王椰	以前茎髓用于制作盐巴（马达加斯加）
Roystonea oleracea 菜王椰	茎髓部富含淀粉，可食用
Syagrus coronata 五列金山椰	茎髓含淀粉，可食
Wallichia disticha 二列瓦理棕	树干髓心含淀粉，可供食用

5.7 代表性食用棕榈植物

5.7.1 油棕 *Elaeis guineensis* Jacquin

5.7.1.1 植物基本信息

（1）异名：*Elaeis dybowskii* Hua（1895）；*E. nigrescens* A. Chev.（1910）；*E. virescens* A. Chev.（1910）；*E. guineensis* var. *madagascariensis* Jum. & H. Perrier（1911）；*E. madagascariensis*（Jum. & H. Perrier）Becc.（1914）；*E. guineensis* var. *idolatricha* A. Chev.（1919）；*E. macrophylla* A. Chev.（1920）。

（2）别名：油椰子、油椰、非洲油棕、zhuan man（D-DH）。

（3）形态特征：乔木状；叶长 3~4.5 m，羽片线状披针形，下部的退化成针刺状。花雌雄同株异序，雄花序由多个指状的穗状花序组成，穗状花序上面着生密集的花朵，穗轴顶端呈凸出的尖头状，苞片长圆形，顶端为刺状小尖头；雄花萼片与花瓣长圆形，顶端急尖；雌花序近头状，密集，顶端的刺长 7~30 cm；雌花萼片与花瓣卵形或卵状长圆形。果实卵球形或倒卵球形，成熟时橙红色。种子近球形或卵球形。花期为 6 月，果期为 9 月（图 5-1）。

（a）　　　　　　　　　　　（b）

图 5-1　油棕

（4）生境分布：原产非洲热带地区，包括贝宁、加纳、几内亚、科特迪瓦、利比里亚、尼日利亚、塞内加尔、塞拉利昂、多哥、布隆迪、中非、喀麦隆、刚果（布）、加蓬、卢旺达、刚果（金）、肯尼亚、坦桑尼亚、乌干达、安哥拉等。世界范围内广泛栽培，如马达加斯加、斯里兰卡、马来西亚、印度尼西亚、老挝、越南、泰国等；中国台湾、广东、海南及云南热带地区有栽培。

5.7.1.2 食用价值

油棕是热带木本生物质油料和能源树种，是世界上最为重要的油料植物之一，有"世界油王"之称，具有较好的发展优势和潜力：

（1）结果期长。油棕定植后第3年开始结果，6~7龄进入旺产期，经济寿命达20~25年。

（2）含油量极高，产量占比最大。油棕果年单产达19.03 t/hm²，出油率20.10%，油脂年产量为3.83 t/hm²，比大豆、油菜、向日葵、花生、椰子和棉花分别高6倍、9倍、7倍、9倍、11倍和20倍。2017年，在世界油料产量和贸易量中名列前茅（USDA，2018）。中国油棕油进口量由2010年的202.8万t，急增至2017年的571.1万t，年增长率超过12.2%，迅速成为棕榈油消费大国（胡体嵘，2018）。

（3）适应性强，投资成本相对低。油棕能够在干旱和贫瘠的地区生长，病虫害少、树冠覆盖率高且稳定。因而生产成本较低，管理粗放，操作方便，投资回报的期限长。

（4）用途多样。无论是果实、花粉，还是茎干、叶片等，油棕都具有较高的应用价值（王开发 等，2004；雷新涛 等，2012；唐茂妍 等，2013；邓干然 等，2013；王挥 等，2014；张恩台，2016；胡体嵘，2018）。

油用价值极高，用途广泛。①食用：油棕油含有维生素E、类胡萝卜素、多酚、甾醇、角鲨烯等多种营养和功能性微量成分，可为人体补充大量的维生素A和维生素E，具有抗氧化、延缓衰老、提高人体免疫力、抑制生物系统免受氧化、预防心脑血管疾病等多种功效，因此油棕油被直接用于或与其他油脂混合制取普通产品，如煎炸油和烹调油、起酥油、人造奶油、可可脂及乳脂的代替品等，亦通过氢化、分提、酯交换加工成起酥油、人造奶油，用于冷饮、雪糕涂层、煎炸食品、巧克力糖果、奶糖、乳制品和婴儿食品的生产中。②工业用：主要用于肥皂和洗涤剂、药品、纺织、化妆、油脂化学、生物燃料等生产中，其具有生物降解功能，利于环境保护。

油棕粕是良好的饲料。油棕粕是油棕果仁脱壳榨油后的副产品，含有丰富的蛋白质和碳水化合物（50%），与其他同类能量饲料原料（如玉米、麦麸等）相比，其消化能、粗蛋白质和粗脂肪的含量均较高，并且富含多种微量元素和氨基酸，且油棕粕不含黄曲霉毒素，具有类似巧克力的味道，粗脂肪含量高，对畜禽具有良好的适口性。以其粗蛋白、粗脂肪、能量含量高等特点在畜禽饲料中的应用日渐广泛。此外，脱果后的空果穗可制作牛皮纸、肥料、燃料，并可以培养草菇等。未成熟的花序割开后流出的汁液，可以酿酒、做糖和制饮料。成熟的油棕果采摘下来后，加糖或盐煮熟后即可食用。

油棕花粉含有蛋白质、氨基酸、还原糖、蔗糖、脂肪、磷脂、维生素、类胡萝卜素、黄酮类、多糖、多肽以及多种矿物元素，营养成分丰富而全面，具有较好的开发潜力。

5.7.2　椰子 *Cocos nucifera* Linn.

5.7.2.1　植物基本信息

（1）异名：*Cocos indica* Royle（1840）；*C. nana* Griff.（1851）。

（2）别名：可可椰子、子壳、越王头、胥余、椰瓢、大椰、guo bao/guo ma bao（D-BN）、ma wen（D-DH）、me wun pun（JP）、zong shi gang（Z）。

（3）形态特征：乔木状；植株高大，茎粗壮，有环状叶痕，基部增粗，常有簇生小根。叶长 3~4 m；裂片线状披针形，顶端渐尖；叶柄粗壮，长达 1 m 以上。花序腋生，长 1.5~2 m，多分枝；佛焰苞纺锤形，厚木质，最下部的长 60~100 cm 或更长，老时脱落；雄花萼片 3 片，鳞片状，花瓣 3 片，卵状长圆形，雄蕊 6 个；雌花萼片阔圆形，花瓣与萼片相似，但较小。果实卵球状或近球形，顶端微具三棱，外果皮薄，中果皮厚纤维质，内果皮骨质坚硬，基部有 3 孔，果腔含有胚乳（即"果肉"或种仁）、胚和汁液（椰子水）。花果期主要在秋季。

（4）生境分布：原产马来群岛中部至太平洋西南部，世界性广泛引种栽培，包括马达加斯加、小笠原群岛、印度、斯里兰卡、泰国、印度尼西亚、马来西亚、菲律宾、新几内亚、澳大利亚、瓦努阿图、马克萨斯群岛、社会岛、土阿莫土群岛、加罗林群岛、马里亚纳群岛、马绍尔群岛、美国、伯利兹等。中国广东

图 5-2　椰子

南部诸岛及雷州半岛、海南、台湾及云南南部热带地区有分布。

5.7.2.2 食用价值

椰子具有非常高的食用价值，可食用部分主要包括椰蓉、椰水和椰花。

未熟胚乳(“果肉”)，也称椰蓉，美味可口，有“金丝发裹乌龙脑，白兔脂凝碧玉浆。未许分瓢饮醽醁，且堪切肉配槟榔。”(宋·赵升之《椰子》)之说。成熟的椰肉脂肪含量达70%，可榨油，还可加工各种糖果、糕点。

椰子水是一种可口的清凉饮料，“椰树之上采琼浆，捧来一碗白玉香。”(苏轼)，更有“味美如牛乳，穰中酒新者极清芳，久则浑浊不堪饮。”(宋·周去非《岭外代答》)

椰子汁可酿酒，椰子花也可以酿酒，美味可口。李珣(五代)在《南乡子·山果熟》中写道：“木兰舟上珠帘卷，歌声远，椰子酒倾鹦鹉盏。”殷尧藩(唐)在《醉赠刘十二》也有诗云：“椰花好为酒，谁伴醉如泥。”《齐东野语》(宋·周密)亦记载：“今人以椰子浆为椰子酒，而不知椰子花可以酿酒。”

5.7.3 桄榔 *Arenga westerhoutii* Griff.

5.7.3.1 植物基本信息

(1)异名：*Saguerus westerhoutii* (Griff.) H. Wendl. & Drude (1878)。

(2)别名：南椰、莎木、攘木、都句树、guo dao (D-BN)、ma wo man (D-DH)。

(3)形态特征：乔木状，茎较粗壮，高约5 m，直径15~20 cm，有疏离的环状叶痕(图5-3)。叶长3.5~5.5 m，羽片呈2列排列，线形，基部常有1或2个

(a)

(b)

图5-3 桄榔

耳垂，顶端呈不整齐的啮蚀状齿或二裂，上面绿色，背面苍白色；叶鞘具黑色强壮的网状纤维和针刺状纤维。花序腋生，从上部往下部抽生几个花序，当最下部的花序的果实成熟时，植株即死亡；花序长，花序梗粗壮，下弯，分枝多，佛焰苞多个；雄花大，花萼、花瓣各 3 片，雄蕊多达 100 个以上；雌花花萼及花瓣各 3 片，花后膨大。果实近球形，直径 4~5 cm，钝三棱，顶端凹陷，成熟时灰褐色（未熟果实干后呈黑色）。种子 3 颗，黑色，卵状三棱形，胚乳均匀，胚背生。花期 6 月，果实约在开花后 2~3 年时间成熟（陈三阳 等，2003）。

（4）分布生境：产中国云南（盈江、景洪、勐腊、金平、屏边、河口、富宁等地）、西藏（墨脱）、广西及海南；生于海拔 300~800 m 的热带森林中。分布于不丹至马来西亚半岛，包括不丹、印度（阿萨姆）、缅甸、老挝、柬埔寨、泰国、马来西亚等。

5.7.3.2　食用价值

桃榔和砂糖椰子，其茎干淀粉食用古代即有记载。最早见（汉）范晔在《后汉书·夜郎传》中载："句町县（句町县，在今云南的广南县境内）有桃榔木，可以为面，百姓资之。"直至清代吴其濬的《植物名实图考长编》，引《八郡志》记载"莎木皮出面，大者百斛，色黄，鸠人部落食之。"

5.7.4　菜棕 *Sabal palmetto*（Walt.）Lodd. ex Roem. et Schult. f.

5.7.4.1　植物基本信息

（1）异名：*Corypha palmetto* Walter（1788）；*C. umbraculifera* Jacq.（1800）；*Chamaerops palmetto*（Walter）Michx.（1803）；*Sabal blackburniana* Glazebr.（1829）；*Inodes palmetto*（Walter）O. F. Cook（1901）；*I. schwarzii* O. F. Cook（1901）；*Sabal palmetto* var. *bahamensis* Becc.（1907）；*S. schwarzii*（O. F. Cook）Becc.（1908）；*S. bahamensis*（Becc.）L. H. Bailey（1944）；*S. parviflora* Becc.（1908）；*S. jamesiana* Small（1927）；*S. viatoris* L. H. Bailey（1944）。

（2）别名：箬棕、白菜棕、龙鳞桐、巴尔麦棕榈、小箬棕。

（3）形态特征：乔木状，单生，常常被覆交叉状的叶基，浅裂成不规则的间断的裂缝，茎基常被密集的根所包围；叶为明显的具肋掌状叶，具多数裂片（可达 80 片），裂片先端深二裂，具细条纹和明显的二级和三级脉，两面同色（绿色或黄绿色），裂片弯缺处具明显的丝状纤维；花序形成大的复合圆锥花序，与叶片等长或长于叶，开花时下垂，分枝花序形成二级圆锥花序；果实近球形或梨形，黑色；种子近球形；花期 6 月，果期秋季(图 5-4)。

（4）生境分布：原产美国东南部至古巴，包括美国（佛罗里达州、乔治亚州、北卡罗来纳州、卡罗来纳州）、巴哈马、古巴。中国福建、台湾、广东、广西及云南一些园林单位有栽培。

（a） （b）

图 5-4　菜棕

5.7.4.2　食用价值

　　菜棕未开展的嫩叶芽及嫩花序可做蔬菜，味如卷心菜，在原产地将其加工罐头出口；其花是良好的蜜源，果实可代替粮食或做饲料。

6 棕榈植物与医药健康

棕榈植物具有极高的药用价值。《本草纲目》记载棕榈、槟榔的药用价值；《嘉祐本草》也有棕榈药用的记载。相关著作还有《名医别录》《新修本草》《本草便读》《南方草物状》，以及现代的《中国民族药志》等。

6.1 棕榈植物的医药价值

棕榈植物不同部位的药用价值具有多样性（表6-1）。例如，槟榔是中国著名四大南药之一，其种子、果皮、花苞和花均可入药。果实杀虫，破积，可降气行滞、行水化湿。香桃榔种子用作清血药，果皮为滋养强壮剂。糖棕根入药，治肝炎。鱼尾葵的根和茎内服治感冒、发热、咳嗽、肺结核、胸痛、小便不利；外敷治跌打损伤、骨折。董棕的花、果、棕根及叶基棕板可加工入药，主治金疮、疥癣、带崩、便血、痢疾等多种疾病。桃榔粉具有无脂、低热能、高纤维等特点，除丰富的碳水化合物外，还含有人体所需微量元素（铜、铁、锌等）、膳食纤维，以及 B 族维生素等，有清肺解暑、生津止渴、消毒祛炎之功能，对小儿疳积、发热、中暑、伤寒、腹泻、痢疾、疮肿痛、咽喉炎症等有辅助治疗功效，久服还有补益虚羸损乏、可治腰脚无力、可达身轻辟谷之效。

东南亚国家（如马来西亚）也使用棕榈植物的一些部位治疗各种疾病。如：生吃细长省藤（*Calamus exilis*）、爪哇省藤（*C. javensis*）、黄藤和轮生刺黄藤（*C. verticillaris*）的茎尖，可以治疗咳嗽；喝装饰省藤（*C. ornatus*）和坚挺戈塞藤（*Korthalsia rigida*）茎尖浸泡的水，可治疗胃痛和腹泻；利用栗色省藤（*Calamus castaneus*）未成熟果实用作咳嗽药末（Kiew，1991）；装饰省藤根的提取物在妇女分娩时使用，可以减轻痛苦（Pearce，1991）。一些棕榈藤的果实鳞片间的分泌物（胶质），可以提取红色的血竭，用于传统医学或作为染料使用，如双生叶黄藤

（*Calarous didymophylla*）、龙血藤（*C. draco*）、血竭藤（*C. draconcellus*）、斑黄藤
（*C. maculata*）、小刺黄藤（*C. micracantha*）、马来黄藤（*C. propinqua*）和红藤（*C. rubra*）等。

在我国云南的哈尼族社区，哈尼族人用棕根与蓝靛配制成避孕药，棕心烧成炭灰后用来医治风湿，棕包医治拉肚子，棕果用于退热和小儿盗汗、医治肾病，也可用来配制避孕药，棕榈树茎里白色的木质纤维被用来医治跌打损伤，起到接骨的作用（邹辉，2003）。

对现代棕榈植物各部分化学成分的研究，也为棕榈植物的药用价值提供了科学依据。海枣含有酚类化合物，如咖啡酸、阿魏酸、原儿茶酸、儿茶素、没食子酸、对香豆酸、间苯二酚、绿原酸和丁香酸等，以及丰富的生物碱、黄酮类化合物和单宁等抗氧化成分，对多种致病菌有很强的生物活性，用于治疗肠道疾病、发烧、支气管炎，并有助于伤口愈合，具有补中益气、除痰嗽、补虚损、消食、止咳等功效。如针对"痰湿"咳嗽，可用药方"白果、榧子、海枣、都念子、盐麸子，并主痰嗽"（《本草纲目》）。

表 6-1　药用棕榈植物

种类	药用部位及功用
Archontophoenix alexandrae 假槟榔	叶鞘纤维可入药，有消炎、止血之功效
Areca catechu 槟榔	种子名"槟榔子"，中医学上用为消积、杀虫、下气行水药，性温、味苦辛，主治虫积、食滞、脘腹胀痛、水肿、脚气等症；果皮称"大腹皮"，能行气、利水、消肿
Arenga caudata 双籽棕	根入药，味酸涩，性凉，可止血清热，通经收敛；治月经过多、血崩、子宫下垂、肺结核咯血；用量 30~60 g（叶华谷 等，2016b）
A. hastata 鱼尾桃榔	根和茎髓药用，治发热、食欲不振等
Astrocaryum murumuru 木鲁星果椰	花朵提取天然不饱和油脂类，具有良好的护肤效果，可作为保湿剂、柔润剂
Attalea butyracea 毛鞘帝王椰	根可用于治疗肝炎的提取物
A. phalerata 皮沙巴直叶椰子	果实可药用
Calamus balansaeanus 小白藤	果实可药用
C. draco 龙血藤	果实鳞片和树干分泌的树脂干后凝成血块状，称"血竭"或"麒麟竭"，供药用和染料（印度尼西亚、马来西亚）
C. jenkinsiana 黄藤	藤茎切片晒干，味苦，性平；可以驱虫、利尿、祛风镇痛；治蛔虫病、蛲虫病、绦虫病、小便热涩痛、齿痛；用量 4.5~9 g（叶华谷 等，2016b）
C. macrorhynchus 大喙省藤	果实供药用

种类	药用部位及功用
C. ornatus 装饰省藤	叶片撒于村庄民居附近，以抵御传染病（Kiew，1991）（马来西亚、泰国等）
C. tetradactylus 白藤	全株鲜用；味辛，性温；止血，祛风活血；治跌打肿痛、外伤出血；外用鲜品捣烂敷患处（叶华谷 等，2016c）
Caryota cumingii 菲岛鱼尾葵	茎髓可入药
C. maxima 鱼尾葵	根别名株本，味甘、涩，性平；可强筋壮骨；主治肝肾亏虚、筋骨痿软；煎汤内服，10~15 g（《广西本草精选》）；叶鞘纤维可作为止血药。祝之友 等（2017）记载：根入药。性温，味辛、苦。活血祛痰、强筋壮骨。治疗腰膝酸软、风湿痹痛。叶华谷 等（2016a）记载：叶鞘纤维治咯血，便血，血崩；根治肝肾虚、筋骨痿软。果实有毒，误食可致头晕呕吐
C. mitis 短穗鱼尾葵	髓部加工后的淀粉，味甘、涩，性平；健脾，止泻；主治消化不良、腹痛腹泻、痢疾；煎汤内服，10~30 g，或入丸、散（《中国民族药志》）
C. monostachya 单穗鱼尾葵	种子榨油可作为肝炎添加剂
Cocos nucifera 椰子	果肉汁、果壳味甘，性温；肉汁补虚、生津、利尿、杀虫，治心脏性水肿、口干烦渴、姜片虫病；果壳祛风、利湿、止痒；外用治体癣、脚癣（叶华谷 等，2016c）；椰根煮水可治疗炎症（李崇华，2010）；椰子油性微温、味辛，入肺、脾经，有杀虫止痒、敛疮的作用，可用于治疗冻疮、湿疹、疥癣等症
Copernicia prunifera 蜡棕	根可入药
Corypha umbraculifera 贝叶棕	根的汁液可治腹泻，嚼根可止咳；幼株的根水煎可治风热感冒
C. utan 长柄贝叶棕	茎干的淀粉在印度尼西亚传统医学中，用于治疗内科疾病；根可以治疗腹泻
Dypsis andrianatonga 贵人马岛椰	叶汤被用作康复的饮料，被马达加斯加马农加里沃的寺庙高度珍视（马达加斯加）
D. crinit 长毛马岛椰	心材用于治疗儿童的咳嗽（马达加斯加）
D. lutescens 散尾葵	叶鞘和根入药，有收敛、止血的功能。①取鲜叶鞘 50 g、槐花 15 g，泡汤代茶饮用，治高血压；②用散尾葵根 50 g，水煎，白糖冲服，治遗精（王意成，2012）
D. madagascariensis 马岛椰	果实用于治疗头痛、黄疸和肝炎；并且是一种哺乳期的辅助手段（马达加斯加）
Elaeis guineensis 油棕	根可以药用，有消肿祛瘀之功效
Eremospatha macrocarpa 大果单苞藤	根用于治疗梅毒（西非）
Euterpe edulis 馈菜椰	果提取物含抗氧化剂和多种植物精华、美白因子，可以增强皮肤抵抗力、恢复弹性嫩白、快速隐去毛孔

种类	药用部位及功用
E. oleracea 菜椰	油可用来治疗痢疾；果皮研磨制成的果粉可用于治疗皮肤溃疡；种子经烧烘后可制成浸液，用于治疗发烧；当地传统医学还用该植物治疗糖尿病、脱发、出血、肝炎、黄疸等肝脏疾病，以及肾脏疾病、疟疾、月经不调、经期疼痛和肌肉酸痛等（瞿研 等，2018）
E. precatoria var. *precatoria* 念珠状菜椰	根被用于药用，特别是对抗肌肉疼痛和蛇咬伤，也用于促进头发生长并保持黑色，防止孕妇脱发；叶子的煎剂用于缓解疼痛
Geonoma cuneata 楔叶唇苞椰	药用和兽医使用（厄瓜多尔）
Hyospathe elegans 雅致红轴椰	棕心使印第安人的牙齿变黑，达到美容的目的，咀嚼新叶生长以清洁牙齿，咀嚼其棕心以保护牙齿免受蛀牙危害；根用于对抗恶心、呕吐和头痛；芽根与巴西莓（*Euterpe precatoria*）混合，以治愈流感
Hyphaene coriacea 矮叉干棕	果、根可药用
H. thebaica 叉干棕	果实含水杨酸、强心苷和香豆素；果实、叶和根等药用；传统治疗胃痛、肠绞痛、高血压、糖尿病、黄疸、结膜炎、膀胱感染、尿血、腹股沟疝、血吸虫病、伤口等。如马里传统医学中，用根的糊状物在胸部按摩以缓解胸痛。在贝宁，其与油棕的叶子的煎剂，其和木樨草（杜纳尔）的果实，可治疗黄疸和醉酒；浸渍根皮用于治疗肠绞痛和腹股沟疝。在苏丹，叶纤维制作的草药被用作治疗结膜炎的洗眼剂，并且食用果实以对抗胃痛和膀胱感染，果肉被认为具有利尿特性，如果尿液中有血，可饮用根提取物
Licuala peltata var. *peltata* 盾叶轴榈	根在传统医学中作为利尿剂
L. rumphii 拉氏轴榈	植株用于治疗结核病和结肠炎，现代医学研究人员将其视为抗生素，是止泻药和抗感染药物的可能来源
L. spinosa 刺轴榈	树皮与其他植物组合用于治疗结核病
Livistona chinmsis 蒲葵	果、根、叶均供药用；果治癌症、白血病；根治哮喘；叶治功能性子宫出血、难产、胎盘不正等；种子入药，有抗癌功效；蒲葵子含鞣质、酚类、糖，主治食道癌、白血病和慢性肝炎（陈屏，2007）
Lodoicea maldivica 巨籽棕	果肉甜美，具有滋阴、补肾、壮阳和强身等功效；据称，果实能解百毒
Oncosperma horridum 刺毛刺菜椰	煮根用作治疗发烧（Mogea，1991）
Phoenix dactylifera 海枣	果实可入药，性味甘温，有温中益气、除痰止咳、消食、补虚损的功效
P. hanceana 刺葵	根皮可入药；性平，味涩；清热凉血、止血、破癥瘕；治疗便血、下痢、血崩、白带异常、劳伤吐血、血淋（祝之友 等，2017）
Pinanga coronata 山槟榔	用铁帚把根、马蹄菜、鱼腥草、山槟榔等内服，可清热解毒、治疗菌痢（洪荒 等，2013）
Rhapis excelsa 棕竹	根及叶鞘纤维可入药

续表

种类	药用部位及功用
R. humilis 矮棕竹	根药用，活血祛瘀、止血；治疗劳伤吐血、血淋、产后血崩、血痢（祝之友 等，2017）
Serenoa repen 锯齿棕	熟果通过对生殖泌尿道黏膜的刺激作用，可治疗膀胱、尿道和前列腺的某些刺激症状；亦作为强壮药，用于治疗消耗性疾病和支气管炎，以及作为利尿剂和镇静剂（蔡亲福，1997）
Trachycarpus fortunei 棕榈	种子可提取植物蜡，或做止血药；叶柄基部的棕毛入药，性平，味苦涩，功能收涩止血，主治吐血、崩带、便血、下痢等症，一般以陈棕炒炭后应用。果实名"棕榈子"，功用相似。祝之友 等（2017）记载：根皮入药，性平，味涩；清热凉血，止血，破癥瘕；可治疗便血、下痢、血崩、白带异常、劳伤吐血、血淋。花蕾提取液对大鼠离体子宫平滑肌有兴奋作用（刘善庭 等，2003）
T. nana 龙棕	花和种子可入药，花可治肾病，种子可治头晕头痛，叶鞘烧灰可做收敛止血药（徐成东 等，1999）
T. princeps 贡山棕榈	果实、叶、花、根等部分可入药

6.2　代表性药用棕榈植物

6.2.1　槟榔 *Areca catechu* Linn.

6.2.1.1　植物基本信息

（1）异名：*Areca cathechu* Burm. f.（1768）；*A. faufel* Gaertn.（1788）；*A. hortensis* Lour.（1790）；*Sublimia areca* Comm. ex Mart.（1838）；*Areca himalayana* Griff. ex H. Wendl.（1878）；*A. nigra* Giseke ex H. Wendl.（1878）。

（2）别名：槟榔子、仁频、宾门、宾门药饯、白槟榔、橄榄子、大腹子、洗瘴丹、青仔、洗瘴丹、堑子、guo ma（D-BN）、ma bu（D-DH）、bin lang（JP）、bin lang（Z）。

（3）形态特征：乔木状；树干笔直，环节明显；叶子集中在树干顶端，羽片多数，两面无毛，狭长披针形，上部的羽片合生，顶端有不规则齿裂；雌雄同株，花序多分枝；果实长圆形或卵球形，成熟前绿色，成熟后橙黄色(图6-1)；种子卵形，胚乳嚼烂状，胚基生。花果期3—4月。

（4）生境分布：产于中国云南、福建、广东、广西、海南、台湾等热区，重庆、陕西、河南等省(自治区、直辖市)引种栽培。亚洲热带地区广泛栽培，包括巴基斯坦、孟加拉国、印度、马尔代夫、斯里兰卡、缅甸、老挝、柬埔寨、泰国、越南、菲律宾、马来西亚、印度尼西亚、新几内亚、所罗门群岛、瓦努阿图、加罗林群岛、马里亚纳群岛等。

（a）　　　　　　　　　　（b）

图 6-1　槟榔

6.2.1.2　药用价值

作为中国"四大南药"之一，在各种中医的书籍中，都会述及槟榔是中药的一味。槟榔主要含有生物碱、黄酮、鞣质、脂肪酸、萜类和甾体等多种化学成分，其味苦、辛，性温，归胃、大肠经。有驱虫、杀虫、健胃、去瘴疠、止痢、行气导滞、利水、截疟等功能。用于治疗绦虫、蛔虫、姜片虫、蛲虫等多种肠道寄生虫病，及腹胀便秘、大便不爽、泻痢后重、脚气水肿、疟疾等，以及寒凝气滞、疝气等。对胃炎、消化不良、2 型糖尿病、抑郁症等症均有一定治疗效果。

《中国药典》收载了槟榔（包括槟榔和炒槟榔）、焦槟榔和大腹皮相关药材或饮片。①槟榔：槟榔的干燥成熟种子，春末至秋初采收成熟果实，用水煮后，干燥，去除果皮，取出种子，干燥而得；具有杀虫、消积、行气、利水、截疟的功能。药材槟榔的饮片"槟榔"为槟榔药材除去杂质、浸泡、润透切薄片、阴干而成；"炒槟榔"为槟榔片，照清炒法炒至微黄色。②焦槟榔：为槟榔照清炒法，炒至焦黄色的炮制加工品，具有消食导滞的功能。③大腹皮：为槟榔的干燥果皮。冬季至次春采收未成熟的果实，煮后干燥，纵剖两瓣，剥取果皮，习称"大腹皮"；春末至秋初采收成熟果实，煮后干燥，剥取果皮，打松，晒干，习称"大腹毛"。大腹皮具有行气宽中、行水消肿的功能；用于治疗湿阻气滞、脘腹胀闷、大便不爽、水肿胀满、脚气浮肿、小便不利（国家药典委员会，2015）。

大量的研究表明，槟榔及其各成分对神经、消化、心血管、内分泌等系统具有较好的作用，亦具有一定的驱虫、灭螺和抗氧化作用，且药理作用随着研究的深入不断明晰（陈重明 等，1994；倪依东 等，2004；易攀 等，2019；柏先泽 等，

2020）。

（1）对神经系统的作用：槟榔碱是一种类 M 受体激动剂，易透过血脑屏障，是对神经系统造成影响的主要活性物质，可引起机体产生兴奋，能达到一定的抗疲劳和抗抑郁的效果；槟榔碱也能兴奋 N-胆碱受体，表现为兴奋骨骼肌、神经节。

（2）对消化系统的作用：槟榔碱具有类 M 受体激动样作用，能兴奋胆碱能 M 受体、促进肠蠕动和消化液分泌、增强食欲，具有消积化食的功效，用于治疗腹积胀痛、胃病；槟榔水提醇沉注射液对犬或猫的离体或在体胆囊均能兴奋胆囊肌，与大黄注射液合用，能增强胆总管收缩力，加速胆汁排出；槟榔对幽门螺旋杆菌有一定的抑制作用，其清除率和根除率均比雷尼替丁好，对治疗十二指肠球部溃疡有效。

（3）对心血管系统的作用：槟榔种子含鞣质，可收缩支气管、减慢心率、引起血管扩张；槟榔中的槟榔碱能抑制心脏活动和扩张血管，而儿茶素不仅能扩张血管，还具有抗血小板的活性，而使血压下降；槟榔正丁醇和水相提取物能显著抑制胰腺胆固醇酯酶（pancreatic cholesterol esterase，pCEase）的活性，从而降低血液中的胆固醇和甘油三酯的水平；槟榔碱还具有抗动脉粥样硬化、降血糖及调节血脂的作用，能对 2 型糖尿病模型大鼠具有一定的治疗效果。

（4）对内分泌系统的作用：槟榔碱能作用于下丘脑-垂体-肾上腺轴，发挥肾上腺髓质的作用，即通过释放促肾上腺皮质激素释放激素（CRH）和阻碍钙离子内流入肾上腺髓质嗜铬细胞而实现；槟榔碱能有效改善小鼠在冷应激条件下导致的甲状腺功能亢进，其对治疗甲亢有一定的效果。

（5）抗炎、抗过敏和抗菌作用：槟榔果粗提物、水提物及从槟榔叶中分离得到的熊果酸均具有很好的抗炎活性；槟榔子提取物能抑制 RBL-2H3 肥大细胞的脱粒，具有一定的抗过敏效果，并可能发展成为各种急性和慢性过敏性疾病治疗药物；槟榔中的多酚类成分是抗过敏的有效物质，能减轻卵清蛋白诱导的过敏反应；槟榔碱也可能具有抗炎作用；槟榔碱对变形杆菌、白色念珠菌、炭疽芽孢杆菌等多种细菌具有抑制作用，且槟榔中芦竹素、月桂酸、羊齿烯醇等在一定的浓度范围内能抑制炭疽病菌；槟榔碱可以兴奋 M-胆碱受体引起腺体分泌增加，特别是唾液分泌增加，滴眼时可使瞳孔缩小。

（6）驱虫与灭螺作用：槟榔对多种寄生虫有抑制或杀灭作用。槟榔碱是槟榔中有效的驱虫成分之一，可以使虫体的神经系统麻痹，致使虫体失去活动能力，能有效杀死牛肉绦虫、肝吸虫、曼氏血吸虫等虫体；槟榔中直链脂肪酸对杀灭犬蛔虫蚴体也有很强的效果；槟榔及其提取物还能杀死中型指环虫、螨虫、蛔虫、钩虫等多种虫体；槟榔碱对门静脉收缩力和心室肌钙通道电流作用都呈双相性，通过阻止钙通道电流使钉螺足平滑肌松弛，降低了钉螺上爬附壁率，使钉螺与灭螺药物接触的时间延长，从而发挥灭螺增效作用。

（7）抗氧化作用：槟榔壳、槟榔子和槟榔花均具有抗氧化作用，含有的酚酸、花青素、黄酮类和多糖等成分，对 DPPH 自由基、羟基自由基、超氧阴离子自由基的清除能力均强于常用抗氧化剂二丁基羟基甲苯；能有效抑制过氧化氢和短波紫外线致人体皮肤成纤维细胞氧化损伤。

6.2.2 蒲葵 *Livistona chinensis*（Jacq.）R. Br. ex Mart.

6.2.2.1 植物基本信息

（1）异名：*Latania chinensis* Jacq.（1801）. *Saribus chinensis*（Jacq.）Blume（1838）；*Livistona mauritiana* Wall. ex Mart.（1838）；*Saribus oliviformis* Hassk.（1842）；*Livistona sinensis* Griff.（1850）；*L. oliviformis*（Hassk.）Mart.（1853）。

（2）别名：葵树、扇叶葵、葵扇叶、中华蒲葵、zhuan meng（D-DH）、suo yi pun（JP）、suo yi gang（Z）。

（3）形态特征：乔木状，基部常膨大；叶阔肾状扇形，掌状深裂至中部，裂片线状披针形，基部宽，顶部长渐尖，二深裂成长达 50 cm 的丝状下垂的小裂片，两面绿色；叶柄下部两侧有黄绿色（新鲜时）或淡褐色（干后）下弯的短刺。花序呈圆锥状，粗壮，约 6 个分枝花序，分枝花序具 2 次或 3 次分枝；花两性；果实椭圆形（如橄榄状），黑褐色（图 6-2）；种子椭圆形。花果期 4 月。

（a）　　　　　　　　　　　　　　　　　　（b）

图 6-2　蒲葵

（4）生境分布：产于中国南部至越南。

6.2.2.2 药用价值

蒲葵叶、种子或根可药用。《中药大辞典》中记载其味甘、苦，性平，有小毒，具有抗癌、凉血、止血的功能（江苏医学院，2006）。《常用中草药手册》记载"葵树子（干品）一两，水煎一至二小时服或与瘦猪肉炖服"可用于治疗食道癌、白血病、茸毛上皮癌（广州部队后勤部卫生部，1969）。民间广泛将蒲葵子用于治疗肺癌、恶性葡萄胎肺转移、茸毛膜上皮癌、慢性肝炎、白血病、食道癌、鼻咽癌、胃癌、乳腺癌、子宫肌瘤、子宫颈癌（陈艳，2011）。随着现代科学技术的发展，人们对蒲葵的药用价值，特别是抗癌作用的研究更加深入，其药用潜力值得进一步挖掘。

蒲葵子中分得 6 个单体黄酮类化合物的细胞毒活性，氯仿萃取部位具有很强的抗肿瘤活性（陈屏，2007）；蒲葵中化合物 EHHM 对肝癌 HepG2 细胞增殖具有抑制作用（程新生 等，2017）；蒲葵子含药血清能抑制 S_{180} 肉瘤细胞和 H_{22} 肝癌细胞的增殖（曾春晖 等，2007）。蒲葵子提取物的各萃取部位能抑制肝癌细胞 HepG2 和白血病细胞 HL_{60} 的增殖，有较强的体外抗肿瘤活性（陈艳 等，2008）。

此外，蒲葵子提取物中薯蓣皂苷元对宫颈癌细胞株 Hela、白血病细胞株 P_{388}、人胃癌细胞株 SGC_{7901}、$Hele_{7404}$ 等 4 种不同的肿瘤细胞的增殖具有显著的抑制作用（刘志平 等，2007）。蒲葵子甲醇提取物（LCME）对体外培养的鼻咽癌细胞株 C_{666} 和 5-8F 的增生具有明显的抑制作用，并可诱导其发生凋亡（许望纯 等，2018）。蒲葵子醇提取物乙酸乙酯部位可选择性抑制结肠癌细胞株 HT-29 和膀胱癌细胞株 T_{24} 肿瘤细胞的生长，并可显著降低各肿瘤细胞株分泌 VEGF 水平（王慧 等，2008）。蒲葵子总黄酮（total flavonoids，TF）对对乙酰氨基酚（acetaminophen，APAP）诱导的 LO_2 细胞损伤具有一定的保护作用，其作用机制可能与抑制氧化应激和硝化应激有关（罗晓云 等，2019）；总黄酮对 3 种肿瘤（胃癌、肝癌和肺癌）细胞均具有显著抑制作用（朱丽 等，2018）。薯蓣皂苷元及 β-胡萝卜苷对肝癌细胞株 Bel-7402、宫颈癌细胞株 Hela 及胃癌细胞株 SGC_{7901} 的生长具有明显的抑制作用，是蒲葵子抑制癌细胞功能的主要有效成分（柳雷 等，2015）。

大量使用蒲葵作为配伍的中药配方被作为专利申请，涉及治疗疾病类别非常广泛，包括癌症和白血病（鼻咽癌、肠癌、肝癌、乳腺癌、食道癌、急性白血病等）、肿瘤（甲状腺瘤、淋巴瘤、卵巢囊肿、乳腺纤维瘤、乳腺肿瘤实体肿瘤）、妇科病（乳腺结核、乳腺炎、乳腺增生、湿凝滞型慢性盆腔炎、慢性盆腔炎、慢性子宫内膜炎）、创伤和炎症（创伤创面愈合、褥疮结痂愈合、动静脉内瘘血肿、慢性肝炎、浅静脉留置针并发静脉炎、浅表性胃炎、流行性腮腺炎、急性智齿冠周脓肿、肛门直肠周围脓肿、冠脉造影动脉穿刺皮下血肿、中风偏瘫后患肢水肿、防治放射性皮炎、鼻前庭炎、多柔比星致静脉炎、麦粒肿、湿凝滞型慢性盆腔炎、小儿急性颌下淋巴结炎、血瘀肠络型溃疡性结肠炎、瘀积性皮炎、中心静脉导管术后机械性静脉炎、多柔比星致静脉炎、心肌炎、外伤出血、瘀血阻滞型骨刺等)、眼科病(弱视和近视、干眼症)、止痛和镇痛(散寒止痛、手腕扭伤、四肢急性软组织挫伤、外伤性瘀血肿胀、蜈蚣咬伤、表面麻醉)、心脑血管疾病(栓性脑梗塞、血栓性脑梗塞、血液病合并浅表软组织感染、脂肪肝、胆囊息肉、肺间质纤维化、肝硬化腹水、气血两虚夹瘀型骨髓纤维化)、疱疮(Ⅱ期压疮、闭合性骨折早期张力性水泡、带状疱疹、耳部湿疹、肛周湿疹、疥疮、亚急性湿疹、炎性外痔)、糖尿病(糖尿病足、老年低血糖)、泌尿疾病(附睾结核、医源性新生儿钙盐沉积症)、肛肠疾病(肛裂、热结肠燥型肛门直肠狭窄、脐灸的健脾和胃药膏、小儿肠痉挛)、泌尿疾病(尿路梗阻)、皮肤疾病(过敏性紫癜、热瘀阻证型癥瘕病、湿热郁结证型癥瘕病、血瘀型癥瘕病、上胞下垂痰湿型癥瘕病)、传染性疾病(乙肝、下肢丹毒)、内分泌疾病(早中期甲状腺功能亢进症)、心内科疾病(心肌肥大)、腰椎间盘突出症、营养性肥胖,并且可以制作精华保湿面膜、治疗牛便秘等。

7 棕榈植物与建筑用具

在热带、亚热带地区，棕榈植物与建筑物既和谐又统一，构成优美的景观画面。民间常用棕榈植物的部分器官参与建筑，以及制作各种器具。例如，砂糖椰子叶鞘上黑色纤维耐水浸，可做刷子和扫帚；鱼尾葵边材坚硬，可做手杖和筷子等工艺品；椰子纤维可制毛刷、地毯、缆绳等；短穗鱼尾葵叶鞘纤维可制作绳索、扫把；董棕叶鞘纤维可制作扫帚、毛刷、蓑衣、枕垫、床垫、水塔过滤网等；棕皮可制绳索；棕秆做筷子和拐杖；等等。

正如(宋)周去非在《岭外代答》中云："凡木似棕榈者有五：枕榔、槟榔、椰子、蘡头、桃竹是也。槟榔之实，可施药物；蘡之叶，可以盖屋；桃竹可以为杖；椰子可以为果蔬；若桃榔则为器用而可以永久矣。"说明棕榈植物在日常生活中，具有重要的使用价值。

7.1 棕榈植物与绿色建筑

有些棕榈植物茎干挺直坚硬，叶片巨大，也常用作建筑材料。例如，糖棕茎干外面的木质部分较坚硬，常用做椽子、木桩、围栏、输水管和水槽等。椰子茎干可制作建筑，叶子可盖屋顶或编织器具；短穗鱼尾葵茎干可作为建筑用材；董棕茎干纹理致密，外坚内柔，耐潮防腐，是优良的建材，棕叶可用作防雨盖棚。(宋)杨万里在《宿长乐县驿，驿皆用葵叶盖屋，状如棕叶云》写道："都将葵叶盖亭中，树似桃榔叶似棕。欲问天公觅微雪，装成急响打船篷。"使用棕榈植物建造各式各样茅屋的实例，更是数不胜数(表 7-1)。

表 7-1　绿色建筑用棕榈植物

种类	利用特性
Areca catechu 槟榔	茎干通直，可做屋柱或隔板
A. vestiaria 橙槟榔	森林里叶片建盖茅棚作为临时避难所(印度尼西亚)
Arenga brevipes 短柄桄榔	叶片用于建盖茅屋
A. obtusifolia 钝叶桄榔	马来西亚塞梅人用长的羽片编织制作茅屋，作为临时遮蔽所，也用于制作扫把
A. pinnata 砂糖椰子	叶片用于建盖茅屋，也用于编织各种工艺品
Attalea butyracea 毛鞘帝王椰	叶子广泛用于建造茅草屋顶，可以使用 4 年或更长时间
A. cohune 帝王椰	茎干可制作屋柱或隔板
A. macrocarpa 大果直叶桐	叶子可盖茅屋
A. phalerata 皮沙巴直叶椰子	叶子和茎应用于房屋建筑
Bactris gasipaes 桃棕	茎干可制作屋柱或隔板
Beccariophoenix madagascariensis 马岛窗孔椰	茎干用于制作建筑框架
Bismarckia nobilis 霸王棕	茎干可制作建筑用材，在马达加斯加将茎干掏空和压扁，做板条或墙壁；叶片用于盖屋顶的材料
Borassodendron borneensis 婆罗洲垂裂棕	叶片用于建盖茅屋(马来西亚、印度尼西亚)
Borassus flabellifer 糖棕	叶片可盖屋顶，编织席子和篮子，制作绿肥；茎干木质坚硬而耐白蚁，可用来做茅屋顶梁、椽子、木桩和围栏，以及做输水管、水槽等
Calyptronoma plumeriana 普氏隐蕊椰	叶片用于建盖茅屋
Caryota maxima 鱼尾葵	茎干可制作屋柱或隔板
Coccothrinax readii 射叶银棕	茎干用于建造乡村风格的房屋和围栏
Cocos nucifera 椰子	叶子可盖屋；茎干作为建筑物支柱、隔板等
Colpothrinax cookii 细瓶棕	叶子用于建盖茅屋或制作扫帚
C. wrightii 瓶棕	叶用于盖屋顶
Copernicia tectorum 屋顶白蜡棕	叶片作为茅屋覆盖物
Corypha umbraculifera 贝叶棕	茎干可做屋柱或隔板
C. utan 长柄贝叶棕	干的叶片用于覆盖茅屋；粗壮的叶柄也用于茅屋支撑
Dypsis ampasindavae 三列叶马岛椰	茎干用于建筑墙壁(马达加斯加)
D. ceracea 蜡色马岛椰	叶片用于建盖茅屋、编织扫帚(马达加斯加)
D. decaryi 三角椰	叶片用于建盖茅屋
D. fibrosa 多毛马岛椰	叶片广泛用于建盖茅屋(马达加斯加)
D. madagascariensis 马岛椰	外层具坚韧纤维，材质非常坚硬，通常用于制作房屋的地板
D. malcomberi 马氏马岛椰	茎干用于制作建筑墙壁(马达加斯加)

续表

种类	利用特性
D. mananjarensis 马南扎里马岛椰	茎干用于制作建筑地板(马达加斯加)
D. nauseosa 苦味马岛椰	茎干用于制作屋顶梁、楼板(马达加斯加)
D. pinnatifrons 美丽金果椰	茎干用于制作屋顶梁
D. thiryana 鱼尾马岛椰	叶片用于建盖茅屋
Eugeissona tristis 马来刺果椰	马来西亚塞梅人使用狭窄的羽片制作具有陡峭屋顶的茅屋,防水性较好
E. utilis 刺果椰	马来西亚当地人使用叶片建盖茅屋屋顶,叶柄和根部做房屋框架
E. precatoria var. *precatoria* 念珠状菜椰	茎干用于建筑柱子、屋顶,也可制作狩猎装备,如弓、吹刀枪、长矛等;叶片用于建盖屋顶
Geonoma cuneata 楔叶唇苞椰	枝叶用于建造茅屋屋顶(厄瓜多尔)
G. interrupta 参差唇苞椰	茎干是盖屋顶的材料,也用于制作家具和用具
Hydriastele microcarpa 小果水柱椰	叶鞘纤维用于建造茅草的屋顶
Hyospathe elegans 雅致红轴椰	叶子用于茅草,认为比 *Attalea butyracea* 更好
Hyphaene coriacea 矮叉干棕	木材坚硬耐用,具黑褐色条纹,可制作高级的家具,又可制作桩、柱、屋梁;叶片可用于遮盖简易房屋的屋顶
H. thebaica 叉干棕	整片叶子用于茅草;叶柄被编织成床垫,用于建造房屋、围栏和桥梁(厄立特里亚)。茎干用于房屋建筑、围栏、铁路枕木,切成木板,制成独木舟和水车,空心树干用作水槽和灌溉管道;木材用于杆、轴和鱼叉,也用作燃料和制造木炭
Iriartea deltoidea 根柱椰	是农村家庭地板的重要来源,其厚重的树干被劈开,海绵状的皮层被移除,留下坚硬、坚固的外躯干被制成地板
Licuala spinosa 刺轴榈	叶片有时用于覆盖茅屋
Livistona jenkinsiana 印度蒲葵	叶片和茎干在印度用于建盖茅屋,叶子也用于覆盖小船船顶
L. saribus 大叶蒲葵	叶子用于遮盖屋顶
Lodoicea maldivica 巨籽棕	叶可供盖房之用
Masoala madagascariensis 多梗苞椰	叶片用于建盖茅屋(马达加斯加)
Nypa fruticans 水椰	叶子可盖屋
Oncosperma tigillarium 绵毛刺菜椰	茎干的外皮被用作地板的木板或晒鱼的平台,或者做成 2 m 的条,用于建造茅屋(Mogea, 1991)
Orania longisquama 长鳞喙苞椰	茎干用于制作楼板(马达加斯加)
O. trispatha 三苞喙苞椰	茎干用于制作建筑框架(马达加斯加)
Phoenix dactylifera 海枣	茎干可制作屋柱或隔板
P. loureiroi 刺葵	长的茎干用于房屋的椽子,小的用作拐杖;叶片用于盖屋

续表

种类	利用特性
P. paludosa 泰国刺葵	叶片用于制作栅栏、屋顶材料和雨伞；曾经也用作劣质纸张的原材料（Mogea，1991）
Pigafetta filaris 金刺椰	茎干过去用来建造传统的米仓（印度尼西亚塔纳托拉贾），外部用于制作地板
Raphia farinifera 粉酒椰	叶柄作为建筑材料（马达加斯加）
R. vinifera 象鼻棕	叶子耐腐蚀，可用于盖屋顶；叶柄和根茎可作为建筑框架
Ravenea julietiae 朱氏国王椰	茎干用于制作建筑框架（马达加斯加）
R. madagascariensis 马岛国王椰	茎干制作成木板用于房屋墙壁和楼板（马达加斯加）
R. robustior 略粗壮国王椰	茎干耐白蚁，外层用于制作地板、桌子、墙壁等；叶片用于建盖茅屋（马达加斯加）
R. sambiranensis 桑布兰诺国王椰	制作为木板用于楼板（马达加斯加）
Rhopalostylis sapida 新西兰椰	叶片用于建盖茅屋（新西兰毛利人）
Roystonea regia 王棕	茎干用于建筑框架，叶柄用于捆扎
Sabal palmetto 菜棕	叶子用于盖屋顶
Saribus rotundifolius 圆叶叉序棕	叶片用于建盖茅草或包装食物（如饼干）
Socratea exorrhiza 高根柱椰	叶用于盖房

7.2 棕榈植物与工艺编织及生活用具

世界上产纤维的棕榈植物超过 16 个属 100 多种（路统信，1979）。棕榈植物纤维具有牢固、耐盐、抗菌、质轻、耐磨、透气和富有弹性等特性，广泛用于编织和生产工业用品，如棕榈类工艺品、棕榈床垫、座椅靠垫、地毯、棕榈绳、棕榈扫把、棕榈衣等。一些棕榈植物种类的纤维更是有极大的发展潜力，如椰子果的外衣中纤维的含量高达 30%，纤维粉粒高达 70%，被加工成椰衣介质、椰糠等无土栽培介质，被广泛应用于苗木栽培、无土栽培等领域。皮沙巴椰（*Leopoldinia piassaba*）、绳状帝王椰（*Attalea funifera*）和象鼻棕（*Raphia vinifera*）可生产出皮沙巴和拉菲亚优质纤维；棕榈、贝叶棕、蒲葵、糖棕、糖椰、水椰、单干鳞果棕（*Mauritia flexuosa*）、长毛银叶棕（*Coccothrinax crinita*）都是重要纤维制品物种。棕榈在《山海经》有"石翠之山，其木多棕"的记载。《本草纲目》和《本草拾遗》言棕片"可织衣、帽、褥、椅之属，大为时利"，棕片织绳"入土千岁不烂"。仇远在《点绛唇·黄帽棕鞋》中写道："黄帽棕鞋，出门一步为行客。几时寒食。岸岸梨花白。马首山多，雨外青无色。谁禁得。残鹃孤驿。扑地春云黑。"杜甫在《棕拂子》中云："棕拂且薄陋，岂知身效能。不堪代白羽，有足除苍蝇。荧荧金错刀，擢擢朱丝绳。非独颜色好，亦用顾盼称。"

　　许多棕榈植物叶和叶鞘等就是重要的编织材料。砂糖椰子叶可用于编织凉帽、扇子等；山棕是制作棕绳、棕垫、棕箱等用品的原料，也是很好的野生油料植物；糖棕叶子可以盖屋顶、编席子和篮子；云南省藤、黄藤、白藤等棕榈藤植物的藤茎，可编织各种工艺品、器具和家具；鱼尾葵叶鞘纤维亦用于编织；马来西亚泰曼（Temuan）人使用细长柄黄藤（*Daemonorops leptopus*）和长苞省藤（*Calamus longispathus*）的羽片制作卷烟纸（Dransfield，1979）；塞梅（Semai）和泰曼人使用大黄藤（*Daemonorops grandis*）的叶轴制作钓鱼竿，其叶轴和叶柄做成细条，用于编织篮子；塞梅人使用爪哇省藤（*Calamus javensis*）的藤茎编织一些篮子，用于采摘茶叶（Ave 1985）；舍米黎族（Semelai）使用西加省藤编织板块，制作移动泥土的梭板形篮子，用于道路维护、外部类型的建筑工作或园艺工程。杆状省藤（*Calamus bacularis*）、厚叶缘省藤（*C. marginatus*）、多刺省藤（*C. myriacanthus*）的茎干用于制作拐杖（Pearce，1991）。糖棕的茎干、叶子、果实、种子、幼苗、树液、纤维和中肋等，可用于制作房屋建筑、木材、木筏、柱子、刷子和扫把、玩具，覆盖茅屋，编织篮子，以及提取糖类、食用，等等。

　　总之，棕榈植物与人们的生活密切相关。无论是茎干，还是叶片的羽片、叶轴，以及叶柄等，都用于人们生活的方方面面（表7-2）。

表7-2　纤维/编织/生活用棕榈植物

种类	利用特性
Allagoptera arenaria 轮羽椰	叶子用于制作篮子和其他编织物，也可以造纸
Archontophoenix alexandrae 假槟椰	叶鞘宽大，可制作睡椅
Arenga caudata 双籽棕	叶片可编织帽子
A. undulatifolia 波叶桄椰	叶柄和叶轴的心部用于制作吹枪飞镖（印度尼西亚、马来西亚）；叶柄的硬外皮用于轮轴，叶柄髓部可制作插头
Astrocaryum vulgare 果棕	良好的纤维植物，叶可供多种用途
Attalea butyracea 毛鞘帝王椰	叶子纤维可用于制造绳索、编织帽篮等日用工艺品
A. macrocarpa 大果直叶椰	叶可编织日用品及工艺品
A. phalerata 皮沙巴直叶椰子	叶子和茎应用于手工艺品、饲料
A. speciosa 油帝王椰	叶可制作编织品（垫子、篮子、帽子和家居用品）或做遮盖用；果实和叶子是托坎廷斯（巴西）工匠用来制造不同艺术产品的主要材料之一，非常受游客欢迎
A. spectabilis 美丽直叶椰	叶可制作编织品或作遮盖用
Balaka seemannii 杖椰	茎干在原产地被用作矛杆和手杖
Beccariophoenix madagascariensis 马岛窗孔椰	幼叶可编织一种马达加斯加特色的"Manarano"帽子，供出口
Bismarckia nobilis 霸王棕	叶片可编织篮子

种类	利用特性
Borassus flabellifer 糖棕	嫩叶柔软，用于制作篮子和各种各样的手工艺品
Calamus acanthospathus 云南省藤	藤材质优良，为优质藤家具、工艺品和日用器具的编织材料
C. austro-guangxiensis 桂南省藤	藤茎用于制作家具
C. balansaeanus 小白藤	藤茎优良，可供编织
C. caesius 西加省藤	质量最好的细茎藤种之一，被用于编织各种工艺品
C. compsostachys 短轴省藤	藤茎可供编织
C. dianbaiensis 电白省藤	藤茎可供编织藤器的框架
C. dioecious 异株省藤	藤茎质量中上，适宜用于加工编织
C. egregius 短叶省藤	中小径级的藤种，品质优良，是家具业极佳的绑扎和编织材料，并广泛应用于制作索具和建房材料
C. erectus 直立省藤	藤茎质量一般，可做编织器具的框架
C. flagellum var. *flagellum* 长鞭藤	藤条作为绳索、编织农用器具和日常用品；工业上直接利用原藤条做家具的骨架，经加工劈制成藤篾；藤丝用于编织精美的工艺制品和器具
C. flagellum var. *karinensis* 勐腊鞭藤	藤茎质地中等，可供编织藤器
C. godefroyi 泰藤	茎用于藤编加工
C. gracilis 小省藤	藤茎质地优良，是编织藤器的优质原料
C. henryanus 滇南省藤	藤茎质地一般，可供编织
C. jenkinsiana 黄藤	藤茎质地中上等，可制藤质家具、工艺品
C. macrorhynchus 大喙省藤	藤茎质地较差，可供编织的框架
C. manan 玛瑙省藤	原藤被认为是省藤属中直径最粗、材质最优的藤种，其尺寸和颜色多变、耐用，具有巨大的强度和柔韧性
C. manillensis 马尼拉省藤	藤茎可用于加工编织用具
C. menglaensis 麻鸡藤	藤茎质量优良，是当地最好的小径藤之一，适宜编织家具和工艺品
C. multispicatus 裂苞省藤	藤茎可供编织藤器
C. nambariensis var. *alpinus* 高地省藤	藤茎质地中上等，可供编织藤器
C. nambariensis var. *nambariensis* 南巴省藤	藤茎质地中上等，用于编织
C. nambariensis var. *yingjiangensis* 盈江省藤	藤茎质地中上等，是较好的编织原料
C. oxycarpus var. *albidus* 狭叶省藤	藤茎质地一般，可供编织
C. oxycarpus var. *oxycarpus* 尖果省藤	藤茎质地一般，可供编织
C. palustris 泽生藤	藤茎质地中上等，可供编织藤器
C. platyacanthoides 宽刺藤	藤茎质地中等，可供编织藤器

续表

种类	利用特性
C. rhabdocladus 杖藤	藤茎质地中等，坚硬，适宜做藤器的骨架，也可做手杖
C. simplicifolius 单叶省藤	藤皮及藤芯的抗拉强度均较大，易于加工，具良好工艺特性，是藤编家具及工艺品的优良材料，是华南地区推广栽培的优良藤种之一
C. tetradactyloides 多刺鸡藤	藤茎用于编织藤器
C. tetradactylus var. *bonianus* 多穗白藤	藤茎质地中等，可供编织藤器
C. tetradactylus var. *tetradactylus* 白藤	白藤藤茎工艺性能良好，是藤编织家具及工艺品的优良材料
C. viminalis 柳条省藤	可供编织，但材质较软
C. wailong 大藤	藤茎质地中上等，可供编织藤器
C. walkeri 多果省藤	藤茎质量优良，可编织各种藤制品
C. wuliangshanensis 无量山省藤	藤茎坚硬，可做编织品的脚架或手杖
Caryota maxima 鱼尾葵	茎干边材坚硬，可制板材，以及手杖和筷子等工艺品
C. obtusa 董棕	茎干木质部黑色，坚硬耐腐，可做成乌黑光亮的上等筷子"乌木筷"；叶鞘纤维可制棕绳
Chamaerops humilis 欧洲矮棕	扇叶是传统编织工艺的重要原料
Chuniophoenix hainanensis 琼棕	茎干可弯拱，可制作筐架
Coccothrinax argentea 银扇棕	叶坚韧，可用于编织和制作帽笠
C. crinita 长毛银叶棕	叶片用于编织扫帚和篮子
Cocos nucifera 椰子	叶子可用于编织篮子、织席
Colpothrinax wrightii 瓶棕	树干可做独木舟
Copernicia prunifera 蜡棕	叶用于编织工艺品
Corypha umbraculifera 贝叶棕	种子光滑坚硬，可制作纽扣、佛珠及饰品；叶子可编织成帽子、篮子等工艺品
C. utan 长柄贝叶棕	叶片用作包装材料，包扎烟叶；嫩叶可生产一种优质纤维，用于制作篮子、扫把、袋子、帽子、地板垫等；而其叶柄纤维是用作制造 Calasiao 和 Pototan 帽子的高级原料，称金丝草，也用于制作绳子；成熟种子坚硬可做纽扣、念珠；其也是制作花菩提的重要原料，天然瑰美的种子，经过洗练、打磨、抛光，露出深藏的细致纹路，非常珍贵
Drymophloeus litigiosus 细阔羽椰	黑色的木材用于制作长矛
Dypsis confusa 易混马岛椰	茎干用可热铁挖空，制作毒镖的吹管（马达加斯加）
D. fibrosa 多毛马岛椰	花序作为毛刷出售（马达加斯加），制作为扫帚
D. hiarakae 海亚拉卡马岛椰	茎干可用热铁挖空，制作吹管（马达加斯加）
D. mahia 细尖叶马岛椰	茎干用热铁挖空，制作吹管（马达加斯加）
D. nodifera 聚羽马岛椰	茎干用热铁挖空，制作吹管（马达加斯加）

种类	利用特性
D. oreophila 山生马岛椰	茎干用热铁挖空，制作吹管（马达加斯加）
D. pinnatifrons 美丽金果椰	茎干用热铁挖空，制作吹管（马达加斯加）
D. schatzii 斯查兹马岛椰	茎干用热铁挖空，制作吹管（马达加斯加）
Elaeis guineensis 油棕	叶可用于编织日用品
Eugeissona tristis 马来刺果椰	马来西亚奥斯利人利用叶轴与藤条一起编织鱼笼、制作衣架和鸟笼
Euterpe precatoria var. *precatoria* 念珠状菜椰	叶片用于制作帽子、编织传统服装
Hyphaene coriacea 矮叉干棕	叶片编织篮子、编织帽子，纤维可制绳索；成熟种子坚硬，可用于雕刻工艺品、装饰品和纽扣
H. thebaica 叉干棕	幼叶的条带广泛用于编织垫子、袋子、篮子、帽子、风扇、过滤器、碗、绳索、绳子、网和粗纺织品；较老的叶子也用于编织垫子、帽子、篮子、绳索、容器和其他物品；叶片的中脉用作编织物体的框架，并将它们绑在一起用作扫帚；叶柄纤维用于制作海绵和刷子；根纤维用于制造圈套、渔网和陷阱；果实有坚硬的内果皮，被制成球、玩具和武器，或小容器；成熟种子的硬核以前被用作植物象牙，用于生产纽扣、珠子和小雕刻品；干果产生黑色染料，用于染色皮革
Johannesteijsmannia altifrons 菱叶棕	马来西亚奥斯利人利用叶片制作沙墙，在林地建盖茅屋，可以使用 3~4 年
Jubaea chilensis 智利蜜椰	叶可用于编织日用品或工艺品
Leopoldinia piassaba 皮沙巴椰	可提供皮沙巴纤维原料
Licuala spinosa 刺轴榈	马来西亚使用幼嫩的叶片，编制成方形包裹，用于煮食大米；也用于食品包装，制作手杖、帽子等
Linospadix monostachya 单穗线序椰	将茎干挖出，除去所有的根部，通常留下一个圆柱形到略呈椭圆形的旋钮球头（可安装一个橡胶按钮），经打磨和抛光后，可以制作为具有较好韧性和强度的优良手杖
Livistona chinensis 蒲葵	叶可制作蒲扇；叶裂片中脉可制牙签
L. jenkinsiana 印度蒲葵	叶片在印度阿萨姆地区用于制作雨帽
L. saribus 大叶蒲葵	嫩叶可编织日用品
Lodoicea maldivica 巨籽棕	叶供编织之用
Mauritia flexuosa 单干鳞果棕	叶鞘纤维供编织缆绳或吊床
Nypa fruticans 水椰	叶子可用于编织篮子等用具；叶柄也被用作渔网的浮子（Kiew，1991）
Oncosperma tigillarium 绵毛刺菜椰	茎干被用来建造鱼笼和横跨潮汐小溪的桥梁（Kiew，1991）
Phoenix acaulis 无茎刺葵	叶片经敲打后制作绳索（印度）

续表

种类	利用特性
P. loureiroi 刺葵	老叶所做成的扫把叫作"糠榔帚"，是十分耐用的清洁工具；叶子也用于制作绳索，用以捆扎小船和原木
P. pusilla 斯里兰卡刺葵	叶可供编织，制作日用品或装饰物
P. reclinata 非洲刺葵	叶片可编织篮子
P. sylvestris 林刺葵	叶子被压碎制成扫把、篮子或编织成当地称为 chattai 的垫子（印度）
Plectocomia elongata 伸长钩叶藤	马来西亚奥斯利人将花序制作为工艺品出售（Kiew，1991）
P. himalayana 高地钩叶藤	藤茎质地较粗糙，一般用于编织较粗糙的藤器或扎栏用
Raphia farinifera 粉酒椰	叶可采集优质纤维，编织各种工艺品，包括帽子、衣服和篮子，也供园艺家做绑扎材料；果壳可做工艺品，果实用于制作装饰项链
R. vinifera 象鼻棕	羽叶中肋含纤维，拉力强，耐盐、酸腐蚀，可制作缆绳，剥取羽片下表皮可制成"拉菲亚纤维"；果可制作工艺品
Ravenea dransfieldii 德氏国王椰	叶片用于制作帽子（马达加斯加）
R. julietiae 朱氏国王椰	空心的树干用作灌溉管道（马达加斯加）
R. lakatra 拉卡特拉国王椰	叶片用于制作帽子（马达加斯加）
R. xerophila 蛇路国王椰	叶片用于编织篮子、制作帽子
Sabal causiara 巨菜棕	叶可编织成日用品（如斗笠）与工艺品
S. minor 矮菜棕	叶可供编织日用品与工艺品等
S. palmetto 菜棕	幼叶用于编织睡席、帽子和篮子等用品；幼叶鞘的硬纤维用于制洗衣刷；木材明亮、柔软呈棕色，在印度用作小桌面板
Trachycarpus nana 龙棕	叶可做成避雨用的雨披，称为"响草龙甲"

7.3 棕榈植物其他用途

棕榈植物被广泛用于制作活性炭、各类蜡、介质（表7-3），其纤维还可用于编织各类用具、工艺品等。

（1）棕榈蜡：蜡棕属（*Copernicia*）主产古巴，是棕榈蜡的主要来源，原产于巴西的蜡棕（*C. prunifera*）是棕榈蜡的主要来源，是重要的化工原料，被广泛用于制作化妆品、鞋油、地板蜡、蜡烛、光亮剂、复写纸、唱片等，其产蜡品质最佳。此外，蜡椰属（*Ceroxylon*）的学名意为"产蜡的树"，如巨蜡椰，产于安第斯山脉，也生产优质的蜡。

（2）棕榈活性炭：烘干的椰子硬壳由99%的纤维素和木质素组成。椰子硬壳经热解可生产椰壳活性炭，是一种优质的活性炭材料。目前，我国及东南亚各国已经在广泛应用椰子硬壳生产活性炭。由于椰壳活性炭具有小洞结构、机械强度高、吸气能力强等优点，可以用于防止气体或蒸汽污染的装置，在防治环境污染方面前景十分广阔。油棕果壳可制活性炭，用作脱色剂和吸毒剂，脱果后的空果穗可制牛皮纸、肥料、燃料和培养草菇(*Volvariella volvacea*)的基质等。

（3）棕榈介质：棕榈、贝叶棕、蒲葵、糖棕、皮沙巴椰等植物叶能加工成椰衣介质、椰糠等无土栽培介质。这些介质是一种纯天然的、能被生物降解的、可重复使用的再生资源，在园艺栽培中具有改良土壤结构、提高土壤通透性、提高土壤含水量、促进营养转移、减少土壤板结和土壤流失、保水保肥等性能，被广泛应用于苗木栽培、无土栽培等领域。

表 7-3　制作植物蜡、活性炭等的棕榈植物

种类	利用特性
Allagoptera arenaria 轮羽椰	叶面上可采集工业用蜡
Areca catechu 槟榔	成熟的种子可制作红色染料
Caryota urens 董棕	种子蜡皮可提取出工业上使用的高熔点蜡
Copernicia alba 白蜡棕	叶、叶柄可采集工业用蜡
C. macroglossa 裙蜡棕	叶、叶柄可采集工业用蜡(古巴中国华南、东南引种栽培)
C. prunifera 蜡棕	叶、叶柄可采集工业用蜡，能提供比其他棕榈植物更优质的蜡
Elaeis guineensis 油棕	果壳可制活性炭
Geonoma cuneata 楔叶唇苞椰	果实用于宗教仪式和染色使用(厄瓜多尔)
Syagrus coronata 五列金山椰	叶可提取蜡
Trachycarpus fortunei 棕榈	叶柄、果壳可制活性炭

7.4　代表性纤维棕榈植物

7.4.1　棕榈 *Trachycarpus fortunei*（Hook.）H. Wendl.

7.4.1.1　植物基本信息

（1）异名：*Chamaerops fortunei* Hook.（1860）。

（2）别名：梭搁、拼榈、棕树、唐棕、拼棕、中国扇棕、山棕、dun zhuan meng（D-DH）、suo yi pun（JP）、tang zan（Z）。

（3）形态特征：乔木状，树干圆柱形，具不易脱落的老叶柄基部和密集的网状纤维；裸叶片呈 3/4 圆形或者近圆形，深裂成 30~50 片具皱褶的线状剑形的裂片，裂片先端具短二裂或 2 齿，硬挺甚至顶端下垂；叶柄长，两侧具细圆齿，顶端有明显的戟突。花序粗壮，多次分枝，通常是雌雄异株。雄花序一般只二回分枝；具有 2~3 个分枝花序；雄花卵球形，每 2~3 朵密集聚生，也有单生的；雌花序 2~3 回分枝，具 4~5 个分枝花序；雌花球形，通常 2~3 朵聚生；果实阔肾形，有脐，成熟时由黄色变为淡蓝色，有白粉；种子胚乳均匀，角质，胚侧生。

花期 4 月，果期 12 月(图 7-1)。

(4)生境分布：分布或栽培于中国较多省(自治区、直辖市)，如浙江、福建、湖南、广东、广西、云南、贵州、四川，最北至湖北的南漳。通常栽培于四旁，罕见野生于疏林中，海拔上限 2 000 m 左右。缅甸(北部)也有分布，日本有引种栽培。

(a)

(b)

图 7-1　棕榈

7.4.1.2　纤维使用

棕榈棕皮纤维(叶鞘纤维)坚固，类似于椰子纤维，是用于制作绳索、枕垫、床垫、扫帚、毛刷、蓑衣等的优质原料，也是水塔过滤网和沙发的填充料等，亦可应用于建盖茅屋、编织扇子。(宋)宋祁在《益部方物略记》记载："海棕，大抵棕类，然不皮而干叶丛於杪，至秋乃实，似楝子。"《广志》(晋·郭义恭)载："棕，一名并闾，叶似车轮，乃在颠下，下有皮缠之，附地起，二旬一采，转复上生"。(唐)徐仲雅在《咏棕树》中云："叶似新蒲绿，身如乱锦缠。任君千度剥，意气自冲天。"《本草纲目》亦称：采取棕片"每岁必两三剥之，否则树死，或不长也。"陈藏器在《本草拾遗》中写道："其皮作绳入水，千岁不烂。昔有人开冢得一索，已生根。岭南有桄榔、槟榔、椰子、冬叶虎散多罗等木，叶皆与棕榈相类。"

因此，民间有"十株棕，百株桐，一世吃不穷"之说。

7.4.2　椰子 *Cocos nucifera* L.

7.4.2.1　植物基本信息

参见 5.7.2。

7.4.2.2　纤维使用

椰子是重要纤维植物。椰子的纤维可制毛刷、地毯、缆绳等；树干可作建筑材料。近年来，椰壳纤维的研究和应用更为广泛(王吉祥 等，2020)：

(1)椰壳纤维韧性大、强度高、易恢复原状，可加工制成缓冲防震材料代替聚氨酯泡沫塑料，用于家居床垫、座靠垫、地毯等；也可以和聚丙烯等纤维混合制成坚固轻盈的合成材料，从而取代通常使用的合成聚酯纤维材料，用于制作绳索、汽车后备箱衬垫、隔音内衬、工艺品等。

（2）椰壳纤维具有可生物降解、保水性好、保湿性好、透气性好等特点，可作为农作物、园艺等有机无土栽培基。

（3）椰壳纤维编织成的无框架人工浮岛，具有净化水质、创造生物生息空间、改善景观等综合性功能，视觉效果柔和。

（4）椰炭纤维可用于开发保健服、袜子、护腰护膝带等贴身服装面料，将椰炭纤维应用于贴身服装面料，具有蓄热保暖、促进血液循环的功能。

（5）以椰炭纤维为原料开发的纺织品如窗帘、床单被罩、枕芯、毛毯、浴巾、毛巾等产品具有发射远红外线和释放负离子的功能，相较用于吸附和降解室内有机污染物的空调过滤材料，具有与空气直接接触、接触面积大、无须耗能等优势，既满足了实用性需求，又具室内空气自清洁能力。

椰衣（椰子外果皮和中果皮）纤维也具有强度高、韧性强、防潮防腐、防虫蛀、透气性能良好等优点，亦可作为边坡防护与作物栽培、复合材料（生物质炭、生物质板/片材、增强天然纤维复合材料、增强树脂聚合物、改性预处理）、制备出结晶度较高的纤维素纳米纤丝，以及利用椰衣纤维对中频和高频波段有着天然良好的吸声性能，有效改善由于添加胶黏剂所造成吸声板在低频波段吸收微弱的不足（岳大然，2020）。

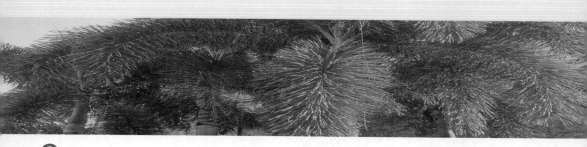

8 棕榈植物与绿色文化

绿色文化是绿色发展内在的精神资源，是各民族在长期文化活动中形成的绿色思想、信仰和行动指导，对绿色发展具有重要的推动作用。特别对动植物种质资源多样性保护、生态环境维护、动植物资源合理利用等方面，具有无可替代的作用。棕榈植物包含较高的文化价值。如：贝叶棕制成的佛教圣经"贝叶经"，是傣族民族文化的记载体；槟榔有"吉祥""喜庆""团结和睦"和"步步高升"等意，在不同民族中有各自的文化含义，海枣也出现在伊拉克流通面币(1967版)的正面，说明其经济文化影响的重要性。大量棕榈植物利用于民间习俗中，彰显出棕榈植物在民族绿色文化中的重要作用。

8.1 贝叶文化

贝叶文化包括贝叶经、用棉纸书装订成的经书和存活于民间的傣族传统文化事象等3个方面。贝叶文化因将贝叶经本保存于用贝叶制作而成的经书而得名。"一叶傣史，一刻千年(余婷婷，2016)。"贝叶经是傣族社会各种文化知识和思想观念的荟萃之苑。

8.1.1 贝叶经

"贝叶经"也称"贝多""贝多罗""贝编"和"贝叶"等，是使用贝叶棕的叶片制作的经书。古代印度人将贝叶书籍(以佛经居多)称为"Pattar(梵文)"，后随佛教传入中国，尤其是中国西南。《西游记》中唐人唐三藏所取经文，可能也有此意。《西游记》(三十六回)写道："参禅处有禅僧讲，演乐房多乐器鸣。妙高台上悬花坠，说法坛前贝叶生。"唐玄奘在《谢敕赍经序启》中亦写道："遂使给园精舍，并入提封；贝叶灵文，咸归册府。"而南宋道士张慈观为重光寺(位于福建永泰县，建于唐大中二年，即849年)重建落成赠词："天上雄文贝叶鲜，几生三藏往西天。行行字字为珍宝，句句言言是福田。苦海波中猴行复，沈毛江上马驰前。长沙过了金沙滩，望岸还知到岸缘。夜叉欢喜随心客，菩萨精虔掌传。半千六十余函在，功德难量熟处圆。"这些可能也与《西游记》颇有渊源。据傣文经书《尼赕坦帕召》(关于佛祖历史的经书)和《坦兰帕召》(佛祖的经)记载，贝叶经在历史上的使用和传播已有 2 700 多年。贝叶经与菩提树、舍利子(即佛骨)被佛教徒合尊为"三宝"，是极富民族特色的文化瑰宝，亦是"绿叶文化"的象征。

云南省西双版纳傣族自治州现存的"贝叶经"，傣语为"坦兰"或"戈兰"，是使用民间制作的铁簪子将经文刻写在经过特制的贝多罗树(即贝叶棕)叶片上，状如叶质形或纸质形的经书(图 8-1)。其规格有每页四行式、五行式、六行式和八行式等 4 种，傣语分别称为"兰戏""兰哈""兰贺"和"兰别"，以前 3 种规格的贝叶经本最为普遍。

西双版纳的"贝叶经"有傣文本和巴利文本，其内容除南传上座部佛教经典外，还有许多民间叙事长诗、小说散文、歌谣情诗、谚语俗语、格言谜语，以及法律法规、天文历法、医药卫生、生产生活、伦理道德、体育武术、心理活动等典籍。而东南亚各国的贝叶经，既有泰文、缅甸文、老挝文等，也有巴利文的。傣族人民把贝叶经视为全民族的宝贵财富加以保护。历史上每座佛寺里都有一个藏经阁，傣语称"林坦"，所有的贝叶经统一保管在那里，由佛爷、和尚严格看管。未经寺主允许，任何人不得擅自进入这里带走经书。

云南省西双版纳傣族自治州贝叶经制作技艺已于 2008 年 6 月 14 日经中华人民共和国国务院批准列入"第二批国家级非物质文化遗产名录"(925Ⅷ–142：贝叶经制作技艺；中华人民共和国中央人民政府，2008)；2011 年，贝叶经制作技艺被国务院公布为"第三批国家级非物质文化遗产保护名录"(图 8-1)。《中国贝叶经全集》(100 卷；《中国贝叶经全集》编辑委员会，2010)的出版发行，不仅将佛教经典彰显于民，更是傣族传统文化的集大成者，是傣族人民的"百科全书"。

制作贝叶经要通过以下步骤(余婷婷，2016；解梦伟 等，2019)：

(1)采摘贝叶：适合做贝叶经的贝叶树，树龄需 3 年以上，树龄越老叶片越厚实，近百岁的贝叶树，叶片肥厚坚韧，可两面刻。贝叶树喜光，阳光愈丰沛，叶片愈颀长、宽厚。采集时间在雨季来临前，此时贝叶柔韧性最好。采摘好后，用锋利的刀将贝叶一片一片修割整齐(顺着叶间缝隙将贝叶取下来，在地上展开铺平，将虫咬过的坏叶、败叶和叶脉筋骨剔除)，一般将叶片剪裁约长 70 cm、宽 7 cm；将裁好的叶片按照 10 片左右码整齐对折卷起来，用竹篾捆好。为使叶子整齐平整，每一片树叶都必须夹好。

(2)煮贝叶/洗贝叶：捆好的贝叶，放入锅中用淘米水煮。煮时要加酸角或柠檬(促进贝叶中的淀粉和杂质充分脱离，防止贝叶腐烂虫蛀)，使贝叶表面上

图8-1　贝叶经制作技艺（西双版纳州民族博物馆）

皮脱落。一般要煮半天，直到贝叶变成淡绿色，才从锅里取出来。煮好的贝叶，拿到河边用细沙子搓洗干净。

（3）晾干整平：洗好后的贝叶放置于烈日下曝晒五六日，晒干。晒好后的贝叶蜷成一团，由葱翠色转为灰绿色，饱满柔韧的叶片变得紧实坚硬；需将蜷缩的叶片抚平，用压经夹（长约1 m，宽10 cm，厚约5 cm，两端10 cm处打孔）将一沓贝叶放入夹中，两端孔用螺母夹紧定型，并将贝叶四周用刨子刨平，置于干燥通风处，两三天后，贝叶便平整光洁。

（4）制匣弹线：制作贝叶经匣有专用的两片木匣为标准。木匣长约一市尺半，宽约四寸，距木匣两端约半市尺处各钻一个小孔，把一片片晒干压平经过透风处理的贝叶紧紧夹在两片木匣中间，两头用绳子绑紧，然后用专门的钉子沿木匣两边的小孔将贝叶钻通，再穿上搓好的线绳，按500～600片贝叶订为一匣。订好后用刀轻轻把贝叶匣整修光滑；并用专制的墨线弓，按照刻写格式（划分成4线、5线、6线和8线4种规格），把墨线轻轻打在贝叶上，留待以后刻写。

（5）刻写编号：刻经的时候，用铁笔（长约15 cm的圆木，尖端磨成锥状，再嵌入一个打磨好的铁针）在叶片上篆刻。用力要均匀，太轻，字迹不清，太重，会戳破叶片。上乘的贝叶经，是两面篆刻的，字小如蚁，但笔迹流畅清晰。刻写好的贝叶要编好序号，以便整理。

（6）上色装册：经文刻好，用布蘸取墨汁（植物油与锅底灰混合制作而成的），趁未干透，用木屑擦去多余的墨汁；将刻好的经书装订成册，放入压经夹中，并根据不同需要，在周边涂上一层黑漆、红漆或金粉加以保护和装饰。

8.1.2　贝叶文化

"勿将鸟困于笼中，有朝一日，其抑或求人于笼。"贝叶经将"草木有本心，万物皆灵性，生灵都平等"的理念，展现在人们的生活中。"竹楼深处是傣家。"（王慷林 等，1991）"百鸟用清脆的歌声，把茫茫的森林唤醒，彩霞给山河穿上新衣，大地又迎来浓雾弥漫的早晨。""无边的坝子翠绿如茵，淙淙的溪水绕着竹楼人家，密密的椰子树顶着蓝天，高高的佛塔挂满彩霞。"（贝叶经长诗《相勐》），诸多的贝叶经，均体现着"天人合一，和谐共生"的自然观。"贝叶文化其实也是傣族文化，它融合本民族文化、佛教文化以及早期的印度教文化。如今它所遭遇的文化危机和众多文化在消费主义、文化同质化压力之下的危机一样。这也是傣族人的精神危机。"（余婷婷，2016）贝叶文化堪称水的文化、森林文化和绿色生命文化，傣族社会所有的历史事件和文化，全靠一片片贝叶作为记录材料世代相传，傣族人民把贝叶经视为全民族的宝贵财富加以保护（周娅，2006；李子贤，2006）。《贝叶文化论》（王懿之 等，1990）、《贝叶文化论集》（秦家华，周娅，2004）、《圣字贝叶书 13 位创造人类智慧的圣者的神迹与猜想》（慧君，2004）、《贝叶文化》（铁锋 等，2006）、《贝叶文化与民族社会发展》（秦家华 等，2007）、《贝叶文化与傣族和谐社会建设》（郭山 等，2008）、《贝叶神韵》（艾罕炳，2009）等，展现了贝叶文化在民族文化多样性中的风采。

戈兰叶（即贝叶）是承载着傣族历史文化走向光明的一片神舟。①贝叶经是记录南传上座部佛教思想、教义的载体。②贝叶经对传播和普及南传上座部佛教思想、教义起到了重要作用。③贝叶经是傣族人民南传上座部佛教信仰世代传承的脉络和依据。贝叶文化是傣族人民在传统农业社会中创造的古典型和谐文化（即人与自然、人与人、传统与现实的和谐）；是热爱自然、尊重自然，热爱人类、尊重他人，既热爱传统，又力求创新的兼容文化；贝叶文化又是一种素质文化，以寺院教育取代火塘教育的创新，是一种开放型文化。人与自然的和谐，是贝叶文化的精髓之一。朴素的自然生态观，保护山林、保护水资源、保护大自然所赐的一切，这不仅保留在贝叶经典中，也融化在傣族人民的思想观念和行为模式中。

贝叶文化博采众长、博大精深，其内容包罗万象。古籍书目记载的达 5 000 余部、2 000 多种，按内容和形式分为 15 类（秦家华 等，2006）。①佛教经典方面，有《三藏经》《尼滩龙》等。②哲学方面，有《咋雷麻约甘哈傣》《萨沙纳哈版洼沙》《咋雷蛇曼蛇勐》等。③法律法规，有《芒莱法典》《地方习俗法规》等。④神话传说，有《巴塔麻嘎英叭》《竹楼的由来》等。⑤史诗，有《巴塔麻嘎捧尚罗》《相勐》。⑥叙事长诗，有《乌沙巴罗》《粘巴西顿》《兰嘎西贺》《葫芦信》等。⑦歌谣，有《甘哈墨贯》《尚嘎雅纳坦》《贺新房歌》等。⑧语言文字，有《波腊纳坦》《巴塔麻嘎波罕》《尚嘎哈奔罗》等。⑨农业，有创世史诗《巴塔麻嘎棒尚罗》《一颗萝卜大的谷子》等。⑩历法，有《泼水节的故事》《巴嘎等》《呼拉》。⑪医药，有傣文药典《档哈雅》、医经《腕纳巴维特》等。⑫建筑方面，古代傣族竹楼的发明创建，经过了由最初的"绿叶棚"过渡到"狗蹲房"再到"凤凰房"3个历史时期，最后才建成竹楼的记载等。⑬音乐，有《论傣族诗歌》《巴塔麻夏捧尚罗》等。⑭舞蹈，有《尼赕滚墨贯》《傣族古歌谣》等再现原始舞蹈的叙述。⑮绘画，有《召西塔奥波》《召树屯与南木诺娜》等。此外，还有大量的风俗习惯和文化事象，也是贝叶文化的重要组成部分，如《巴塔麻嘎捧尚罗》中天神划分年、月、日的神话等（余晓华 等，2006）。正可谓"南传佛教贝叶棕，大爱救苦南无梦；古经无纸刻传递，贝叶经书千古颂。"（管康林，2018）

8.2 棕榈植物的民俗文化

在中国民俗文化中，棕榈植物也发挥着重要的作用。如不同民族民间的"棕扇舞""棕包脑"等舞蹈，各地使用的"棕编""棕蓑衣"，以及槟榔等用于婚俗、村寨文化中，都体现出棕榈植物的文化意义。

8.2.1 棕扇舞

棕扇舞是流传于哈尼族民间的一种舞蹈，因舞者使用棕榈叶制作而成的棕扇得名，入选2011年国务院公布的"第三批国家级非物质文化遗产名录"（棕扇舞，1092Ⅲ–103；中华人民共和国中央人民政府，2011）。这种舞蹈平时少跳，多在哈尼族的昂玛突（祭祖节）、库扎扎（关秧门、六月节、六月年）、扎勒特（十月节、十月年）等重要的节日以及老人的葬礼上跳。年轻人和老人都跳，但舞姿不同，葬礼上跳的棕扇舞动作与年节活动上所跳的也不一样。

哈尼族民间的棕扇舞历史悠久、古朴庄重，舞蹈动作大多是模拟哈尼族先民在迁徙途中所遇飞禽走兽的形态，以及对日常生产、生活状态的模仿。如模拟白鹇展翅、白鹇喝水、蜂蝶采蜜、老熊走路、公鸡斗架、猴子掰谷、老鹰拍翅等，以及人们生产劳作的某些姿态。棕扇舞折射出哈尼族对祖先迁徙历史的记忆，保留了哈尼族文化的传统基因，富有浓郁的乡土气息。如今棕扇舞被文艺创作工作者改编后搬上了现代舞台。

8.2.2 棕包脑

棕包脑是湖南省洞口县瑶族祭祀性传统舞蹈，因表演者在祭祀时用棕片包裹脑袋，身披棕衣，手持齐眉棍，腰缠万年常青藤进行舞蹈而得名。2014 年 11 月 11 日，棕包脑经中华人民共和国国务院批准列入"第四批国家级非物质文化遗产代表性项目名录"（1272-Ⅲ-119；中华人民共和国中央人民政府，2014）。清代《宝庆府志·五行·武功》记载："宋熙宁五年（公元 1074 年）开梅山，瑶人以棕包脑装扮鬼神袭官军"，由此可见瑶族棕包脑舞蹈历史的悠久（袁杰雄，2017）。2019 年 11 月，《国家级非物质文化遗产代表性项目保护单位名单》公布，洞口县非物质文化遗产保护中心获得棕包脑项目保护单位资格（中华人民共和国中央人民政府，2019）。

棕包脑是一种古老的民间生态祭祀舞蹈，主要流传在湖南洞口县长塘瑶族乡、罗溪瑶族乡、月溪乡等瑶家山寨，其舞蹈动作以摆首、甩臂、舞棍、扭腰、跺脚、左右顿步为主，具有简练干净、粗犷有力的特点。表演程序分为"祭祀""单棍表演""双棍表演""凳术""梅山倒立""驱山鬼、打野兽""庆祝"等段落，每个段落细节繁多，具有人物、对白和简单的故事情节，以近似戏曲的写意、虚拟、假定等艺术表演形式，展示了瑶族先民与大自然顽强抗争的刚毅性格（姚小云 等，2015）。棕包脑作为一种集仪式、舞蹈、民俗于一体的综合性表演形式，节奏与舞蹈动作紧密结合，具有一定的艺术价值；是瑶族民众良好民族风貌和民族凝聚力的重要体现，对瑶族民众继承传统、发扬美德具有重要意义（周晓岩，2017）。

8.2.3　棕编

棕编是以棕树嫩叶破成细丝加工编织而成的工艺品。中国的棕编工艺主要集中在长江流域的四川、贵州、湖南等地，尤以四川新繁棕编和湖南棕编玩具最负盛名。棕编造型介于写意、摄真之间，情味盎然；著名的汉中棕箱用棕片发丝编织而成，产品具有民间色彩，具有防潮湿、防虫蛀、防鼠咬等特点。

在四川省新都新繁镇，最早是当地妇女使用棕丝编织凉鞋，自编自用，之后逐渐扩大编织品种，生产凉鞋、凉帽、扇子等，棕编制品成为一种地方性极强的民间工艺产品。新繁棕编编织前先将棕叶处理成细白条，再拉成细丝或搓成棕绳，经漂白、染色再用。新繁棕编技法多样，成品细密如绸绢，坚固耐磨，美观大方（曲小月，2019）。

新繁棕编也入选了 2011 年国务院公布的"第三批国家级非物质文化遗产名录"［棕编（新繁棕编），1154Ⅶ-19；中华人民共和国中央人民政府，2011]。

新繁棕编技艺起源于清代嘉庆末年，至今已有 200 多年的历史。"析嫩棕叶为丝，编织凉鞋"，在秀丽的乡村和农家小院，随处可见当地妇女用洁白细腻的棕丝编织着一件件神奇的手工制品。尤其是拖鞋堪称新繁棕编一绝，它具有舒适透气、美观大方、轻便、无污染、防潮耐用的特点，颇受消费者的普遍欢迎。另外，新繁的棕编玩具也是富有情趣和民间色彩的棕编工艺(唐家路，1998)。

新繁棕编的原料主要采用都江堰市、彭州市(原彭县)、大邑县、邛崃市等山区的嫩棕叶。每年4月，是艺人们采集嫩棕叶的最佳时节。采集回来的绿色嫩棕叶，先用针刺篦梳，划制成丝，变成一条条形似绿色挂面的棕丝。然后，艺人们用灵巧的双手把部分棕丝搓成棕绳，再将棕丝、棕绳经过浸泡、硫熏、晒晾断青，或将部分棕丝染成五颜六色，可制作棕编制品的特殊装饰。制作过程中的产品造型均使用模具，模具可用木制、泥塑。

新繁棕编的手工技法包括3种：①胡椒眼技法，即将棕丝等距排列的经线相互交叉形成菱形，再用两根纬线穿于菱形四角，依此类推，编织出窗花般美观规则的图案。②密编法，艺人采用疏密相同、距离相等且重复的方法进行细密的编织。这种编织方法通常使用在鞋、扇等产品的编织上。③"人"字形技法，即以人字图案来设计或控制棕编的经纬走向或构图，这种编织方法通常使用在帽、席等生活用品编织上，其特点是美观大方。每年夏季和秋季是新繁棕编生产的高峰期。随着季节需求的变化，棕编的种类不同，如夏季主要生产凉帽、拖鞋，秋季主要生产工艺棕编提包(徐艺乙，2016)。四川省崇州市怀远镇，最著名的工艺是"三编"——藤编、棕编、竹编。怀远几乎家家都有能工巧匠，藤、棕、竹在那些老人手上就成了一件件艺术品，沿街摆开，可以随意购买(《玩乐疯》编辑部，2009)。

此外，棕编制品也有棕床、保暖盒、棕箱、棕垫、棕提笺、棕蓑衣等，各地显现多彩多样的产品类型。

贵州省思南塘头棕叶提篮，以嫩白棕叶为原料，剖成细丝或搓成丝绳编织，柔韧有弹性，能沥水，不怕潮湿，特别适合家庭使用。

福建省长汀历史上以棕编衣箱、盒帽、床褥出名，明清时期即已广泛出产(牛月，2016)。

广东省新会的葵编，使用蒲葵的叶片编织，产品有篮、扇、席等实用品及工艺品，其中以"新会葵扇"最为有名。

中国明式古典家具的床屉分两层，上层为竹编凉席，下面衬以棕编屉。上层凉席是为了光滑凉爽，下层棕屉则是为了增加弹性和保护竹席(胡德生，2016)。

云南石林的撒尼棕编、秦巴山区的汉山棕编等在中国乡村脱贫攻坚、乡村建设、经济发展等方面，也发挥着重要的作用(王玲，2015；何得桂 等，2020)。

8.2.4 棕蓑衣

蓑衣，是用草或棕线制成的、披在身上的防雨用具。蓑衣，在客家地区具有悠久的历史(林爱芳，2009)。

蓑衣历史悠久，富有中国文化的诗情画意。"尔牧来思，何蓑何笠。"(《诗经·

小雅·无羊》)记载了中国最古老的雨具，披蓑戴笠是中国农耕文明的一个缩影。"千山鸟飞绝，万径人踪灭。孤舟蓑笠翁，独钓寒江雪。"(唐·柳宗元《江雪》)此诗借山水景物，歌咏隐居在山水之间的渔翁，寄托其清高而孤傲的情感。而"西塞山前白鹭飞，桃花流水鳜鱼肥。青箬笠，绿蓑衣，斜风细雨不须归。"(唐·张志和《渔歌子》)既有苍岩、白鹭、鲜艳的桃林、清澈的流水、黄褐色的鳜鱼、青色的斗笠，又有绿色的蓑衣，其色彩明优意万千，脱离尘俗钓湖烟，思深韵远情融景，生活任行乐自然。

此外，"草铺横野六七里，笛弄晚风三四声，归来饱饭黄昏后，不脱蓑衣卧月明。"(唐·吕岩《牧童》)更展现了原野、绿草、笛声、牧童、蓑衣和明月，有景、有情、有人物、有声音，写出农家田园生活的恬静，体现了牧童放牧生活的辛劳，更是一首赞美劳动的短曲，是一幅恬淡的水墨画，让心灵感到安宁。

乡间蓑衣有的是用棕皮缝制的，有上衣和下裳。上衣像件大坎肩，披在肩上，露出两条胳膊便于劳作；下裳像件围裙，长及膝盖(沈成嵩 等，2014)。

8.2.5　其他民间习俗

棕榈植物也常常用于民间的各种活动中。

哈尼族在婚嫁时，娘家给女儿陪嫁的物品中必不可缺的陪嫁物品是三节金竹片和一个棕心(多数村寨是用棕心的嫩叶)，其意为"金竹漂亮俊美，让你带去丈夫家，养出的儿女金竹般漂亮；棕树根深叶茂，让你带去丈夫家，养出的儿女棕树般高大。"哈尼族建寨植棕的思想动机，就是求得村寨人丁兴旺，人口增殖。哈尼族把棕榈看作有生命的精灵，能影响到一个村寨的生命活力和人口繁衍，视棕榈为"生命象征树"。

由于棕榈叶柄两侧边缘具有细小的齿刺，哈尼族人在招魂活动中，也常用到棕榈叶柄。哈尼族认为人有 12 个灵魂，灵魂走失离开人体，人就会生病甚至死亡。所以要定期或不定期地举行招魂仪式。根据失魂地点和方式的不同，叫魂仪式有不同的称呼和不同的仪式内容。如果确认某个人的魂是在水边丢失的，就必须举行名为"欧拉枯"的叫魂活动，意为"叫回丢落在水里的魂"。在"欧拉枯"的招魂仪式中，棕榈叶柄是不可缺少的用具，它被当作梯子使用，以便丢失在水中的灵魂顺着棕榈叶柄爬出水中，回附到人身体上。

而在日常生活中，棕榈叶柄的齿刺被看作和一些具针刺的植物一样具有挡魔拦鬼、驱恶避邪的功能，一些身体虚弱的人常取一截棕榈叶柄放于枕下，以确保睡梦平安，不受鬼怪和巫蛊之人的侵扰。在此，棕榈叶柄又成为另外一种象征符号，即具有镇邪作用的辟邪物和护身符。

南传上座部佛教佛寺(如在云南西双版纳)的庭园栽培以"五树六花"为最基本的特征，五树包括菩提树、高榕、贝叶棕、槟榔和糖棕(或椰子)，六种是荷

（莲）花、文殊兰、黄姜花、鸡蛋花、缅桂花和地涌金莲等（裴盛基 等，2007）。此外，槟榔、荷花（*Nelumbo nucifera*）、文殊兰（*Crinum asiaticum*）、黄姜花（*Hedychium flavum*）是敬佛的贡品（王慷林 等，2014）。棕榈也是哈尼族特定文化和信仰赋予象征含义的文化植物，"无棕无竹不成哈尼寨"，棕榈成为村寨绿色植物的象征（邹辉，2003），具有重要的社会意义和价值。

非洲南部的阿法尔族，在举行婚礼的时候，族人们头上插满海枣叶，腰上围着成串的海枣，载歌载舞。人们在欢呼高歌中把海枣投向新郎和新娘，象征幸福美满，祝愿他们的爱情象海枣一样甜蜜。

古氏槟榔（*Areca guppyana*）在所罗门群岛，被认为是一种神圣的植物，可以种植在坟墓上（Jones，1995）。在印度南部，宗教仪式和婚姻中也常常使用成熟的糖棕果实，作为神圣的物品，就像绿色椰子在印度东部使用一样（Basu et al.，1994）。

银叶国王椰（*Ravenea glauca*）的叶片在马达加斯加用来制作驱魔时用的床垫（Dransfield et al.，1995）。

8.3 代表性文化棕榈植物

8.3.1 贝叶棕 *Corypha umbraculifera* Linn.

8.3.1.1 植物基本信息

（1）异名：*Corypha guineensis* L.（1767）；*Bessia sanguinolenta* Raf.（1838）。

（2）别名：吕宋糖棕、行李叶椰子、贝叶、团扇葵、锡兰行李叶椰子、行李棕、贝叶树、思惟树、贝多罗树、guo lang（D-BN）。

（3）形态特征：乔木状；植株高大粗壮，最大径可达 90 cm，具较密的环状叶痕。叶大型，呈扇状深裂，形成近半月形，裂片 80~100 片，裂至中部，剑形，先端浅 2 裂；叶柄粗壮，上面有沟槽，边缘具短齿，背面顶端延伸成下弯的中肋状的叶轴。花序顶生、大型、直立，圆锥形，高 4~5 m 或更高，序轴上由多数佛焰苞所包被，起初为纺锤形，后裂开，分枝花序即从裂缝中抽出，约有 30~35 个分枝花序，由下而上渐短，下部分枝长约 3.5 m；上部的长约 1 m，4 级分枝，最末一级分枝上螺旋状着生几个小花枝，上面着生花；花小，两性，乳白色，有臭味。果实球形，干时果皮产生龟裂纹；种子近球形或卵球形；胚顶生。只开花结果 1 次后即死去，其生命周期约有 35~60 年。花期 2—4 月，果期翌年 5—6 月。

（4）生境分布：原产印度、斯里兰卡、缅甸、泰国等亚洲热带国家，随佛教（南传上座部佛教）的传播由印度经缅甸而被引入中国，已有 700 多年的历史。在云南西双版纳地区零星栽植于缅寺（佛寺）旁边和植物园内；东南、华南有少量

（a）　　　　　　　　　　　　（b）

图 8-2　贝叶棕（*Corypha umbraculifera*）

引种栽培。菲律宾、马来西亚、新加坡等也常见。

8.3.1.2　文化价值

贝叶棕的文化价值主要表现在贝叶文化（见 8.1），其也是佛教"五树六花"的重要种类之一。

8.3.2　槟榔 *Areca catechu* Linn.

8.3.2.1　植物基本信息

参见 6.2.1。

8.3.2.2　文化价值

槟榔，在棕榈植物绿色文化中发挥占据着重要的位置。槟榔，代表的是"节节高升""婚姻美满""团结和谐""追忆亲人"等。

在云南新平，槟榔是家庭和村寨人际关系和睦吉祥的象征。槟榔不仅能美化环境，增添傣族居住的热带坝区的旖旎风光，还是家庭和村寨"吉祥""喜庆""团结""和睦"的象征。槟榔表达情感的非语言信息传递方式，为花腰傣族和谐家庭、村寨群体关系、缔结婚姻关系、传承社会道德规范行为起到了有效的沟通作用，符合人们对团结、和睦、吉祥、幸福的心理需求和社会需要，槟榔在新平花腰傣婚姻家庭礼仪中具有浓浓的祥和与祝福象征色彩，传递出丰富的文化象征意义（郭中丽，2008）。

民间大量使用槟榔用于礼遇待客、缔结婚姻、和平相处等，在广东、海南和台湾等省（自治区、直辖市），更为常见。

欧阳询（唐）在《艺文类聚》中引《南中八郡志》云："槟榔，士人以为贵，款客必先进，若邂逅不设用，遂相嫌恨。"（宋）周去非在《岭外代答》中曰："客至不设茶，唯以槟榔为礼。"（明）孙蕡云在《广州歌》中曰："扶留叶青蚬灰白，盘钉槟榔邀上客。"（明）黄佐在《广州通志》亦载："人事往来，以传递槟榔为礼。"（清）彭羡门在《岭南竹枝词》中云："姜家溪口小回塘，茅屋藤扉蛎粉墙。记取榕阴最深处，闲时来坐吃槟榔。"（清）雍正在《福建通志》载："全台土俗，皆以槟榔为礼。"《正德琼台志》载："亲宾来往，非槟榔不为礼。""台地闾里诟谇，辄易构讼，亲到其家送槟榔数口，即可消怨释忿。"（詹贤武，2010）

槟榔在婚姻缔结关系中必不可少。男女相亲，槟榔为号，正如："槟榔……出林邑，彼人以为贵，婚族客必先进，若邂逅不设，用相嫌恨。一名宾门药饯。"（《南方草木状》）"九真僚，欲婚先以槟榔子一函诣女，女食与即婚。"（《太平御览》）而聘礼中，也常见槟榔，"粤人最重槟榔，以为礼果，款客必先擎进，聘妇者施金染绛以充筐实，女子既受槟榔，则终身弗贰。而琼俗嫁娶，尤以槟榔之多寡为辞。"（屈大均，1985）并有优美诗句云"赠子槟榔花，杂以相思叶。二物合成甘，有如郎与妾。"婚礼上，更不能少了槟榔，如："婚礼，则举邑皆用槟榔。媒妁通问之初，即以彩帕裹槟榔、茶萎至女家，向其亲属说合。至女家允诺，首次定婚送聘，谓之'吃槟榔'。"（周文海，2004）亦有："所谓出新妇者，有男家请亲属妇女盛装往贺女家，女艳妆出，奉槟榔、萎几袋。男家亲戚受槟榔，给封包一二元，谓之'押彩'……至其东部诸地之婚嫁，男女两方凭媒说合后，即行出槟榔礼，与西部同，独无出新妇礼。"（丁世良 等，1991）也有"婚姻以槟榔、鸡酒为礼。""不论男女率挟槟榔而行，交会、约婚咸以槟榔为礼"（钟敬文，2001）。中国台湾同样使用槟榔作为婚聘："订盟用番银、红彩、大饼、槟榔"，完聘后"仍备礼盘、大饼、槟榔"（倪赞元，1983）。

黎族男女青年爱情的生活中，流传着槟榔情歌和槟榔故事，青年男女利用槟榔表达对爱情的渴望和追求，槟榔是爱情的信物，也给他们带来爱情的欢乐和幸福。海南黎族民歌中有："口嚼槟榔又唱歌，嘴唇红红见情哥。哥吃槟榔妹送灰，有心交情不用媒。""看见妹村槟榔峒，槟榔长得叶青葱，哥愿终身变成鸟，飞上槟榔叶上蹲。"《吃哥槟榔领哥情》唱道："槟榔青青荖青青，吃哥槟榔领哥声。槟榔如金荖如宝，吃哥槟榔领哥情。一个槟榔破四瓣，吃口槟榔心里念。哥欲厚情与实意，吃哥槟榔口口甜。"（付广华，2008；孙文刚，2012；唐启翠 等，2012）。又如《槟榔》中唱道："槟榔怀了孕，开花吐清芬；结籽圆如蛋，蛋里生红仁。干直似好人，可靠又可亲；也能当椽木，盖房免雨淋。果实好敬客，树下好谈心。"中国台湾民间亦广泛流唱着："石子落井探深浅，送口槟榔试哥心，哥食槟榔妹送灰，心心相印意相随。"（詹贤武，2010）

槟榔也用于祭祖。《粤东笔记》(清·李调元)载:"七月初七夕,为七娘会,乞巧。沐浴天孙圣水,以素馨茉莉结高尾艇,翠羽为篷,游泛沉香之浦,以象星槎。十四祭先祠,例为盂兰会,相饷龙眼、槟榔,日结圆。""有斗者,甲献槟榔则乙怒立解。至持以享鬼神,陈于二伏波将军之前以为敬。"(屈大均《广东新语·黎人》)即黎人用槟榔来祭祀鬼神和劝和。槟榔与其他香料、薄荷枝、法螺一样,充当着巫术仪式中"转移"法力的物品,主要功能就是运用槟榔子特有的红艳色彩及其嚼食后产生的迷醉状态来增强自身美丽、吸引力,令库拉伙伴、异性情人产生热烈情绪(唐启翠 等,2012)。

9 棕榈植物与环境保护

绿色发展是生态文明建设的必然要求，生态文明建设能否成功的体现就是实现美丽环境的构建：绿水长流、青山常在。要实现绿水青山就是金山银山，植物资源是重要物质基础和有力保障，没有植物资源多样性，不可能形成绿水青山的森林植被，更无法构成稳固的森林生态系统，就不会实现"生态行则文明兴"的蓝图。

棕榈植物是植物资源的重要组成部分之一，作为植物系统中物种大科（植物界5大名科：菊科30 000多种、兰科20 000多种、豆科13 000多种、禾本科10 000多种、蔷薇科3 200多种），有3 000多种，展现出极高水平的物种多样性和景观多样性特征，在构建人类命运共同体的生态文明建设、促进环境保护等方面发挥着重要的作用：①棕榈植物的美丽景观效应，可构成美丽中国的绿水青山。中国南方绝大多数城镇，棕榈植物在景观构建方面彰显了其特有的魅力，构建了美丽的景观。②部分棕榈植物具有抗击污染的功能。室内盆栽棕榈植物，不仅能消除室内甲醛、二氧化碳、苯等装修产生的有害物质，也是室内景观的构建者；而种植于工厂周围、广场绿地、行道江岸，不仅具有吸收污染物（如二氧化硫、氯气、氟化氢等）的功能，其也有对污染物产生的抗性，能保持良好的景观环境。③一些棕榈植物在防止土壤流失、护堤保岸等方面，也发挥着较好的作用。如水椰，丛生粗壮的匍匐状茎及肥硕的叶鞘能抗风浪；具"胎生现象"，形态特别，可营造热带地区海岸防护林和观赏灌木。

9.1 棕榈植物与环境

假槟榔、鱼尾葵、棕榈、蒲葵有抗二氧化硫的作用，棕榈、假槟榔、鱼尾葵、散尾葵可抗氯气，假槟榔、蒲葵、棕榈等具有抗氟化氢等有毒气体的特性

(中国科学院植物研究所二室，1978)。

　　某些棕榈植物对有害气体、水的治理，具有较好的净化和吸附作用。如袖珍椰子，对房间内的多种有毒物质都有比较强的净化作用，可以清除空气里的甲醛、苯及三氯乙烯，被叫作生物界的"高效空气净化器"，尤其适宜置于刚装潢完的房间内。此外，袖珍椰子亦具有很高的蒸腾效率，可以提高房间里的负离子浓度，对人们的身体健康十分有利（王意成，2013；谢彩云，2014）。椰壳活性炭对含硫废水的吸附特性研究表明，活性炭的最优使用量为 2.5 g，最优吸附温度为 70 ℃，最优吸附的时间为 3 h，最优 pH 值为 7，吸附效率达到 96.19%（罗冰等，2021）。

　　某些棕榈植物具有良好的环境保护功能。如轮羽椰由于具有抗旱性和耐热性，可以在恶劣的城市条件下茁壮成长，也可用于流域保护、侵蚀控制和作为海滩屏障。

　　部分棕榈植物在环境保护方面，具有较好的抗性、吸附和净化等功能（表 9-1）。

表 9-1　环境保护类棕榈植物

种类	环境保护特性
Allagoptera leucocalyx 白萼轮羽椰	一种矮生棕榈，生长在沙质土壤上的稀树草原上，通常形成茂密的林分，可抵御更多的寒冷和干旱，构建美丽的草原景观
Archontophoenix alexandrae 假槟榔	对二氧化硫、氯气、氟化氢等有较强的抗性
Caryota mitis 短穗鱼尾葵	树冠浓密，对灰尘吸附、噪音阻隔作用较佳，常列植做树篱，园区可做障景、隔景
Chamaedorea elegans 袖珍椰	能净化空气中的苯、三氯乙烯和甲醛，降低室内二氧化碳浓度，还有一定的杀菌作用，是高效的空气净化器，适合摆放在客厅、书房和窗台
Dypsis crinit 长毛马岛椰	叶片被用作石油过滤器（Dransfield and Beentje，1995）（马达加斯加）
D. crinit 海枣	果实中含有丰富的生物碱、黄酮类化合物和单宁等抗氧化成分，具有抗菌功能，是天然抗氧化剂的良好来源，可用于氧化应激相关疾病和传染病的治疗
D. decipiens 王马岛椰	叶片用于侵蚀防治（Dransfield and Beentje，1995）
D. lutescens 散尾葵	天然"增湿器"，它绿色的棕榈叶每天可以释放出 1 L 水，且能有效去除室内苯、三氯乙烯、甲醛等有害物质，净化居室空气质量
Livistona chinensis 蒲葵	对氯气、二氧化硫抗性强
Nypa fruticans 水椰	可以防海潮、围堤、绿化海口港湾和净化空气等
Phoenix roebelenii 江边刺葵	可以去除室内甲醛，净化居室环境
Rhapis excelsa 棕竹	具有很强的吸收二氧化碳和制造臭氧的功能，其植株高大，适合摆放在客厅、阳台等开阔的空间

种类	环境保护特性
Sabal palmetto 菜棕	耐干旱且抗风，可做绿篱；对烟尘、二氧化硫、氟化氢等多种有害气体具较强的抗性，并具有吸收能力，适于空气污染区大面积种植
Saribus rotundifolius 圆叶叉序棕	侧根发达、密集，抗风力强，能在沿海地区生长；对氯气、二氧化硫抗性强
Syagrus amara 马提尼桐	抗风性甚强，可种植做海岸防护林
S. romanzoffiana 金山葵	抗风性甚强，能忍受含盐分或干燥的空气，亦适合做海岸绿化材料

9.2 代表性环境保护棕榈植物

9.2.1 散尾葵 *Dypsis lutescens*（H. Wendl.）Beentje & J. Dransf.

9.2.1.1 植物基本信息

（1）异名：*Chrysalidocarpus lutescens* H. Wendl.（1878）；*Areca flavescens* Voss（1895）；*Chrysalidocarpus baronii* var. *littoralis* Jum. & H. Perrier（1913）；*C. glaucescens* Waby（1923）。

（2）别名：黄椰、黄椰子（植物学大辞典）。

（3）形态特征：丛生灌木，基部略膨大。叶长约 1.5 m，羽片黄绿色，表面有蜡质白粉，2 列，披针形，先端长尾状渐尖并具不等长的短 2 裂，顶端的羽片渐短；叶柄及叶轴光滑，黄绿色；叶鞘长而略膨大，通常黄绿色，初时被蜡质白

（a）

（b）

图 9-1 散尾葵

粉。花序生于叶鞘之下，具2~3次分枝，分枝花序上有8~10个小穗轴；花小，卵球形，金黄色，着生于小穗轴上。果实略为陀螺形或倒卵形，鲜时土黄色，干时紫黑色，外果皮光滑，中果皮具网状纤维。种子略为倒卵形，胚乳均匀，中央有狭长的空腔，胚侧生。花期5月，果期8月。

（4）生境分布：中国南方习见栽培。原产马达加斯加。

9.2.1.2　环境保护价值

散尾葵可抗二氧化硫、氟化氢、汞蒸气等有害气体，对氯、硫的吸收能力强，能够有效去除空气中的苯、三氯乙烯、甲醛等有挥发性的有害气体，具有蒸发水气的功能。家居种植散尾葵，可将室内的湿度保持在40%~60%，特别是冬季，室内湿度较低时，可有效提高室内湿度，被称为最佳的室内天然"增湿器"。每平方米散尾葵的叶面积24 h便可消除0.38 mg的甲醛和1.57 mg的氨。散尾葵抵抗二氧化硫、氟化氢、氯气等有害气体的能力也比较强（王意成，2013；谢彩云，2014）。

散尾葵提取物对居室空气中的地衣芽孢杆菌（*Bacillus licheniformis*）、葡萄球菌（*Staphylococcus* sp.）、短小芽孢杆菌（*Bacillus pumilus*）、绿脓杆菌（*Pseudomonas aeruginosa*）枯草芽孢杆菌（*Bacillus subtilis*）、微球菌（*Micrococcus* sp.）、短杆菌（*Brevibacterium* sp.）具有抑菌活性，特别是对葡萄球菌和枯草芽孢杆菌抑菌力最强（焦念新 等，2009）。

9.2.2　棕榈 *Trachycarpus fortunei*（Hook. F.）H. Wendl.

9.2.2.1　植物基本信息

参见7.4.1。

9.2.2.2　环境保护价值

棕榈具有杀灭细菌的功能，对烟尘、二氧化氮、二氧化硫、氟化氢、氯气、苯等有毒气体具有较强的抗性，对汞蒸气、二氧化硫、氯气等具有一定的吸附能力；此外，还有阻滞尘埃、清洁空气的功能。花、叶、茎的环己烷、乙醚萃取挥发油对特定病原菌有特殊抑菌效果，可作为抑菌剂使用（卫强 等，2016）。

棕榈产品在去除空气、水、重金属等污染和净化方面，具有较好的作用。

去除空气污染和净化，棕榈发挥了较好的作用。植物对空气中汞污染的净化过程，就是植物对汞蒸汽的吸收、迁移、蓄积及转化的过程。棕榈有较强富集汞的能力，能有效降低空气中的汞蒸气含量；将棕榈种植在汞浓度平均为10.48 μg/m³的环境中，全暴露棕榈叶、茎、根均可吸收汞，棕榈对汞的吸收量可达84 μg/g（干重），比夹竹桃低，而高于很多植物（如樱花、桑树、大叶黄杨、八仙花、美人蕉、紫荆、广玉兰、月桂、桂花、珊瑚树、蜡梅）（韩阳 等，2005）。通过汞污染环境条件下对棕榈的观测试验，表明：暴露在汞污染空气中的植物，其叶片成为吸汞的主要部位；随着时间的延长而不断蓄积，然后不断地输送到植物的其他部位；各部位对汞的吸收量呈叶>茎>根，其比值为 16. 13：5. 94：1；从暴露棕榈叶向封闭叶、茎、根的转移率分别为 7. 50%、4. 55%、2. 84%(蒋蓉芳 等，2000)。范海燕(2019)的研究也表明，在 48 h 内，棕榈对室内甲醛的去除率达 65% ~ 100%，耐阴棕榈植物显示出高耐受性和从内部环境中去除甲醛的良好潜力。采用棕纤维复合填料，在鱼粉厂建立三甲胺(TMA)、臭气生物过滤床工程装置，在温度为 25 ~ 35 ℃、三甲胺平均进气浓度为 673 mg/m³条件下，9 d 系统即进入稳定运行状态；在空床停留时间(EBRT)20. 0 s 条件下，进气三甲胺浓度为 536 ~ 895 mg/m³(平均为 723 mg/m³)、臭气浓度为 9 724 ~ 13 431 倍(平均为 11 557 倍)时，系统对三甲胺和臭气的平均去除率分别为 91. 98%、98. 70%，并且具有良好的耐负荷冲击性；同时，系统对三甲胺降解中间产物氨气(NH_3)也表现出良好的去除效果(陶佳 等，2008)。

棕榈的纤维在治理水污染方面，有一定的作用。三氯生是一种广谱抗菌剂，属于微污染物的范畴。利用棕榈纤维为原料制备活性炭纤维，负载了磷酸银的活性炭纤维对三氯生的降解可在 1 h 内达到平衡，其光催化速率和平衡降解率均优于磷酸银粉末；加入叔丁醇后，材料对三氯生的降解效果下降，说明在光催化降解过程中起主要作用的成分是羟基自由基；负载了磷酸银的活性炭纤维具有优良的稳定性，循环使用 5 次后对三氯生仍有较高的降解效率(田淑艳，2016)。棕榈丝制备的吸附材料，能够极好地提升吸附剂对水中重金属铬、镉、镍的吸附(吕文刚，2012)。

参考文献

《玩乐疯》编辑部，2009. 全成都吃喝玩乐情报书[M]. 北京：中国铁道出版社.

《中国贝叶经全集》编辑委员会，2010. 中国贝叶经全集[M]. 北京：人民出版社.

艾罕炳，2009. 贝叶神韵[M]. 昆明：云南人民出版社.

柏先泽，周明玺，汤兴宇，等，2020. 槟榔花综合利用研究进展[J]. 食品研究与开发，41
　　（12）：211-217.

鲍健强，苗阳，陈锋，2008. 低碳经济：人类经济发展方式的新变革[J]. 中国工业经济，
　　（4）：153-160.

蔡亲福，1997. 锯叶棕果提取物的药用价值[J]. 国外新药介绍，（4）：1-5.

曾春晖，杨柯，郑作文，2007. 蒲葵子的含药血清体外抗肿瘤作用的实验研究[J]. 广西中医
　　药，30（1）：58-59.

陈汉斌，1990. 棕榈科[M]//陈汉斌. 山东植物志（上册）. 青岛：青岛出版社.

陈莉，2015. 福州市棕榈科植物景观特性及评价[M]. 福州：福建农林大学.

陈美球，蔡海生，廖文梅，等，2015. 低碳经济学[M]. 北京：清华大学出版社

陈屏，2007. 小叶云实、蒲葵和黄三七的化学成分研究[D]. 北京：中国协和医科大学.

陈嵘，1957. 中国树木分类学[M]. 上海：上海科学技术出版社.

陈三阳，裴盛基，王慷林，2003. 棕榈科[M]//李恒. 云南植物志：第14卷. 北京：科学出
　　版社.

陈三阳，裴盛基，许建初，1993a. 西双版纳勐宋哈尼族传统管理与利用棕榈藤类资源的研究
　　[J]. 云南植物研究，15（3）：285-290.

陈三阳，裴盛基，许建初，1993b. 西双版纳藤类的民族植物学研究[C]//许再富，朱鸿强.
　　热带植物研究论文报告集. 昆明：云南大学出版社：75-85.

陈三阳，王慷林，裴盛基，等，2002. 云南棕榈藤新资料[J]. 云南植物研究，24（2）：199-
　　204.

陈艳，2011. 蒲葵子活性成分及质量控制研究[D]. 福州：福建医科大学.

陈艳，林新华，李少光，等，2008. 蒲葵子的体外抗癌活性[J]. 福建医科大学学报，42(2)：6-8.

陈银娥，2011. 绿色经济的制度创新[M]. 北京：中国财政经济出版社.

陈重明，陈建国，刘育衡，等，1994. 槟榔(Aeca catechu L.)的民族植物学[J]. 植物资源与环境，3(1)：36-41.

程新生，邵明，王欣，等，2017. 蒲葵中化合物 EHHM 对肝癌 HepG2 细胞增殖作用的研究[J]. 中国医药导报，14(7)：24-27.

崔明昆，2004. 云南新平花腰傣植物传统知识研究[D]. 昆明：云南大学.

大连万达商业地产股份有限公司，2016. 探绿：居住区植物配置宝典 南方植物卷[M]. 北京：清华大学出版社.

戴维·考特莱特，2016. 上瘾五百年：烟、酒、咖啡和鸦片的历史[M]. 薛绚，译. 北京：中信出版社.

邓干然，郑爽，曹建华，等，2013. 油棕的综合利用[J]. 热带农业工程，37(2)：43-45.

丁宝章，王遂义，叶永忠，等，1998. 棕榈科[M]//丁宝章，王遂义，叶永忠，等. 河南植物志：第4卷. 郑州：河南科学技术出版社.

丁世良，赵放，1991. 中国地方志民俗资料汇编：中南卷[M]. 北京：书目文献出版社.

额瑜婷，2011. 扇舞哀牢：云南元江县羊街乡哈尼族棕扇舞文化历史变迁[M]. 昆明：云南人民出版社.

范海燕，2019. 耐阴植物对空气污染在相应功能空间中的应用[J]. 基因组学与应用生物学，38(11)：5152-5157.

冯之浚，2004. 循环经济导论[M]. 北京：人民出版社.

冯之浚，2005. 论循环经济[M]//冯之浚. 中国循环经济高端论坛. 北京：人民出版社.

冯之浚，牛文元，2009. 低碳经济与科学发展[J]. 中国软科学，(8)：13-19.

付广华，2008. 黎族槟榔文化述论[J]. 南宁职业技术学院学报，13(6)：1-5.

付允，马永欢，刘怡君，2008. 低碳经济的发展模式研究[J]. 中国人口·资源与环境，18(3)：14-19.

耿宁，李渝黔，陈宗勇，等，2016. 棕苞的营养价值及其综合利用[J]. 安徽农业科学，44(3)：96-98.

耿世磊，2017. 身边的花草树木识别图鉴[M]. 北京：化学工业出版社.

耿世磊，2018. 常见植物识别速查图谱[M]. 北京：化学工业出版社.

管康林，2018. 山居吟诗集[M]. 杭州：浙江大学出版社.

广东省植物研究所，1977. 海南植物志[M]. 广州：广东科技出版社.

广州部队后勤部卫生部，1969. 常用中草药手册[M]. 北京：人民卫生出版社.

郭丽秀，卫兆芬，2005. 国产省藤属植物的叶表皮形态学[J]. 热带亚热带植物学报，13(4)：277-284.

郭丽秀，卫兆芬，何洁英，2004. 国产省藤属植物的花粉形态学[J]. 热带亚热带植物学报，12(6)：511-520.

郭山，周娅，岩香宰，2008. 贝叶文化与傣族和谐社会建设[M]. 昆明：云南大学出版社.

郭中丽，2008. 植物在新平花腰傣婚姻家庭礼仪中的象征意义[M]. 云南行政学院学报，10
　　（3）：170-172.

国家药典委员会，2015. 中华人民共和国药典：一部[M]. 北京：中国医药科技出版社.

韩阳，李雪梅，朱延姝，等，2005. 环境污染与植物功能[M]. 北京：化学工业出版社.

何得桂，姚桂梅，徐榕，等，2020. 中国脱贫攻坚调研报告：秦巴山区篇[M]. 北京：中国社
　　会科学出版社.

何国生，2016. 园林树木学：2版[M]. 北京：机械工业出版社.

贺庆棠，2009. 低碳经济是绿色生态经济[N]. 中国绿色时报，2009-08-04（A3）.

贺士元，1991. 棕榈科[M]//河北植物志编撰委员会. 河北植物志：第3卷. 石家庄：河北科
　　学技术出版社.

贺士元，刑其华，尹祖堂，1992. 棕榈科[M]//北京师范大学生物系. 北京植物志：下册.
　　北京：北京出版社.

洪荒，吕丰，2013. 思维的和谐：中国民族医药思想研究[M]. 武汉：湖北科学技术出版社.

侯伟丽，2004. 21世纪中国绿色发展问题研究[J]. 南都学坛，24（3）：106-110.

胡德生，2016. 中国古典家具[J]. 北京：文化发展出版社有限公司.

胡建湘，邱国民，2001. 值得引种的棕榈科植物：桃棕[J]. 福建热作科技，26（3）：42-44.

胡体嵘，2018. 油棕商业种植[M]. 北京：化学工业出版社.

慧君，2004. 圣字贝叶书13位创造人类智慧的圣者的神迹与猜想[M]. 呼和浩特：内蒙古大
　　学出版社.

季曦，2017. 生态经济学的能量学说：都市经济的烟值核算与模拟[M]. 北京：社会科学文
　　献出版社.

江苏省植物研究所，1977. 棕榈科[M]//江苏省植物研究所. 江苏植物志：上册. 南京：江苏
　　人民出版社.

江苏医学院，2006. 中药大辞典：下册[M]. 上海：上海科学出版社.

江泽慧，王慷林，2013. 中国棕榈藤[M]. 北京：科学出版社.

蒋蓉芳，周德灏，戴修道，2000. 棕榈对汞蒸气的吸收与转移[J]. 中国公共卫生，16
　　（10）：891.

焦念新，王志英，温矩胜，等，2009. 散尾葵提取物成分分析及其抑菌作用[J]. 中国农学通
　　报，25（24），374-377.

解梦伟，侯小锋，2019. 西双版纳勐罕镇傣族贝叶经制作工艺调查研究[J]. 名作欣赏，644
　　（12）：79-80.

解振华，2003. 大力发展循环经济[J]. 求是，（13）：53-55.

垰田宏，1984. 环境污染与指示植物[M]. 陈未申，王先业，译. 北京：科学出版社.

雷新涛，曹红星，冯美利，等，2012. 热带木本生物质能源树种：油棕[J]. 中国农业大学学
　　报，17（6）：185-190.

李晨，2017. 棕榈（*Trachycarpus fortunei*）种子育苗技术研究[D]. 杭州：浙江农林大学.

李崇华，2010. 草木随笔：记深圳的108种植物[M]. 长春：吉林科学技术出版社.

李调元，2006. 南越笔记：黎人[M]//罗天尺，李调元. 清代广东笔记五种. 林子雄，点校.

广州：广东人民出版社.

李恒, 1987. 棕榈科[M]//中国科学院青藏高原综合科学考察队, 吴征镒. 西藏植物志：第5卷. 北京：科学出版社.

李健, 2006. 循环经济[M]. 北京：化学工业出版社.

李娜, 2014. 园林景观植物栽培[M]. 北京：化学工业出版社.

李世菊, 林泉, 1993. 棕榈科[M]//浙江植物志编辑委员会, 林泉. 浙江植物志：第7卷. 杭州：浙江科学技术出版社.

李子贤, 2006. 贝叶文化与文化立州刍议[M]//昆明佛学研究会. 佛教与云南文化论集. 昆明：云南民族出版社.

廖启炌, 杨盛昌, 梁育勤, 2012. 棕榈科植物研究与园林应用[M]. 北京：科学出版社.

林爱芳, 2009. 客家民间艺术[M]. 广州：广东人民出版社.

林来官, 1988. 棕榈科[M]//李永康. 贵州植物志：第8卷. 成都：四川民族出版社.

林来官, 1995. 棕榈科[M]//福建省科学技术委员会《福建植物志》编写组. 福建植物志：第6卷. 福州：福建科学技术出版社.

林焰, 2014. 园林花木景观应用图册：棕竹藤分册[M]. 北京：机械工业出版社.

林有润, 2003. 观赏棕榈[M]. 哈尔滨：黑龙江科学技术出版社.

刘舸, 2012. 成都地区棕榈科植物景观的应用研究[D]. 成都：西南交通大学.

刘广福, 2007. 中国省藤属植物的花粉形态、叶表皮微形态及保护生物学研究[D]. 昆明：中国科学院昆明植物研究所.

刘广福, 王慷林, 杨宇明, 2007. 省藤族16种植物的花粉形态研究[J]. 云南植物研究, 29(5)：513-520.

刘海桑, 2002. 观赏棕榈[M]. 北京：中国林业出版社.

刘龙云, 吴彩娥, 李婷婷, 等, 2017. 棕榈花苞营养成分分析[J]. 南京林业大学学报(自然科学版), 41(3)：193-197.

刘庆山, 1994. 开发利用再生资源, 缓解自然资源短缺[J]. 再生资源与循环经济, (10)：5-7.

刘善庭, 王清, 李健美, 等, 2003. 3种棕榈花蕾提取液对大鼠离体子宫平滑肌作用的比较研究[J]. 中国中医药科技, 10(4)：228-229.

刘思华, 2001. 绿色经济论：经济发展理论变革与中国经济再造[M]. 北京：中国财政经济出版社.

刘志平, 崔建国, 黄初升, 等, 2007. 蒲葵籽中有效化学成分的研究[J]. 中草药, 38(2)：178-180.

柳雷, 熊常健, 朱岳麟, 等, 2015. 蒲葵籽活性单体的分离及其抗癌活性研究[M]. 北京化工大学学报(自然科学版), 42(6)：78-83.

路统信, 1979. 椰子类全科[M]. 台北：中国花卉杂志社.

罗冰, 彭同江, 孙红娟, 2021. 椰壳活性炭对含硫废水的吸附特性研究[J]. 矿产保护与利用, 41(1)：20-25.

罗晓云, 麦燕随, 朱丽, 等, 2019. 蒲葵子总黄酮对肝损伤的保护作用及机制研究[J]. 中草药，50(4)，136-141.

吕文刚，2012. 改性棕榈丝吸附水中重金属的研究[D]. 上海：华东理工大学.

马凯，2004. 贯彻和落实科学发展观，大力推进循环经济发展[EB/OL].（2004-09-28）
　　[2021-10-01]. http://makai.ndrc.gov.cn/zyjh/t20050524_126893.html.

马歆，郭福利，2018. 循环经济理论与实践[M]. 北京：中国经济出版社.

倪依东，王建华，王汝俊，2004. 槟榔的药理研究进展[J]. 中药新药与临床药理，15(3)：
　　224-226.

倪赞元，1983. 云林县采访册[M]. 台北：成文出版社.

牛文元，2009. 低碳经济是落实科学发展观的重要突破口[N]. 中国报道，2009-03-09.

牛月，2016. 民间兴盛百业[M]. 汕头：汕头大学出版社.

裴盛基，陈三阳，1991. 中国植物志：第13卷[M]. 北京：科学出版社.

裴盛基，陈三阳，童绍全，1989. 中国棕榈科植物新资料[J]. 植物分类学报，27(2)：132-
　　146.

裴盛基，陈三阳，王勇进，2009. 棕榈科[M]//林祁，傅立国. 中国高等植物：第12卷. 修
　　订版. 青岛：青岛出版社.

裴盛基，龙春林，2007. 民族文化与生物多样性保护[M]. 北京：中国林业出版社.

秦家华，周娅，2004. 贝叶文化论集[M]. 昆明：云南大学出版社.

秦家华，周娅，岩香宰，2007. 贝叶文化与民族社会发展[M]. 昆明：云南大学出版社.

仇巨川，1993. 羊城古钞：卷七[M]. 广州：广东人民出版社.

曲小月，2019. 老北京的百业与行当[EB/OL]. https://vipreader.qidian.com/chapter/1016259834
　　/490411574.

屈大均，1985. 广东新语[M]. 北京：中华书局.

瞿研，贺成，张建军，等，2018. 超临界CO_2萃取阿萨伊油的工艺优化及GC-MS分析[J].
　　食品工业科技，39(9)：63-267，272.

任群罗，2009. 循环经济的生态经济学基础[M]. 北京：石油工业出版社.

沈成嵩，王喜根，2014. 农耕年华[M]. 南京：江苏人民出版社.

孙文刚，2012. 海南槟榔文化探析[J]. 文化学刊，(5)：162-167.

唐家路，1998. 草编制作技法[M]. 北京：北京工艺美术出版社.

唐建荣，2005. 生态经济学[M]. 北京：化学工业出版社.

唐茂妍，陈旭东，和小明，2013. 棕榈仁粕在动物饲料中的应用研究[J]. 饲料工业，(20)：
　　45-48.

唐启翠，安华涛，2012. 生态、仪式与象征符号：黎族槟榔歌谣的文化通观[J]. 社会科学
　　家，(5)：141-146.

陶佳，朱润晔，王家德，等，2008. 棕纤维复合生物填料床净化三甲胺和臭气的研究[J]. 中
　　国环境科学，28(2)：111-115.

田淑艳，2016. 棕榈纤维制备新型活性炭纤维及其对水中三氯生的去除研究[D]. 南京：南京
　　大学.

铁锋，李传宁，2006. 贝叶文化[M]. 昆明：云南教育出版社.

王本泉，1998. 热带风景树种：棕榈[J]. 中国木材，(4)：47-48.

王成新，李昌峰，2003. 循环经济：全面建设小康社会的时代抉择[J]. 理论学刊，(1)：19-22.

王挥，宋菲，曹飞宇，等，2014. 棕榈油的营养及功能性成分分析[J]. 热带农业科学，34(6)：71-74.

王慧，李傲，董小萍，等，2008. 蒲葵子抗肿瘤活性部位筛选及抗血管生成作用[J]. 中药材，31(5)，718-722.

王吉祥，左洪芬，2020. 椰壳纤维和椰炭纤维的性能与应用[J]. 纺织科技进展，(2)：15-17.

王开发，支崇远，周天一，2004. 马来西亚的油棕(*Elaeis guineensis*)花粉营养成分研究[J]. 蜜蜂杂志，(10)：3-4.

王慷林，2004. 观赏棕榈[M]. 北京：中国建筑工业出版社：182.

王慷林，2015. 中国棕榈藤资源及其分布特征研究[J]. 植物科学学报，33(3)：320-325.

王慷林，2018. 多鳞藤属(*Myrialepis*)：中国新分布属[J]. 植物科学学报，36(1)：11-16.

王慷林，陈三阳，裴盛基，等，2002a. 棕榈藤植物学[M]//江泽慧，世界竹藤. 沈阳：辽宁科学技术出版社：432-490.

王慷林，陈三阳，许建初，2002b. 云南棕榈藤实用手册[M]. 昆明：云南科技出版社.

王慷林，李莲芳，2014. 资源植物学[M]. 北京：科学出版社.

王慷林，李莲芳，刘广路，2020. 云南棕榈植物资源及其多样性[J]. 西南林业大学学报(自然科学)，40(2)：1-11，197.

王慷林，税玉民，2003. 棕榈科[M]//税玉民. 滇东南红河地区种子植物. 昆明：云南科技出版社.

王慷林，许建初，陈三阳，2000. 传统知识系统与自然资源的可持续发展[M]//许建初. 民族植物学与植物资源可持续利用的研究. 昆明：云南科技出版社：84-98.

王慷林，薛纪如，岩坎拉，1991. 西双版纳傣族传统利用竹子的研究[J]. 竹子研究汇刊，10(4)：1-11.

王玲，2015. 云南少数民族农村的社会文化变迁：对石林圭山大糯黑村彝族撒尼支系的调查与思考[M]. 北京：中国社会科学出版社.

王明远，2005. "循环经济"概念辨析[J]. 中国人口·资源与环境，15(6)：13-18.

王如松，2005. 循环经济建设的生态误区和整合途径[J]. 科学中国人，(6)：11-15.

王松霈，2014. 中国生态经济学创建发展30年[M]. 北京：中国社会科学出版社.

王文军，2014. 低碳经济发展研究[M]. 北京：中国人民大学出版社.

王意成，2012. 家庭健康养花[M]. 南京：江苏科学技术出版社.

王意成，2013. 健康花草轻松养[M]. 北京：电子工业出版社.

王意成，2019. 花草树木图鉴大全[M]. 3版. 南京：江苏凤凰科学技术出版社.

王懿之，杨世光，1990. 贝叶文化论[M]. 昆明：云南人民出版社.

王勇进，廖启炜，2001. 棕榈科植物桄榔学名的订正[J]. 华南农业大学学报，22(3)：93.

韦发南，1997. 广西棕榈科植物分类研究[J]. 广西植物，17(3)：193-205.

韦发南，许为斌，2016. 棕榈科[M]//广西壮族自治区中国科学院广西植物研究所. 广西植物志：第 5 卷. 南宁：广西科学技术出版社.

卫强, 王燕红, 2016. 棕榈花、叶、茎挥发油成分及抑菌活性研究[J]. 浙江农业学报, 28 (5)：875-884.

卫兆芬, 1986. 中国省藤属的研究[J]. 广西植物, 6(1-2)：17-40.

卫兆芬. 1991. 棕榈科[M]//陈封怀, 吴德邻. 广东植物志：第 2 卷. 广州：广东科技出版社.

文健, 娄建新, 2011. 园林景观配景设计与表现[M]. 北京：清华大学出版社, 北京交通大学出版社.

吴棣飞, 2015. 野菜野果野花图鉴[M]. 长春：吉林科学技术出版社.

吴征镒, 1991. 中国种子植物属的分布区类型[J]. 云南植物研究, 增刊Ⅳ：1-139.

吴征镒, 路安民, 汤彦承, 等, 2003a. 中国被子植物科属综论[M]. 北京：科学出版社.

吴征镒, 周浙昆, 李德铢, 等, 世界种子植物科的分布区类型系统[J]. 云南植物研究, 25 (3)：245-257.

吴征镒, 周浙昆, 孙航, 等, 2006. 种子植物分布区类型及其起源和分化[M]. 昆明：云南科技出版社.

郗永勤, 2014. 循环经济发展的机制与政策研究[M]. 北京：社会科学文献出版社.

夏征农, 陈至立, 2015a. 大辞海：农业科学卷[M]. 上海：上海辞书出版社.

夏征农, 陈至立, 2015b. 大辞海：生命科学卷[M]. 上海：上海辞书出版社.

肖良武, 蔡锦松, 孙庆刚, 等, 2019. 生态经济学教程[M]. 成都：西南财经大学出版社.

谢彩云, 2014. 居家健康花草大全(彩图精装)[M]. 天津：天津科技出版社.

谢国干, 黄世满, 1994. 海南岛棕榈科植物研究[J]. 热带地理, 14(1)：63-72.

星耀武, 2006. 中国省藤属区系地理和一些种类的修订[J]. 昆明：中国科学院昆明植物研究所.

星耀武, 王慷林, 杨宇明, 2006. 中国省藤属(棕榈科)区系地理研究[J]. 云南植物研究, 28 (5)：461-467.

邢福武, 陈红锋, 秦新生, 等, 2013. 中国热带地区雨林图卷：海南植物[M]. 武汉：华中科技大学出版社.

熊清华, 程厚思, 任佳, 等, 2002. 走向绿色的发展, 云南"绿色经济强省"建设理论探索 [M]. 昆明：云南人民出版社.

徐成东, 董晓东, 1999. 楚雄州的龙棕资源及保护与利用[J]. 楚雄师范学院学报, 14(3)：12-115.

徐嵩龄, 2004. 为循环经济定位[J]. 产业经济研究, (6)：63-64.

徐晔春, 回英倩, 蒋明, 2016. 公园常见植物[M]. 北京：化学工业出版社.

徐艺乙, 2016. 新繁棕编玩具[J]. 民族艺术, (3)：11.

许煌灿, 尹光天, 曾炳山, 1994. 棕榈藤的研究[M]. 广州：广东科技出版社.

许望纯, 朱贾娴, 李祖国, 2018. 蒲葵子甲醇提取物抗鼻咽癌的实验研究[J]. 中国疗养医学, 27(7)：673-677.

杨春平, 高梁, 李振京, 等, 2005. 发展循环经济是落实科学发展观的重要途径[J]. 宏观经济研究，（4）：3-8.

杨辉霞，岳桂华，于爱华，2017. 1000 种常见植物野外识别速查图鉴［M］. 北京：化学工业出版社.

杨小波，2013. 海南植物名录［M］. 北京：科学出版社.

姚小云，刘水良，2015. 武陵山片区非物质文化遗产保护与旅游利用［M］. 成都：西南交通大学出版社.

叶华谷，曾飞燕，叶育石，等，2016a. 中国药用植物：六［M］. 北京：化学工业出版社.

叶华谷，曾飞燕，叶育石，等，2016b. 中国药用植物：七［M］. 北京：化学工业出版社.

叶华谷，曾飞燕，叶育石，等，2016c. 中国药用植物：十一［M］. 北京：化学工业出版社.

伊恩·德拉蒙德，等，2020. 住家植物：如何用植物装扮美好生活［M］. 邵梦实，译. 北京：机械工业出版社.

易攀，彭艳梅，彭彩云，等，2019. 槟榔的化学成分和药理活性研究进展［J］. 中草药，50（10）：2498-2504.

殷建忠，周玲仙，王琦，2010. 云南产 11 种野生食用鲜花营养成分分析评价［J］. 食品研究与开发，31(3)：163-165.

余春祥，2005. 发展的超越：绿色经济与云南绿色产业的战略选择［M］. 昆明：云南科学技术出版社.

余婷婷，2016. 贝叶经：一叶傣史，一刻千年［EB/OL］. http：//www. ihchina. cn/Article/Index/detail？id＝7733.

余晓华，江岚，2006. 佛祖成道树与佛教文化植物［M］//昆明佛学研究会. 佛教与云南文化论集. 昆明：云南民族出版社.

俞金香，韩敏，2017. 环境权与循环经济法的法理研究［M］. 北京：中国社会科学出版社.

袁杰雄，2017. 洞口瑶族"棕包脑"舞蹈形态探析：基于舞蹈生态学视角［J］. 吉林艺术学院学报，（1）：25-33.

岳大然，2020. 椰衣纤维资源化利用现状及其发展前景［J］. 包装工程，41(23)：46-52.

詹贤武，2010. 槟榔：记录台湾少数民族和大陆黎族的同源文化［J］. 中国民族，（8）：41-44.

张春霞，2008. 绿色经济发展研究［M］. 北京：中国林业出版社.

张恩台，2016. 植物：花花草草的知识［M］. 汕头：汕头大学出版社.

张江，王慷林，李莲芳，等，2013. 德宏州棕榈科植物资源及其分布特征研究［J］. 西部林业科学，42(1)：70-75.

张坤，2003. 循环经济理论与实践［M］. 北京：中国环境科学出版社.

张树宝，2013. 室内观赏植物栽培与养护［M］. 重庆：重庆大学出版社.

张小刚，2011. 绿色经济与城市群可持续发展的理论与实践［M］. 湘潭：湘潭大学出版社.

赵飞，林舒婷，2018. 新会蒲葵栽培史考略［J］. 农业考古，（1）：173-183.

赵霞，黄世能，冼光勇，等，2007. 森林蔬菜黄藤笋的营养成分分析及评价［J］. 经济林研究，25(1)：46-48.

郑名祥，龙振海，1993. 海南岛棕榈科植物引种驯化的研究［J］. 海南大学学报（自然科学版），11（4）：10-17.

中国环境与发展国际合作委员会，2009. 中国发展低碳经济的若干问题［EB/OL］. http：//www. cciced. net.

中国科学院植物研究所二室，1978. 环境污染与植物［M］. 北京：科学出版社.

中华人民共和国中央人民政府，2008. 国务院关于公布第二批国家级非物质文化遗产名录和第一批国家级非物质文化遗产扩展项目名录的通知［EB/OL］. http：//www. gov. cn/gongbao/content/2008/content_1025937. html.

中华人民共和国中央人民政府，2011. 国务院关于公布第三批国家级非物质文化遗产名录的通知［EB/OL］. http：//www. gov. cn/zhengce/content/2011-06/09/content_5804. html.

中华人民共和国中央人民政府，2014. 国务院关于公布第四批国家级非物质文化遗产名录的通知［EB/OL］. http：//www. gov. cn/zhengce/content/2014-12/03/content_9286. html.

中华人民共和国中央人民政府，2019. 文化和旅游部办公厅关于公布国家级非物质文化遗产代表性项目保护单位名单的通知［EB/OL］. http：//www. gov. cn/xinwen/2019-12/01/content_5457358. html.

钟华，张慧，2007. 鱼尾葵营养成分测定［J］. 山东化工，36（6）：34-35.

钟敬文，2001. 谣俗蠡测［M］. 上海：上海文艺出版社.

钟如松，何洁英，伍有声，等，2004. 引种棕榈图谱［M］. 合肥：安徽科学技术出版社.

周国宁，徐正浩，2019. 园林保健植物［M］. 杭州：浙江大学出版社.

周厚高，2019a. 植物造景丛书：绿篱植物景观［M］. 南京：江苏凤凰科学技术出版社.

周厚高，2019b. 植物造景丛书：行道植物景观［M］. 南京：江苏凤凰科学技术出版社.

周厚高，2019c. 植物造景丛书：阴地植物景观［M］. 南京：江苏凤凰科学技术出版社.

周去非，1999. 岭外代答校注［M］. 杨武泉，校注. 北京：中华书局.

周文海，2004. 民国感恩县志［M］. 海口：海南出版社.

周晓岩，2017. 湖南洞口县长塘瑶族乡瑶族“棕包脑”舞蹈考察记［J］. 艺术评鉴，（21）：92-95.

周娅，2006. 贝叶经：承载西双版纳南传贝叶经上座部佛教思想的经典［M］//昆明佛学研究会. 佛教与云南文化论集. 昆明：云南民族出版社，253-259.

朱丽，黄松，林吉，等，2018. 蒲葵子总黄酮提取工艺的优化及其体外抗肿瘤活性［J］. 中成药，40（9）：69-74.

诸大建，1998. 可持续发展呼唤循环经济［J］. 科技导报，（9）：39-42.

祝之友，张德鸿，2017. 四川洪雅中草药名录［M］. 北京：人民卫生出版社.

邹辉，2003. 哈尼族民间棕榈栽培利用及文化象征［D］. 昆明：云南大学.

左铁镛，2006. 关于循环经济的思考［J］. 资源节约与环保，22（1）：11-14.

AVE W，1988. Small-scale utilization of rattan by a Semai community in West Malaysia［J］. Economic Botany，42（1）：105-119.

BASU S K，CHAKRAVERTY R K，1994. A manual of cultivated palms in india［M］. Calcutta：the Director Botanical Survey of India.

BECCARI O，1908. Asiatic palms-lepidocaryeae，part 1：the species of calamus［M］//Annals of the

Royal Botanic Garden, Calcutta: [s. n.]: 1–518.

BECCARI O, 1911. Asiatic palms-lepidocaryeae, part 2: the species of daemonorops[M]//Annals of the Royal Botanic Garden, Calcutta: [s. n.]: 1–237.

BECCARI O, 1913. Asiatic palms-lepidocaryeae, part 1: the species of calamus[M]//Annals of the Royal Botanic Garden, Calcutta: [s. n.]: 1–142.

BECCARI O, 1918. Asiatic palms-lepidocaryeae, supplement to part III, the species of the genera: plectocomia[M]//Annals of the Royal Botanic Garden, Calcutta: [s. n.]: 1–231.

BLATER E, 1926. The palms of british India and Ceylon[M]. London: Oxford University of Press.

BOTE P P, 1988. Status, direction of RP's rattan industry[J]. The Philippine Lumberman, 34(9): 7–10.

CAREW–REID J, PRESCOTT-ALLEN R, BASS S, et al. , 1994. Strategies for national sustainable development: a handbook for their planning and implementation[M]. London: IIED and IUCN, Earthscan Publication.

COLCHESTER M, 1996. Beyond "participation": indigenous peoples, biological diversity conservation and protected areas management[J]. Unasylva, 47(3): 3–39.

DRANSFIELD J, 1976. Palms in the everyday life of west indonesia[J]. Principes, 20 (2): 39–47.

DRANSFIELD J, 1979. A manual of the rattans of the malay peninsula[J]. Malayan Forest Record No. 29, Forest Dept. , Ministry of Primary Industries, Malaysia.

DRANSFIELD J, MANOKARAN N, 1993. Plant resources of south–east asia, No. 6: rattans[J]. Wageningen: Pudoc Scientific Publishers.

DRANSFIELD J, BEENTJE H, 1995. The palms of madagascar[M]. Kew: Royal Botanic Gardens, and International Palm Society.

ELLISON D, ELLISON A, 2001. Cultivated palms of the world[M]. Sydney: UNSW Press.

EVANS T D, SENGDALA K, VIENGKHAM O V, et al. , 2001. A field guide to the rattans of lao PDR[M]. Kew: Royal Botanic Garden.

FURTADO C X, 1956. Palmae Malesicae–XIX: the *Genus calamus* in the Malayan Peninsula[J]. Gdns' Bull. Singapore, 15: 32–265.

GIBBONS M, 1993. palms: the new compact study guide and identifier[M]. London: The Apple Press.

GODOY R A, FEAW F C, 1991. Agricultural diversification among smallholder rattan cultivators in Central Kalimantan, Indonesia[J]. Agroforestry System, 13: 27–40.

GOODLAND R, 1995. The concepts of environmental sustainability[J]. Annual Review of Ecology and Systematics, 26: 1–24.

GOVAERTS R, DRANSFIELD J, 2005. World checklist of Palms[M]. Richmond, Surrey: Royal Botanic Garden, Kew.

GUO L X, HENDERSON A, 2007. Notes on *Calamus* (*Palmae*) in China: *C. oxycarpus*, *C. albidus* and *C. macrorhynchus* in China[J]. Brittonia, 59 (4): 350–353.

HENDERSON A, 2007. A revision of Wallichia (Palmae)[J]. Taiwania, 52 (1): 1–11.

HENDERSON A, 2009. Palms of Southern Asia[M]. New York: New York Botanical Garden.

HENDERSON A, 2020a. A revision of Attalea (Arecaceae, Arecoideae, Cocoseae, Attaleinae)[J]. Phytotaxa, 444(1): 1-76

HENDERSON A, 2020b. A revision of Calamus (Arecaceae, Calamoideae, Calameae, Calaminae) [J]. Phytotaxa, 445(1): 1-656

HENDERSON A, GUO L X, 2007. A new, dioecious, dimorphic species of Licuala (Palmae) from Hainan, China[J]. Systematic Botany, 32: 718-721.

HODEL D R, 1998. The palms and cycads of Thailand[M]. Lawrence: Allen Press.

JIANG Z H, WANG K L, 2018. Handbook of rattan in China[M]. Beijing: Science Press.

JONES D L, 1995. Palms throughout the world[M]. Washington: Smithsonian Institution Press.

KIEW R, 1991. Palm utilization and conservation in Peninsular Malaysia[M] // JOHNSON D. Palms for human needs in Asia: Palm utilization and conservation in India, Indonesia, Malaysia and Philippines. Rotterdam: World Wide Fund for Nature (WWF) and for the World Conservation Union (IUCN).

KREMPIN J, 1990. Palms and cycads around the world[M]. Washington: Smithsonian Institution Press.

LI X Y, PENG H, HE X, et al., 2019. Guihaia heterosquama, a new speciesof coryphoid palm (Arecaceae) from Chongqing, China[J]. Phytotaxa, 405 (5): 248-254.

LUO K W, XING F W, TIAN J, 2016. Guihaia lancifolia (Arecaceae), a new species from Guangxi, China[J]. Phytotaxa, 286 (4): 285-290.

LUO K W, XING F W, TIAN J, 2017. Validation of the name guihaia lancifolia (Arecaceae)[J]. Phytotaxa, 298 (2): 194.

MOGEA P J, 1991. Indonesia: palm utilization and conservation[M] // JOHNSON D. Palms for human needs in Asia: palm utilization and conservation in India, Indonesia, Malaysia and Philippines. Rotterdam: World Wide Fund for Nature (WWF) and for the World Conservation Union (IUCN).

MUNASINGHE M, MCNEELY J, 1995. Key concepts and terminology of sustainable development[M] // MUNASINGHE M, SHEARER W. Defining and measuring sustainability: the Biogeophysical Foundations. Washington D C: Distributed for the United Nations University by the World Bank: 19 -56.

PEARCE K G, 1991. Palm utilization and conservation in Sarawak (Malaysia)[M] // JOHNSON D. Palms for human needs in Asia: Palm utilization and conservation in India, Indonesia, Malaysia and Philippines. Rotterdam: World Wide Fund for Nature (WWF) and for the World Conservation Union (IUCN).

PEI S J, CHEN S Y, GUO L X, et al., 2010. Arecaceae (Palmae)[M] // WU Z Y, RAVEN P H, HONG D Y (eds.), Flora of China (Vol. 23). Beijing: Science Press, and St. Louis: Missouri Botanical Garden Press.

PIPER J M, 1992. Images of Asia bamboo and rattan: traditional uses and beliefs[M]. London: Oxford University Press.

REES W E, 1989. Defining "sustainable development"[J]. CHS Research Bulletin, UBC Centre for Human Settlements, 1: 1-7.

RIFFLE R L, CRAFT P, 2003. An encyclopedia of cultivated Palms[M]. Portland: Timber Press, Inc.

TOMLINSON P B, 1957. Current work on the systematic anatomy of palms[J]. Principes 1(5): 163 -174.

TOMLINSON P B, 1961a. Anatomy of the monocotyledons, II: Palmae[J]. London: Oxford at the Clarendon Press.

TOMLINSON P B, 1961b. Essays on the morphology of palms: IV, The leaf of palms[J]. Principes, 5(2): 46-53.

TOMLINSON P B, 1961c. Essays on the morphology of palms: V, the habit of palms[J]. Principes, 5(3): 83-89.

TOMLINSON P B, 1961d. Essays on the morphology of palms: VI, the palm stem[J]. Principes, 5 (4): 117-124.

TOMLINSON P B, 1962. Essays on the morphology of palms: VII, the digression about spines[J]. Principes, 6(2): 44-52.

UHL N W, DRANSFIELD J, 1987. Genera Palmarum: a classification of palms based on the work of Harold E. Moore, Jr. [M]. Lawrence: Allen Press.

VORONTSOVA M S, LYNN G, CLARK L G, et al. , 2016. World checklist of bamboos and rattans [M]. Beijing: INBAR, ICBR, and Kew.

WANG K L, 1997. Taxonomy and distribution of the Rattan Genus Calamus (Palmae: Calamoideae) in Yunnan Province, Southwest China[D]. Los Baños: University of the Philippines Los Baños.

WCED (World Commission on Environment and Development), 1987. Our common future[M]. Oxford and New York: Oxford University Press.

WHITMORE T C, 1973. Palms of Malaya[M]. London: Oxford University Press.

中文名索引

阿当山槟榔* 80
阿富汗棕 109
阿根廷长刺棕 86
阿伦帝王椰* 153
阿萨伊棕桐 136
阿沙依椰子 128
埃尔默异苞椰 104
埃及叉干棕 78
埃塞俄比亚糖棕 71
埃氏异苞椰* 104
矮贝叶棕* 121
矮菜棕* 116
矮叉干棕* 136
矮刺鱼尾椰* 189
矮根柱槟榔* 109
矮桃椰 120
矮南格椰 109
矮蒲葵* 108
矮琼棕* 120
矮箬棕 116
矮生蒲葵 108
矮生椰子 96
矮桃椰 120
矮小省藤* 5
矮轴桐 107

矮棕 96, 98
矮棕竹* 55, 115, 171
安博思金椰 76
安布西特拉马岛椰* 76
安第斯蜡椰 72
安凯金马岛椰* 149
安尼金果椰 77
安尼兰狄棕 77
安汶阔羽椰* 100
奥洲平叶棕 104
澳大利亚桃椰 70
澳大利亚蒲葵 108
澳洲长瓣槟榔* 150
澳洲丛生槟榔* 77, 136
澳洲桃椰* 70
澳洲蒲葵* 108, 131, 150
澳洲省藤 95
澳洲隐萼椰 128
澳洲羽棕 70
澳洲轴桐 3, 107
巴巴苏酒椰 93
巴尔麦棕桐 116, 165
巴哈马银棕* 98
巴基斯坦棕 109
巴拉卡椰 93

巴拉桐 94
巴老藤 126
巴摩椰子 104
巴拿马酒实椰 138
巴拿马纤叶椰 77
巴诺尼金棕 135
巴氏马岛椰* 135, 149, 154
巴提青棕 113
巴提射叶椰* 113
巴维山槟榔* 80
巴西高跷椰 84
巴西蜡棕 99
巴西莓 136, 170
巴西鞘刺棕* 86, 156, 157
巴西油椰 92
巴西针棕 86
巴雅椰子 79
霸王桐 94
霸王棕* 2, 12, 13, 14,
  17, 88, 131, 160, 178,
  181
白背菱叶棕 105
白槟榔 69, 171
白菜棕 116, 165
白萼轮羽椰* 153, 202

白果棕* 123
白蜡棕* 74，186
白榄王 120
白桐 85
白藤* 3，11，53，126，
  169，181，183
白网籽棕 100
白轴棕 128
百慕大菜棕* 6，115
百慕大箬棕 115
百色鱼尾椰* 72
班岭省藤 126
斑石山槟榔 112
斑氏蒲葵 79
斑叶山槟榔* 112
版纳省藤 126
棒柱胡刷椰 83
宝贵椰子 104
北澳椰* 127，149
贝多罗树 121，190，197
贝尔摩荷威棕 104
贝加利椰子 93
贝蜡棕 99
贝丽蜡棕 99
贝利腊棕 99
贝氏轴榈 129
贝叶 62
贝叶树 121，191，197
贝叶棕* 2，54，198
奔巴马岛椰* 77
本氏蒲葵* 79，150
比利蜡棕 99
比斯马棕 94
彼氏叉干棕 78
俾士麦棕 94
裨斯麦棕 94
襞果椰 82
变白国王椰* 151

变色山槟榔* 55，80
宾门 69
宾门药饯 69，171，199
槟榔* 2，62，69，199
槟榔竹 111，144
槟榔子 69，70，168，171
  173，174，199
波蒂亚棕 94
波多黎各大王椰 83
波多黎各银棕 98
波那佩椰子 112
波斯枣 138
波叶桃椰* 91，147，160
  181
波叶羽棕 91
博西吉棕 110
薄皮椰 135
薄鞘椰 135
薄鞘棕 78
薄叶棕竹* 115
布迪椰* 94，153，158
布迪椰子 88，94
布里奇果 129
布提棕 94
彩果桐 128
彩果椰 128
彩果棕 128
彩叶山槟榔* 112
菜皇后椰* 117
菜王椰 84，160，161
菜王棕* 5，56，84
菜椰* 19，136，150
菜棕* 12，56，116，151，
  155，165
参差唇苞椰* 103，155，179
藏南山槟榔 81
草裙椰子 87
侧胚椰* 148

叉刺棕 74，75
叉干棕* 13，78，150，155
察拉塔纳纳马岛椰* 150
差马椰子 97
长棒椰 83
长鞭藤* 52，124，149，
  154，182
长柄贝叶棕* 100，149，
  154，158，159，160，
  169，178，183
长发银棕 74
长果宽刺藤 126
长鳞喙苞椰* 179
长毛刺椰 133
长毛刺棕 133
长毛马岛椰* 169，202
长毛银叶棕* 74，180，
  183
长鞘唇苞椰* 103
长鞘念珠菜椰* 77，155
长鞘莩椰 103
长寿西谷椰* 129
长穗省藤 126
长穗岩榈 94
长穗鱼尾葵 140
长穗棕* 94，119
长叶刺葵 138
长叶葵 111
长叶裂坎棕 97
长叶竹节椰* 97
长圆袖珍椰 97
长枝山槟榔 81
长枝山竹* 81
长嘴红藤 125
长嘴黄藤 125
陈氏棕 127
橙槟椰* 87，131，133，
  148，178

橙果皱籽椰* 130
橙海枣 80
橙枣椰 80
嗤刺叶椰子 69
翅果棕* 84
串珠埃塔棕 128
窗孔椰* 114
窗孔椰子 114
垂裂菜棕* 116
垂裂蒲葵* 121
垂裂棕* 5，71，148
垂羽单生槟榔* 136
垂羽豪威椰* 17，104
垂羽椰* 83
刺苞省藤 124
刺凤尾* 90
刺凤尾椰子* 92
刺干椰* 18，69，90
刺根桐 75
刺果椰* 90，102，160，179
刺孔雀椰 89
刺孔雀椰子 89
刺葵* 110，144，151，
　　155，170，179，185
刺毛刺菜椰* 79，151，170
刺皮星果刺椰子 123
刺皮星果椰 123
刺瓶椰* 65，68，77，159
刺叶轴桐 107
刺叶棕 89
刺鱼尾椰 89
刺轴桐* 54，108，150，
　　170，179，184
丛立槟榔 70
丛立槟榔子 70
丛立孔雀椰子 134
丛桐 98
丛毛皇后椰* 117

丛生槟榔 136
丛生刺棕榈 89
丛生鱼尾葵* 121，134
丛棕 98
粗穗南格槟榔* 109
粗轴桐 107
粗壮省藤 127
粗壮椰 105
粗棕竹* 56，115
簇叶马岛椰* 102
大白藤 127
大刺葵 110
大薰棕* 6，53，96，141
大蓂槟榔* 70，148，153
大幅棕 90
大腹子 69，171
大钩叶藤* 55，123，130
大广藤 126
大果茶梅椰子 98
大果长穗棕* 94，149，153
大果红心椰* 11，98
大果皇后椰* 66，117
大果象牙椰* 130
大果肖肯棕 98
大果直叶桐* 47，92，148，
　　153，157，178
大花棕竹 115
大喙省藤* 125，168，182
大鸡藤 125
大栗椰* 93
大南美椰 78
大蒲葵 79
大舌蜡棕 99
大蛇皮果* 116
大实椰子 129
大丝葵* 5，56，87，131，
　　156
大藤* 53，127，183

大王椰子 81，131，139
大王棕 139
大象牙椰子 130
大猩红椰 135
大椰 74，163
大叶蒲葵* 2，12，25，54，
　　64，79，179，184
大叶箬棕* 116
大叶蛇皮果 116
大叶竹节椰* 73
大银扇葵 73
大银棕 73
大籽蒲葵* 121
单雌棕* 116
单干鳞果棕* 129
单干鱼尾葵 142
单杆尼梆刺椰 79
单杆星果刺椰子 92
单杆星果棕* 92
单穗线序椰* 129，150
　　184
单穗椰 129
单穗鱼尾葵* 2，53，120
　　141，169
单穗鱼尾椰 120，169
单叶窗孔椰* 114
单叶省藤* 53，126，183
单叶椰* 91
单叶棕 91
丹尼斯菱子棕* 43
淡白金棕 100
倒卵果省藤 126
德森西雅椰子 85
德森西雅棕 85
德氏国王棕* 151，185
德氏酒果椰 138
迪普丝棕* 101
底比斯叉茎棕 78

地中海蒲葵 98

帝王椰* 67, 92, 153, 156, 178

滇缅山槟榔* 55

滇缅省藤 124

滇南省藤* 52, 123, 125, 182

滇西蛇皮果* 3, 5, 56, 130, 151, 155

滇越省藤 126

电白省藤* 3, 52, 124, 182

东澳棕 127

东菜大王椰* 84

东非分枝桐 78

东非酒椰 113

东京蒲葵 11, 79

东京省藤 127

董棕* 2, 53, 64, 65, 67, 131, 134, 141, 142, 143, 146, 149, 158, 159, 160, 167, 177, 183, 186

冻椰 94

冻子椰子 94

都句树 91, 164

杜氏金棕* 122

杜银棕* 98

短柄桃椰* 90, 148, 178

短柄南椰 90

短茎玲珑椰子* 72

短茎沙巴桐 116

短穗省藤 127

短穗鱼尾葵* 2, 19, 53, 64, 131, 134, 141, 158, 160, 169, 177, 202

短穗鱼尾椰 18, 134

短叶省藤* 52, 124, 149, 182

短轴省藤* 52, 124, 182

钝齿鱼尾葵 142

钝叶桃椰* 91, 148, 153, 178

钝叶南椰 91

盾叶轴桐 107, 170

盾轴桐* 107

多刺鸡藤* 53, 126, 183

多果省藤* 53, 127, 183

多裂棕竹* 131

多鳞省藤 127

多蕊椰* 69

多蕊椰子 69

多穗白藤* 53, 126

多羽皱籽椰* 113

厄瓜多尔象牙椰* 111

恩氏桃椰 120

二列酒果椰* 137

二列琴叶椰 118

二列山槟榔* 130

二列瓦理棕* 56, 118, 161

二列小董棕 118

二裂酒实椰 137

二裂坎棕 96

二裂山槟榔 130

二裂竹节椰* 96

二色山槟榔* 80

二扇叶刺鞘棕* 22

二枝棕 119

番枣 138

非洲刺葵* 111, 155, 158, 185

非洲海枣 111

非洲桐 136

非洲糖棕* 65, 71, 123, 158

非洲油棕 161

非洲枣椰 111

非洲棕榈 78

菲岛鱼尾葵* 96, 160, 169

菲律宾桃椰* 91

菲律宾蒲葵 84

菲律宾山槟榔* 80

斐济桐 82

斐济圣诞椰* 86

斐丽金果椰* 101, 150

粉白箬棕 116

粉背崖棕 103

粉红箬棕* 84

粉酒椰* 113, 151, 155, 158, 180, 185

粉绿竹节椰* 73

粉叶象鼻棕 113

封开蒲葵* 11

封蜡棕 135

凤凰刺椰 110

凤凰葵 111

凤尾椰 110, 117

凤尾椰子 117

凤尾棕 117

佛洲白桐 85

佛竹 114

弗斯棕 87

扶摇桐 87

富贵椰子 73, 104

甘蓝椰子 84

橄榄椰* 105

橄榄子 69, 171

高贝叶棕 100

高背大王椰* 83

高大白果棕* 85

高大豆棕 85

高大皇后椰* 85, 155

高地钩叶藤* 3, 55, 112, 146, 185

高地省藤* 3, 53, 125,

154，182

高干冻椰* 95

高干轴榈* 12，107

高杆岩榈 94

高根柱椰* 4，84，151，180

高毛鳞省藤 127

高跷桐 84

高跷椰 84

高山鸡藤 126

高山蜡材棕 72

高山蜡椰 72

高异苞椰* 103，147

高银叶棕* 98

睾丸椰子 129

哥伦比亚埃塔棕 128

哥伦比亚龟壳棕* 13

哥斯达黎加羽叶椰 119

哥斯达黎加竹节椰* 96

革棕 136

格鲁椰子 69

根刺鳞果棕 79

根刺棕* 75

根坎棕 97

根明椰子 69

根生竹节椰 127

根柱凤尾椰* 87

根柱椰* 68，78，134，179

弓葵 11，94

弓藤 126

弓弦藤 126

公主棕 100

拱叶豪威椰 104

拱叶椰* 18，89，147

贡山棕榈* 56，118，151，171

钩叶藤* 3，55，112，146

孤尾椰子 119

古巴根锥椰* 77

古巴加西亚椰 77

古巴银棕 74

古氏槟榔* 70，197

顾氏山槟椰* 138

瓜格拉根刺棕* 74

观音竹 142

观音棕竹 115

管苞省藤* 53，95

光亮蒲葵 108

桄椰* 5，52，64，65，91，110，119，120，146，157，158，164，165，167，177，187

广西省藤 124

圭亚那栗椰* 93，159

龟背棕 93

贵人马岛椰* 169

桂南省藤* 52，124，182

棍棒椰* 65，78，150

棍棒椰子 78

国王椰* 114，131

国王椰子 114

果冻棕 94

果棕* 71，153，181

哈氏槟榔* 70，148

海地菜棕 115

海地帝王椰* 153

海地葫芦椰 82

海地蜡棕* 6

海地王棕* 83，147

海地棕 87

海南省藤 125

海南轴榈* 105

海桃椰子 82

海亚拉卡马岛椰* 183

海椰子 129

海枣* 4，55，62，131，

138，144，151，152，155，158，168，170，179，189

海棕 138

旱生蒲葵 108

豪爵椰 104

豪威椰 104

豪威椰子 104

禾草袖珍椰* 97

合被槟椰* 121

荷威椰 104

荷威棕 104

褐鳞省藤 125

褐鞘省藤* 52，125

黑孤尾椰 110

黑孤尾椰子 110

黑金椰子 87

黑茎圣诞椰* 87

黑鳞秕藤 124

亨利椰子 110

红槟椰 135

红柄椰* 68，111

红杆槟椰 135

红冠山槟椰* 111

红冠棕 135

红果蜡轴椰* 131

红果圣诞椰 131

红果袖珍椰 97

红果穴穗椰 130

红果轴桐* 12，122，129

红茎槟椰 133

红茎三角椰 135

红颈马岛椰* 131，135，160

红颈椰 133，135

红颈椰子 135

红领马岛椰* 135

红领椰 135

红领椰子　135
红脉桐　106
红脉椰*　18，133，148
红脉棕　106
红蒲葵　108
红鞘三角椰　135
红椰*　5，131，135
红椰子　135
红叶金果椰*　101
红叶蒲葵*　12，108
红叶青春葵*　98
红叶棕*　87，106
红棕桐　106
洪都拉斯棕　116
狐狸椰子　119
狐尾椰*　88，119，131
狐尾棕　199
胡安椰*　137，150
胡刷椰　139
葫芦椰　82
葫芦椰子　82
蝴蝶椰子　101
虎克桃椰　90
虎克棕　90
虎散竹　142
花叶轴桐*　4，64，107
华丽刺椰　135
华南省藤　126
华山槟榔　81
华山竹*　55，81
华盛顿葵　87
华盛顿椰子　87
华盛顿棕　87
怀氏桃椰*　148
环带迤逦椰子　92
环带迤逦棕　92
环羽椰*　11，100，149
皇后葵　139

皇后椰　139
皇子金果椰*　102，150
黄杆槟榔　133
黄冠山槟榔*　81
黄果三叉羽椰*　134
黄金桐　106
黄拉坦棕　106
黄脉桐　106
黄藤*　3，14，52，125，
　146，147，149，167，168，
　181，182，183，221
黄椰　76，203
黄椰子　76，203
黄叶棕*　66，87，106
黄棕桐　106
灰绿箬　116
灰绿箬棕　116
灰曲腊棕　75
灰曲猩红椰　75
霍氏隐萼椰*　96
鸡藤　126
基生竹节椰*　127
基叶长马岛椰*　149
棘叶桐　83
脊果椰*　138，155
脊果棕*　151
戟叶桃椰　90
稷竹　142
加罗林椰　75
加罗林皱籽椰　112
加拿利海枣　144
加那利海枣*　5，14，55，
　65，67，80，131，132，
　144
加纳利海枣　144
加西亚椰　128
加锡美人棕　71
加州蒲葵*　87

加州石棕　94
贾氏星果椰*　148
假槟榔*　2，19，51，69，
　148，168，181，201，202
假桃椰　140
假黄藤　125
假椰皇后椰*　85，156
尖瓣满叶桐　104
尖果省藤*　53，126，182
尖尾状南椰　90
尖尾状羽棕　90
尖叶银棕*　99
柬埔寨省藤　126
剑叶棕　105
渐尖粉轴椰*　81
江边刺葵*　55，11，144，
　202
茭白*　146
娇小线序椰*　129
杰钦氏蒲葵　108
睫毛省藤*　95
金刺椰*　68，80，180
金帝葵　104
金帝棕　104
金光茶马椰子　97
金光竹节椰　97
金果椰　101
金飓风椰　100
金蒲葵　104
金色环羽椰*　100
金山葵*　2，56，131，139，
　151，156，203
金丝葵　100
金丝桐　100
金丝棕　100
金棕　100
筋头竹　142
近缘蛇皮果*　84

酒假桃椰 142

酒瓶椰* 3，5，19，65，78，
　150

酒瓶椰子 130，144

酒椰 130，159

酒椰子 130，134，158

酒樱桃椰* 65，82，159

巨菜棕* 115，151，185

巨蜡椰* 5，72，185

巨蜡棕* 99

巨人棕 100

巨箬棕 115

巨藤 127

巨籽棕* 4，123，129，150
　155，170，179，184

具沟马岛椰* 149

具喙窗孔椰* 114

具喙丛生槟椰 136

具翼星果棕 92

具嘴窗孔椰 114

飓风椰 100

飓风椰子 100

飓风棕 100

锯齿棕* 12，117，155，171

锯箬棕 117

锯叶棕 117

聚花椰* 118

聚羽马岛椰* 183

卷叶豪威椰* 104

卡巴达散尾葵 101

卡巴德马岛椰* 101

卡奔塔利亚棕榈树 127

卡里多棕 105

喀里多尼亚椰 71

康科罗棕 116

糠椰 110

科尔发贝叶棕 99

科纳多梗苞椰* 129

可亨椰子 92

可亨油椰 92

可可椰子 74，163

可食埃塔棕 128

可食纤叶椰 128

可食星果刺椰子 71

客厅棕 96

肯氏假槟椰 69

肯氏鱼尾葵 96

肯托皮斯棕 105

孔雀椰* 2，89，96，148，
　152

孔雀椰子 98

苦茎酒瓶椰* 78

苦藤 127

苦味马岛椰* 179

库里氏山槟椰 138

宽刺藤* 3，53，126，182

宽裂叶美兰葵 114

宽叶窗孔椰* 114

宽叶唇苞椰* 103

宽叶苇椰 103

葵扇叶 137，174

葵树 137，174

坤氏轴榈* 106

昆奈青棕 113

昆士兰黑椰子 110

昆士兰蒲葵* 12，108

阔叶鸡藤 126

阔叶假槟椰 69

阔叶榈 94

阔叶省藤 125

阔叶竹茎裂坎棕 98

阔叶竹茎袖珍椰* 98

阔叶竹茎竹节椰 98

阔羽窗孔椰 114

阔羽椰* 11，112

阔羽棕 112

拉菲亚酒椰子 130

拉菲亚椰 130

拉卡特拉国王椰* 185

拉氏轴榈* 107，170

拉瓦齐椰 134

蜡色马岛椰* 178

蜡樱桃椰* 82

蜡棕* 65，99，154，159，
　160，169，183，186

莱茵窗孔椰 114

莱茵棕 114

兰屿山槟椰* 55

兰屿省藤 95

蓝灰省藤 95

蓝拉坦棕 106

蓝脉葵 106

蓝脉棕 106

蓝叶棕* 88，106

蓝棕榈 106

榄形木果椰 100

老人葵 74

老挝棕竹* 13，115

类槟榔圣诞椰 131

棱籽椰* 94

冷蜜棕 92

厘藤 124

丽椰 111

栗椰 71

廉叶裂坎棕 96

镰叶竹节椰* 96

两广石山棕* 54，103

裂苞省藤* 52，125，182

裂柄椰 94

裂果椰 117

裂坎棕 73

裂叶皇后椰* 85

裂叶金山葵 85

裂叶蒲葵* 7，12，68，108

裂叶西雅椰子　85

林刺葵*　2，55，80，144，
　　158，185

林登刺叶椰*　8

鳞秕省藤　126

鳞果桐　106

鳞果椰　131

鳞皮金棕　100

鳞皮飓风椰子　100

鳞轴椰*　137

玲珑椰　97

玲珑椰子　73

玲珑竹节椰*　73，149

菱叶棕*　3，105，184

菱羽桃椰*　90

琉球椰　139，151

硫球椰子　139

柳条省藤*　53，127，146，
　　149，183

六列山槟榔*　55，81

龙鳞桐　116，165

龙血藤*　168

龙州石山棕　103

龙州棕竹　115

龙棕*　3，5，56，64，118，
　　151，171，185

鲁氏鱼尾葵*　160

露沙棕　116

露莎箬棕　116

吕宋糖棕　100，121，158，
　　197

绿茎坎棕　97

略粗壮国王椰*　151，160，180

伦达棕　135

轮刺棕*　14，87

轮羽椰*　3，90，152，157，
　　159，181，186，202

罗比亲王海枣　111

罗比亲王椰子　111

罗氏菜棕　84

螺旋蜡轴椰*　86

螺旋圣诞椰　86

螺旋棕　99

洛亚尔堤刺葵　75

略粗壮国王椰*　151，160

麻鸡藤*　9，52，95，182

麻林猪桐　85

马达加斯加葵　101

马岛窗孔椰*　93，148，178，
　　181

马岛国王椰*　151，180

马岛散尾葵　101

马岛树头桐　72

马岛糖棕*　148，153，158

马岛椰*　11，101，149
　　154，169，178

马岛轴桐*　101

马登椰子　13

马吉纳拉棕　84

马卡氏皱子棕　83

马克圣诞椰　131

马拉雅栗椰*　159

马来刺果椰*　102，160，
　　179，184

马来刺椰　80

马来葵　105

马来凸果桐　102

马来椰　89，147

马里帕帝王椰*　147，153

马利蒲葵　108

马鲁古隐萼椰　120

马南扎里马岛椰*　149，179

马尼拉省藤*　125，154，182

马尼拉椰子　123

马氏海桃椰子　83

马氏加西亚椰　121

马氏马岛椰*　149，178

马氏射椰子　83

马氏缩果棕　83

马提尼桐*　117，203

马提尼西雅椰子　117

马提尼棕　117

马亚根锥椰*　121

马椰桐　121

玛瑙省藤*　95，182

玛瑙椰*　109

麦氏葵　83

麦氏皱籽椰*　83，123

毛冻椰　120

毛梗椰*　134

毛花帽棕*　54，105

毛花轴桐　105

毛华盛顿棕　87

毛鳞省藤*　53，127，154

毛鞘帝王椰*　91，148，
　　153，156，159，168，
　　178，181

毛鞘象牙椰*　148

毛芮蒂棕　129

毛瑞桐　129

毛西雅椰子　117

茂列蒲葵　108

帽萼棕　120

梅里叉序棕*　84

梅里蒲葵　84

梅索拉椰　129

美苞藤*　16

美冠山槟榔　138

美兰葵　114

美丽金果椰*　101，179，
　　184

美丽膨颈椰*　75

美丽蒲葵*　54，108，109，
　　150，155

美丽散尾葵* 100
美丽亚达利棕 93
美丽针葵 111，131
美丽直叶桐* 93，157，181
美丽直叶椰子 93
美洲酒椰 114
美洲藤* 3，100
美洲油椰* 3，92，128
美洲油棕 128
美洲竹节椰* 72
勐海省藤 95
勐腊鞭藤* 52，125，182
勐龙省藤 126
勐捧省藤 127
蒙氏贝棕 131
蒙特假槟榔 133
孟加拉贝叶棕 121
迷你椰 117
迷人拟散尾葵 102
米斗 120
米拉瓜银棕 99
秘鲁凤尾棕 85
秘鲁高跷椰 133
秘鲁棕 104
密花唇苞棕* 102
密花琴叶椰 118
密花省藤 124
密花瓦理棕* 56，118
密花苇椰 102
密花小堇棕 118
密节竹 114
密鳞椰* 134
密叶蒲葵* 12，108
绵毛刺菜椰* 79，151，179，
　　184
棉包椰 120
棉毛叉序棕* 84
棉毛蒲葵 84

缅甸省藤 124
缅甸鱼尾葵 134
民都鲁轴桐* 13
摩里金果椰 76
摩鹿加椰 121
莫尔马岛椰* 76
墨脱省藤 124
墨西哥菜棕* 116
墨西哥根锥椰* 102
墨西哥果桐 123
墨西哥加西亚棕 102
墨西哥箬竹 116
墨西哥箬棕 116
墨西哥桃桐 123
墨西哥桃棕 123
墨西哥星果椰* 123，148
墨西哥袖珍椰 73
墨西哥竹节椰* 73
木果椰 72
木鲁星果椰* 147，153，156，
　　168
木糖桐 71
木糖棕 71
木藤 126
穆鲁星果椰* 153
耐久金果椰 135
男爵金果椰 135
南巴省藤* 53，126，146，
　　154，182
南方酒椰 113
南方蒲葵 108
南方省藤* 95
南非丛椰* 137，155
南非酒椰 113
南格拉棕 104
南美布迪椰子 95
南美弓葵 95
南美皇后椰* 85

南美酒椰* 114，158
南美桐* 79，155
南美椰 78
南美针棕 86
南亚桐 128
南亚棕 109
南椰 91，164
囊金果椰 135
嫩茎纤叶椰 128，136
尼梆刺椰 79
尼古拉射叶椰 113
尼卡椰子 139
尼科巴毛梗椰* 134
尼可巴椰 134
尼可巴棕 134
尼氏射叶椰* 113
尼氏皱籽椰 113
拟散尾葵* 75，135，150，
　　154
拟圣诞椰 86
念珠状菜椰* 128，150，
　　154，170，179，184
怒江棕榈 118
女王椰子 137
诺福克椰* 83
诺曼椰 110
糯藤 125
欧氏椰子 92
欧洲矮棕* 19，98，149，
　　183
欧洲桐 98
欧洲扇棕 98
帕拉久巴椰子 138
帕劳单生槟榔* 150
帕劳山槟榔* 81
潘道兰椰子 137
彭生蒲葵 79
膨茎刺椰子 77

膨茎葫芦椰 82
披针叶石山棕* 54
霹雳省藤* 16
皮刺格鲁椰 69
皮刺星棕 123
皮果桐 136
皮沙巴直叶椰子* 92，148，153，168，178，181
拼桐 139，152，186
拼棕 139，186
平叶棕 104
平原星果椰* 153
平原椰子 94
屏边省藤 124
瓶椰 74
瓶棕* 74，154，178，183
婆罗洲垂裂棕* 148，153，178
珀拉哥椰 110
葡萄桐 129
葡萄湿地桐 129
蒲葵* 7，12，54，62，131，137，170，174，175，180，184，186，195，201，202
普莫斯莱棕* 9
普氏马岛椰* 50
普氏隐蕊椰* 96，149，154，178
奇异蜡棕* 99
奇异青棕 83
奇异射叶椰 83
奇异皱子棕 83
奇异皱籽棕 83
乔氏贝棕 86
乔氏圣诞椰 86
乔状省藤* 3
秦氏桐 105
琴叶瓦理棕* 3，56，118

琴叶椰 118
青稞金果椰 101
青稞金椰 101
青稞马岛椰
青仔 69，171
青棕 140
琼氏马岛椰* 76，160
琼棕* 2，54，127，183
球果无量山省藤 127
球状马岛椰* 150
曲叶矛桐 129
全叶椰 110
雀稗花省藤* 149，154
裙蜡棕* 14，99，186
裙棕 67，87
攘木 91，164
仁频 69，171
软叶刺葵 111
软叶枣椰 111
软叶针葵 111
软叶棕竹* 115
箬棕 116，165
萨巴棕 116
萨摩亚根柱椰* 73
萨摩亚斜柱椰 73
萨氏高跷椰* 117
塞岛轴桐 107
塞内加尔刺葵 111
塞舌尔王椰* 5，8，132，135，149
塞舌耳刺椰 110
三苞喙苞椰* 179
三角槟榔 76
三角椰* 19，76，131，154，178
三角椰子 76
三角棕 76
三列叶马岛椰* 149，178

三雄蕊槟榔 70
三药槟榔* 2，51，70，131
三药瓦理棕* 56
三叶轴桐* 108
伞椰* 131，136
散尾葵* 2，14，54，64，76，131，169，201，202，203，204
散尾南椰 120
散尾棕 120
桑布兰诺国王椰* 151，155，180
桑给巴尔黄椰 77
沙旦分枝桐 136
沙孤 137
沙捞越鱼尾葵 96
沙捞越轴桐* 3，107
砂糖椰子* 6，52，67，91，131，148，153，159，160，165，178，180
莎木 91，164
山槟榔* 66，138，170
山甘蓝椰 81
山葵 139
山生马岛椰* 149，184
山药槟榔 70
山枣 138
山棕 90，120，139，181，186
山棕桐* 86
扇葵 3，85
扇形马岛椰* 101
扇椰子 71
扇叶葵 137
扇叶树头桐 71
扇叶糖棕 71
扇叶轴桐 106
上思省藤 124

少果酒果椰* 110，150

舌状马岛椰* 149

蛇路国王椰* 138，185

蛇皮果* 131，151，152，
155

射叶银棕* 99，178

射棕 89

伸长钩叶藤* 130，185

伸展山槟榔* 112

肾果彩颈椰 134

肾籽椰* 110

圣诞岛桃椰* 148

圣诞椰* 122，123，152

圣诞椰子 123

圣迪娜坎棕 97

湿地棕* 4，14，66，89

湿生金果椰 102

湿生袖珍椰 73

湿生枣椰 110

石山棕* 19，54，103

石棕 94

食用菜椰 128，157

食用岩桐 94

手杖栗椰 93

手杖藤 126

手枝椰子 129

蔬食埃塔棕 128

双花刺椰* 83

双籽南椰 90

双籽藤 90

双籽棕* 51，90，160，
168，181

水生国王椰* 138

水藤 124

水椰 17，18，54，79，
155，158，179，180，184，
201，202

水柱桐 104

硕大黄藤* 5

丝葵 5，12，56，65，67，
87，156

丝毛尼桐刺椰 79

丝状蜡轴椰* 86

丝状圣诞椰 86

丝状棕竹 103

丝棕竹 103

思惟树 121

斯查兹马岛椰* 184

斯里兰卡刺葵* 111，155，
185

斯里兰卡海枣 111

斯托克椰 109

似廉叶裂坎棕* 97

疏穗省藤 16

苏丹酒椰* 114，122

苏岛山槟榔 112

苏马旺氏钝叶轴桐 107

苏门塔腊棕 105

穗花轴桐* 54，106

穗序椰* 128

穗状隐萼椰* 120，154

梭榈 139，186

所罗门射杆椰 113

所罗门射叶椰* 113

所罗门皱子棕 113

所罗门皱籽椰 113

台湾桃椰 110

台湾海枣 110

台湾糠椰 110

台湾省藤 125

台湾水藤* 52，124，125

太平洋棕* 5，12，82

泰国刺葵* 110，151，155，
180

泰国棕* 105

泰藤* 125，182

唐棕 139，186

糖树 91

糖椰 91

糖棕* 2，11，18，52，62，
65，71，123，148，153，
157，158，167，177，178，
180，181

桃果桐 71

桃果椰子 71

桃果棕 71

桃腊棕 99

桃桐 93

桃棕* 2，8，71，148，152，
153，159，178

藤蔓马岛椰* 3

藤蔓袖珍椰* 3

甜长穗棕* 94，153

甜岩桐 94

铁木 140

同色竹节椰* 96

铜叶葵 74

桶棕 74

土藤* 52，124

团扇葵 121，197

团叶白桐 85

团叶扇葵 85

椭圆果省藤 125

椭圆裂坎棕 97

娃娃金果椰 76

瓦理棕* 56，87，118

瓦努阿图圣诞椰 131

瓦氏叉刺棕 75

瓦氏根刺棕* 8，75，88

瓦氏聚花椰* 85

瓦斯根刺棕 75

王后棕 100

王酒椰* 114

王拉菲亚椰 114

王马岛椰* 19, 76, 149, 202
王糖棕* 72, 153
王椰 139
王银叶棕* 65, 74
王樱桃椰* 82
王棕* 2, 4, 5, 8, 56, 65, 66, 84, 139, 140, 151, 152, 155, 180
网实椰子 100
威氏根刺棕 75
威提亚射叶椰* 113
威提亚皱籽椰 113
微小省藤* 3
韦氏裂果椰 117
维多利亚蒲葵* 109
维拉裂柄椰 134
维罗尼亚椰 75
维氏棱籽椰* 134
苇椰 103
苇椰状竹节椰* 97
尾状羽棕 90
胃状桃榈* 93
魏氏省藤* 16
文笔树 139
文氏水柱椰 77
文雅加罗林椰 75
乌鲁尔省藤* 16
屋顶白腊棕* 74, 178
无瓣苇椰 103
无柄唇苞椰* 103
无柄圣诞椰 86
无刺蒲葵* 122
无茎刺葵* 3, 80, 155, 184
无茎马岛椰* 3
无茎星果椰* 153
无量山省藤* 53, 127, 183

五列皇后椰 117
五列金山椰* 117, 156, 157, 161, 186
五列叶椰 117
五脉刚毛省藤 125
五叶豆棕 85
伍氏蒲葵 84
西澳蒲葵 122
西班牙王棕 83
西谷椰 137
西谷棕* 26, 137, 150, 159, 160
西加省藤* 95, 181, 182
西雅椰子 117
西雅棕 117
西印度箬棕 116
希氏太平洋棕 112
锡兰槟榔* 70
锡兰刺葵 111
锡兰海枣 111
锡兰行李叶椰子 121, 197
溪生马岛椰* 102
溪生隐蕊椰* 72
溪肖椰子 72
溪棕 114
洗瘴丹 69, 171
细尖叶马岛椰* 183
细茎省藤 125
细瓶棕* 65, 99, 178
细箬棕 116
细阔羽椰* 100
细射叶椰 100
细叶棕竹 115
细仔棕 90
细籽南椰 90
细籽棕 90
细棕竹* 55, 115
狭根锥椰* 128

狭菱叶棕* 105
狭叶黄藤* 95
狭叶省藤* 53, 126, 182
夏威夷金棕* 112
夏威夷葵 112
夏威夷太平洋棕 112
夏威夷桐 112
夏威夷椰子 97, 131
仙枣 138
纤根巧椰 118
纤细喀里多尼亚椰 133
纤细帽棕* 12
纤细山槟榔* 55, 81
纤细省藤 125
纤叶椰 81, 128
纤叶棕 117, 128
纤棕竹 115
线穗棕竹 103
线序椰 129
香桃椰* 18, 87, 119, 120, 131, 167
香花椰子 90
香花银棕 98
香花棕 90
香蒲葵 108
香银棕* 98
香棕 120, 139
象鼻棕* 130, 159, 180, 185
小白藤* 52, 124, 168, 182
小布迪椰子* 94
小菜棕 116
小刺鱼尾椰* 69
小钩叶藤* 55, 112
小果长瓣槟榔* 104
小果桃椰* 90, 148, 160
小果射叶椰* 113
小果皱籽椰 113

小果水柱椰* 104
小花豆棕 85
小花桄椰* 52，90
小花扇葵 85
小堇棕 87，118
小琼棕 127
小箬棕 116，165
小山槟榔 137
小省藤* 3，52，125，182
小手杖椰 129
小穗丛生槟榔 104
小穗钩叶藤 112
小穗坎棕 97
小穗水柱椰子* 97，104
小穗竹节椰 97
小瓦理椰 118
小穴椰子 117
小针葵 110
小棕竹 115
肖刺葵 82
肖椰子 96
楔叶唇苞椰* 103，170，179，186
楔叶莩椰 103
新几内亚单茎椰 136
新几内亚红椰* 75
新几内亚腊棕 75
新几内亚射叶椰 113
新几内亚轴桐 107
新几内亚绺子棕 113
新加坡棒椰 115
新加坡垂叶椰 115
新加坡垂羽椰* 115
新西兰椰* 139，151，180
星雌椰 91
星果刺椰子 70
星果椰* 123，148，153
星果棕 123

星棕 70
猩红椰 135
猩红椰子 135
行李桐 121，197
行李叶椰子 121，197
兴楼省藤* 16
杏果椰* 119
杏花棕 90
杏仁直叶椰子* 92
杏叶直叶桐 92
雄伟橄榄椰 105
熊掌棕桐 116
馐菜椰* 128，150，154，169
秀丽青棕 82
秀丽射叶椰 82
秀丽竹节椰 96
袖苞椰* 4，109，157
袖珍矮葵 108
袖珍椰* 4，64，96，149，202
袖珍椰子 96，202
袖珍枣椰 80
袖珍竹节椰 96
袖珍棕 96
锈毛轴桐* 129
锈色轴桐 129
胥余 74，163
旋叶凤尾棕 117
穴穗射叶椰 130
穴穗棕 130
雪佛里椰子 97
雪山棕桐 86
血竭藤* 168
牙买加白桐 85
牙买加菜棕* 84
牙买加箬棕 84
牙买加扇葵 85

牙买加棕桐 85
雅致红轴椰* 78，170，179
雅致轴桐* 107
亚达利亚棕 92
亚达利棕 92
亚历山大椰子 69
亚山槟榔 138
岩海枣 111
岩桐 94
岩枣椰* 111，160
燕尾山槟榔* 55，112
燕尾棕 80
阳春省藤 124
洋射叶椰 83
洋绺子棕 83
瑶山山槟榔 112
瑶山省藤* 52
药用西雅椰子 117
椰瓢 74，163
椰枣 138，155，156
椰子* 2，18，54，62，64，65，74
埕子 69，171
伊拉克蜜枣 138，153
伊拉克枣 138
伊莎贝拉山槟榔* 81
伊氏蒲葵* 122
依可玛葫芦椰 82
依莎比山槟榔 81
迤逦椰* 92
迤逦棕 92
异苞椰 103
异鳞石山棕* 54
异色长穗棕* 94，148
异色山槟榔 80
异味马岛椰 149
异叶巧椰 85
异叶山槟榔* 81

异株省藤* 182
易分山槟榔 81
易混马岛椰* 183
意大利丛桐 138
音乐国王椰 138
银白国王椰 114，197
银海枣 67，80，131
银环圆叶蒲葵 121
银玲珑椰* 17，97
银菱叶棕* 105
银色国王椰子 114
银扇棕* 98，183
银袖珍椰 97
银椰* 75
银叶长穗棕* 94
银叶凤尾棕* 110
银叶国王椰* 114
银叶狐尾椰* 110，150
银叶桐* 104
银叶溪棕 114
银叶椰子 73，114
银叶沼棕 89
银叶棕* 9，67，73，149
银棕 98
隐萼椰 96
印度瓶椰* 136
印度蒲葵* 108，179，184
印尼棒椰* 83
印尼蛇皮果 84
印尼皱籽椰* 83
璎珞椰子* 64，131
樱桃椰* 8，82
樱桃椰子 82
盈江省藤* 53，123，126
　146，154，182
硬果椰* 7，66，67，72，
　149，154
硬果椰子 72

优雅椰子 82
油帝王椰* 93，157，181
油杰森椰 110
油椰 77，161
油椰子 77，161
油直叶桐 92
油棕* 19，54，77，154，
　156，157，158，159，161，
　162，169，184，186
鱼骨葵 91
鱼骨南椰 91
鱼尾刺孔雀椰子 89
鱼尾刺叶椰子 89
鱼尾桃椰* 90，168
鱼尾坎棕 97
鱼尾葵* 53，64，88，131，
　140，141，160，169，178，
　183，201
鱼尾栗椰* 93
鱼尾马岛椰* 102，179
鱼尾省藤* 95，153
鱼尾椰 97，119，140
鱼尾椰子 97
羽叶马岛椰 101
鸳鸯椰子 76
圆叶叉序棕* 9，56，131，
　151，180，203
圆叶刺轴桐* 106
圆叶蒲葵 131
圆叶轴桐* 3，5，13，106
越南蒲葵 79
越南鱼尾葵 121
越王头 74，163
云南省藤* 3，52，123，
　124，146，149，153，
　181，182
云南瓦理棕 118
运河高跷椰 84

早安椰子 86
枣橄子 138
枣椰 67，138
泽生藤* 53，126，182
窄叶马来葵 105
杖藤* 53，126，149，182
杖椰* 93，181
胀节坎棕 73
胀节竹节椰 73
沼地棕 89
沼生轴桐* 107
沼泽刺葵 110
针棕* 83
争议木果椰 100
直刺利棕 100
直立省藤* 3，10，52，
　124，182
智利酒椰子 79
智利蜜椰* 5，65，79，
　155，157，158，159，184
智利糖棕 79
智利椰 79
智利椰子 79，157
智利棕 79
中东矮棕* 109
中国扇棕 139
中华蒲葵 137，174
中华山槟榔 81
中美王棕 83
中美洲根刺棕* 8，74
中穗省藤 126
皱果椰* 82
皱籽椰* 82
朱氏国王椰* 180，185
猪屎藤 112
竹茎玲珑椰 97
竹茎玲珑椰子 73
竹茎袖珍椰* 97

竹茎椰子　97

竹茎竹节椰　97

竹椥　97

竹马刺椰　4，87

竹马椰子　87

爪哇蒲葵　129

爪哇山槟榔*　81

装饰省藤*　167，168

壮窗孔椰*　139

壮干刺葵*　110

壮干海枣　110

壮干棕榈　87

壮蜡棕*　5，19，99

壮丽橄榄椰*　105

壮裙葵　87

壮裙棕　87

紫苞冻椰*　11，18，119，120

紫果桃椰*　91

紫果穴穗椰　130

紫果穴穗棕　130

紫果皱籽椰*　130

紫花假槟榔*　69，90，148

紫假槟榔*　133

紫蓝彩颈椰*　131，134

紫蓝喀里多尼亚椰　134

紫色假槟榔　133

纵花椰*　109

棕榈*　1，2，3，4，5，139，186

棕榈竹　142

棕树　139，186

棕竹*　2，12，55，115，141，142，170，202

钻石椰子　117

嘴状水柱椰　136

注：*代表正名

拉丁名索引

Acanthophoenix 5, 44

A. rubra 18, 133, 148

Acoelorraphe 4, 24

A. wrightii 4, 14, 89

Acrocomia 45, 48

A. aculeata 18, 69, 148, 152, 156, 159,

A. crispa 65,

Actinokentia 38

Actinorhytis 42

A. calapparia 18, 89, 147

Adonidia merrillii 123, 152

Aiphanes 48

A. acaulis 89

A. aculeata 7

A. horrida 2, 89, 148

A. macroloba 90

A. minima 69

Allagoptera 47

A. arenaria 3, 90, 152, 159, 181, 186

A. caudescens 69,

A. leucocalyx 202

Alloschmidia* 42

Alsmithia* 41

Ammandra 50

Ancistrophyllum 17

Ancistropyllinae 26

Angiospermae 1

Archontophoenicinae 35, 37

Archontophoenix 1, 38

A. alexandrae 2, 51, 69, 148, 168, 181, 202,

A. cunninghamiana 69, 90, 148

A. purpurea 133

Areca 1, 40

A. catechu 2, 51, 69, 148, 153, 168, 171, 178, 186, 198

A. cathechu* 171

A. concinna 70

A. faufel* 171

A. flavescens* 203

A. guppyana 70, 197

A. himalayana* 171

A. hortensis* 171

A. hutchinsoniana 70, 148

A. macrocalyx 70, 148, 153

A. nigra* 171

A. triandra 2, 56, 70

A. vestiaria 87, 133, 148, 178

Arecaceae 1

Arecales 1

Areceae 32, 33

Arecinae 35, 40

Arecoideae 21, 31

Arenga 32

A. australasica 70

A. brevipes 90, 148, 178

A. caudata 51, 90, 160, 168, 181,

A. engleri 18, 52, 120

A. hastata 90, 168

A. hookeriana 90

A. longicarpa 52

A. micrantha 52, 90

A. microcarpa 90, 148, 160

A. obtusifolia 91, 148, 153, 178

A. pinnata 6, 52, 91, 148, 153, 158, 160, 178,

A. porphyrocarpa 91

A. undulatifolia 91, 148,

160, 181

A. westerhoutii 52, 91, 157, 164

Asterogyne 50

A. martiana 91

Astrocaryum 48

A. acaule 153

A. aculeatum 123, 148, 153

A. alatum 92

A. campestre 153

A. jauari 148

A. malybo 70

A. mexicanum 3, 123, 148

A. murumuru 153

A. standleyanum 92

A. vulgare 70, 153, 181

Attalea 47

A. allenii 153

A. amygdalina 92

A. butyracea 92, 148, 153, 156, 159, 168, 178, 179, 181

A. cohune 92, 153, 156, 178

A. crassispatha 153

A. funifera 180

A. macrocarpa 92, 148

A. maripa 147

A. phalerata 92, 148, 153, 168, 178, 181

A. rostrata 92, 153

A. speciosa 93, 157, 181

A. spectabilis 93, 157, 181

Attaleinae 45

Baccariophoenicinae 45

Bacillus *licheniformis* 204

B. pumilus 204

B. subtilis 204

Bactridinae 45

Bactris 7, 45, 49

B. caryotifolia 93

B. gasipaes 2, 71, 148, 153, 160, 178

B. guineensis 93, 159

B. major 93, 159

B. maraja 159

B. mexicana 123

B. militaris 93

Balaka 39

B. seemannii 93, 181

Barcella 47

Basselinia 42, 43

B. favieri 71

B. glabrata 148

B. gracilis 133

B. pancheri 134

Beccariophoenix 46

B. madagascariensis 93, 148, 178, 181

Bentinckia 41

B. condapanna 134

B. nicobarica 134

Bessia *sanguinolenta** 197

Bismarckia 26

B. nobilis 2

Borasseae 22, 25

Borassodendron 26

B. borneense 148

B. machadonis 5, 71, 148

Borassus 1, 26

B. aethiopum 65, 71, 153, 158

B. flabellifer 2, 52, 65, 72, 148, 153, 157, 158, 178, 181,

B. madagascariensis 148,

153, 158

B. sambiranense 72

Brahea 25

B. armata 94, 119

B. brandegeci 94

B. calcarea 94

B. dulcis 94, 153

B. edulis 94, 149, 153

Brassiophoenix 39

B. schumannii 134

Brevibacterium sp. 204

Brongniartikentia* 42

Burretiokentia 43

B. hapala 94

B. vieillardii 134

Butia 9, 46

B. campestris 94

B. capitata 94, 153, 157

B. eriospatha 11, 120

B. yatay 95

Butiinae 45

Calamaceae 1

Calameae 26

Calaminae 27

Calamoideae 21, 26, 27

Calamus 1

C. acanthospathus 3, 52, 124, 149, 153, 182

C. angustifolia 95

C. arborescens 3

C. australis 95

C. austro-guangxiensis 52, 124, 182

C. bacularis 181

C. balansaeanus 52, 124, 168, 182

C. beccarii 52, 124,

C. caesius 95, 182

C. calospathus 16

C. caryotoides 95, 154

C. castaneus 167

C. ciliaris 95

C. compsostachys 52, 124, 182

C. dianbaiensis 3, 124, 182

C. didymophylla 168

C. dioicus 182

C. draco 168

C. dracuncellus 168

C. egregious 52, 124, 149, 182

C. endauensis 16

C. erectus 3, 52, 124, 182

C. exilis 167

C. flagellum var. flagellum 52, 124, 149, 154, 182

C. flagellum var. karinensis 52, 125, 182

C. formosanus 52, 125

C. godefroyi 125, 182

C. gracilis 3, 52, 125, 182

C. grandis 181

C. guruba 52, 125

C. henryanus 52, 125, 182

C. ingens 5

C. javensis 167, 181

C. jenkinsiana 3, 52, 108, 125, 182

C. laxissimus 14

C. leptopus 181

C. longispathus 181

C. macrorhynchus 52, 168, 182

C. maculata 168

C. manillensis 125, 154, 182

C. manna 95, 182

C. marginatus 181

C. melanochrous 52

C. menglaensis 9, 52, 95, 182

C. micracantha 168

C. minutus 3

C. multispicatus 52, 125, 182

C. myriacanthus 181

C. nambariensis var. alpinus 3, 53, 125, 154, 182

C. nambariensis var. nambariensis 53, 126, 154, 182

C. nambariensis var. yingjiangensis 53, 126, 154, 182

C. ornatus 167

C. oxycarpus var. albidus 53, 126, 182

C. oxycarpus var. oxycarpus 53, 126, 182

C. palustris 53, 126, 182

C. perakensis 16

C. platyacanthoides 3, 53, 126, 182

C. propinqua 168

C. pygmaeus 5

C. rhabdocladus 53, 126, 149, 183

C. rubra 168

C. simplicifolius 53, 126, 183

C. siphonospathus 53, 95,

C. tetradactyloides 53, 126, 183

C. tetradactylus var. bonianus 53, 126, 183

C. tetradactylus var. tetradactylus 3, 11, 53, 126, 169, 183

C. thysanolepis 53, 127, 154

C. ulur 16

C. verticillaris 167

C. viminalis 53, 127, 149, 183

C. wailing 53, 127, 183

C. walkeri 53, 127,

C. whitmorei 16

C. wuliangshanensis 53, 127, 183

Calospatha* 29

Calyptrocalyx 38

C. hollrungii 96

C. spicatus 120

Calyptrogyne 50

Calyptronoma 49

C. plumeriana 96, 149, 154, 178

C. rivalis 72

Campecarpus* 43

Carpentaria 39

C. acuminate 127, 149

Carpoxylon macrospermum 66, 72, 149, 154

Caryota 1, 32

C. bacsonensis 72

C. cumingii 96, 160, 169

C. maxima 53, 96, 140, 160, 169, 178, 183

C. mitis 2, 53, 134, 158, 160, 169, 202

C. monostachya 2, 53, 120, 169,

C. no 53, 96

C. obtuse 2, 54, 134, 142, 149, 158, 160, 183, 186

C. rumphiana 160

C. sympetala 121

Caryoteae 31, 32

Catoblastus 32, 33

Ceratolobus* 28

Ceroxyleae 30

Ceroxyloideae 21, 30

Ceroxylon 5, 30

C. alpinum 72

C. quindiuense 5, 72

Chamaedorea 5, 31

C. arenbergiana 72

C. brachypoda 72

C. cataractarum 73

C. concolor 96

C. costaricana 96

C. elatior 3

C. elegans 4, 96, 149, 202

C. ernesti−augusti 96

C. erumpens 73

C. falcifera 96

C. geonomiformis 97

C. glaueifolia 73

C. hooperiana 73

C. metallica 17, 97

C. microspadix 97

C. oblongata 97

C. plumose 97

C. radicalis 127

C. schiedeana 97

C. seifrizii 11, 97

C. seifrizii 'Florida broad-leaf' 98

C. stolonifera 3

C. tepejilote 73, 149

Chamaerops 23

*C. excelsa*** 141

*C. fortunei*** 186

C. humilis 19, 98, 149, 183

*C. kwanwortsik*** 141

*C. palmetto*** 165

Chambeyronia 38

C. macrocarpa var. hookeri 98

C. macrocarpa var. macrocarpa 11, 98

Chelyocarpus 12, 22

Chrysalidocarpus* 1, 36

*C. baronii var. littoralis*** 203

*C. glaucescens*** 203

*C. lutescens*** 203

Chuniophoenix 1, 25

C. hainanensis 2, 54, 127, 183

C. humilis 54, 127

Clinosperma 42, 43

C. macrocarpa 134

Clinostigma 42

C. exorrhizum 134

C. samoense 73

Coccothrinax 11, 23

C. alta 98

C. argentata 9, 73, 149

C. argentea 98, 183

C. crinita 74, 180, 183

C. dussana 98

C. fragrans 98

C. inaguensis 98

C. miraguama 99

C. readii 99, 178

C. spissa 65, 74

Cocoeae 32, 45

Cocos 1, 47

*C. indica*** 163

*C. nana*** 163

C. nucifera 2, 54, 65, 74, 149, 158, 163, 169, 178, 183, 187, 197

Colpothrinax 24

C. cookii 65, 99, 178

C. wrightii 65, 74, 154, 183

Copernicia 6, 24, 185

C. alba 74, 186

C. baileyana 99

C. ekmanii 6

C. gigas 99

C. hospital 99

C. macroglossa 14, 99, 186

C. prunifera 99, 154, 159, 160, 169, 183, 185, 186

C. tectorum 74, 178

Corypha 1, 25

*C. guineensis*** 197

C. lecomtei 99

*C. palmetto*** 165

C. taliera 121

C. umbraculifera 2, 54, 121, 154, 158, 160, 169, 178, 183, 197

C. utan 100, 149, 154, 158, 159, 160, 169, 178, 183

Corypheae 22

Coryphoideae 21

Crinum asiaticum 197

Cryosophila 5, 23

C. guagara 74

C. stauracantha 74

C. warscewiczii 75，88

C. williamsii 75

Cyclospatheae 30

Cymbospatha * 29

Cyphokentia 42

C. macrostachya 75

Cyphophoenix 43

C. alba 75

C. elegans 75

C. nucele 75

Cyphosperma 43

Cyrtostachydinae 34，38

Cyrtostachys 38

C. glauca 75

C. ledermanniana 75

C. renda 5，135

Daemonorop * s 28，29

Deckenia 5，44

D. nobilis 7，135

Desmoncus 49

D. orthacanthos 3，100

Dictyocaryum 33

Dictyosperma 42

D. album var. album 11，
100，149

D. album var. aureum 100

Drymophloeus 4，39

D. hentyi 11，112

D. ledermannianum 112

D. litigiosus 100，183

D. olivaeformis 100

Dypsidinae 35，36

Dypsis 1，36

D. acaulis 3

D. ambositrae 76

D. ampasindavae 149，178

D. andrianatonga 169

D. ankaizinensis 149

D. arenarum 100

D. baronii 135，149，154

D. basilonga 149

D. bejofo 101

D. cabadae 101

D. canaliculata 149

D. catatiana 101

D. ceracea 178

D. confuse 135，183

D. crinit 169，202

D. curtisii 101

D. decaryi 19，76，154，
178

D. decipiens 19，76，149，
202

D. faneva 101

D. fibrosa 76，178，183

D. hiarakae 183

D. hovomantsina 149

D. jumelleana 76，160

D. lanceolata 127

D. lastelliana 135，160

D. leptocheilos 135

D. ligulata 149

D. lutescens 2，19，54，
66，76，169，202，203

D. lutescens ' Vartegata ' 66

D. madagascariensis 101，
149，169，178

D. madagascariensis ' White
form ' 11

D. mahia 183

D. malcomberi 149

D. mananjarensis 149

D. moorei 76

D. nauseosa 179

D. nodifera 183

D. onilahensis 77

D. oreophila 184

D. pembana 77

D. perrieri 101，150

D. pilulifera 149

D. pinnatifrons 101

D. prestoniana 150

D. rivularis 102

D. scandens 3

D. schatzii 184

D. thiryana 102，179

D. tokoravina 102

D. tsaratananensis 150

D. tsaravoasira 102，150

D. utilis 135，150，154，
160，179

Elaeidinae 45

Elaeis 1，48

E. dybowskii * 161

E. guineensis 19，54，77，
154，157，158，161，
169，184，186

E. guineensis var. idola-
tricha * 161

E. guineensis var. madagas-
cariensis * 161

E. macrophylla * 161

E. madagascariensis * 161

E. nigrescens * 161

E. oleifera 3，128，157

E. virescens * 161

Eleiodoxa 28

Eremospatha 17，27

Eugeissona 28

E. tristis 102，154，160，
179，184

E. utilis 102，160，179

Eugeissoninae 26

Euterpe 37

E. edulis 128, 150, 154, 169

*E. jenmanii** 139

E. oleracea 136, 150, 154, 157, 159, 170

E. precatoria var. *longivaginata* 77, 155

E. precatoria var. *precatoria* 128, 150, 154, 170, 179, 184

*E. ventricosa** 139

Euterpeinae 35, 36

Gastrococos 48

G. crispa 77

Gaussia 8, 31

G. attenuate 128

G. gomez−pomez 102

G. maya 121

G. princeps 77

Geonoma 49

G. congesta 102

G. cuneata 103, 170, 179, 186

G. deversa 103

G. epetiolata 103

G. interrupta 103, 155, 179

G. longevaginata 103

Geonomeae 32, 49

Gronophyllum 40

G. ramsayi 77, 150

Guihaia 1, 22

G. argyrata 19, 54, 103

G. grossifibrosa 54, 103

G. heterosquama 54

G. lancifolia 54

Gulubia * 40

Halmoorea * 35

Hedychium *flavum* 197

Hedyscepe 37

H. canterburyana 136

Heterospathe 41, 42

H. elata 103, 147

H. elmeri 104

Howea 38

H. belmoreana 104

H. forsteriana 17, 104

Hydriastele 40

H. beguinii 121

H. costata 136

H. kasesa 104

H. microcarpa 3, 104, 155, 158, 160, 179

H. microspadix 104

H. rostrata 136

H. wendlandiana 77, 136

Hyophorbe 31

H. amaricaulis 78

H. indica 136

H. lagenicaulis 3, 19, 78, 144, 150

H. verschaffeltii 65, 78, 150

Hyophorbeae 30

Hyospathe 37

H. elegans 78, 170, 179

Hyphaene *coriacea* 136

H. macrosperma 78

H. thebaica 13, 78, 150, 155, 159, 170, 179, 184

Iguanura 41

I. wallichiana 128

Iguanurinae 34, 41

Inodes *palmetto** 165

*I. schwarzii** 165

Iriartea 33

I. deltoidea 68, 78, 179

Iriarteeae 32

Iriarteinae 32

Iriartella 33

Itaya 22

I. amicorum 104

Jessenia * 37

Johannesteijsmannia 12, 23

J. altifrons 3, 105, 184

J. lanceolata 105

J. magnifica 105

Juania 31

J. australis 137

Jubaea 46

J. chilensis 5, 79, 155, 157, 158, 159, 184

Jubaeopsis 46

J. caffra 137

Kentiopsis 38

K. magnifica 105

K. oliviformis 105

Kerriodoxa 25

K. elegans 105

Korthalsia 10, 27

K. rigida 167

Laccospadix 38

L. australasicus 128

Laccosperma 27

Lanonia *dasyantha* 54, 105

L. gracilis 12

L. hainanensis 54, 105

Latania 9, 26

*L. chinensis** 174

L. loddigesii 88, 106

L. lontaroides 87, 106

L. verschaffeltii 66, 87, 106

Lavoixia * 43

Leiosalacca 27

Leopoldinia 36

L. piassaba 180

Leopoldiniinae 34, 36

Lepidocaryeae 26

Lepidocaryum 30

L. tenue 106

Lepidorrhachis 42

L. mooreana 137

Licuala 1, 3, 24

L. beccariana 12, 129

L. ferruginea 129

L. fordiana 54, 106

L. grandis 3, 106

L. kunstleri 106

L. lauterbachii 107

L. paludosa 107, 150

L. peltata var. peltata 88, 107, 170

L. peltata var. sumawongii 107

L. pumila 107

L. ramsayi 3, 12, 107

L. robinsoniana 107

L. rumphii 107, 170

L. sarawakensis 3, 107

L. spinosa 54, 108, 150, 170, 179, 184

L. triphylla 108

Linospadicinae 34, 38

Linospadix 39

L. minor 129

L. monostachya 129, 150, 184

Livistona 1

L. alfredii 121

L. australis 12, 108, 150

L. benthamii 79, 150

L. chinensis 7, 54, 137, 170, 174, 184, 202

L. decipiens 121

L. decora 12, 108

L. drudei 12, 108

L. eastonii 122

L. fengkaiensis 11

L. humilis 108, 150

L. inermis 122

L. jenkinsiana 108, 179, 184

L. mariae 12, 108

L. mauritiana* 174

L. muelleri 12, 108

L. oliviformis* 174

L. robinsoniana 109

L. saribus 2, 11, 25, 54, 79, 155, 179, 184,

L. sinensis* 174

L. speciosa 54, 109, 150, 155

L. victoriae 109

Lodoicea 12, 26

L. maldivica 4, 129, 150, 155, 170, 179, 184

Louvelia* 31

Loxococcus 40

Lytocaryum 47

Mackeea* 38

Malortieinae 34, 36

Manicaria 35

M. saccifera 4, 109, 157

Manicariinae 34, 35

Marojejya 45

M. darianii 109

Mascarena lagenicaulis* 144

Masoala kona 129

Mauritia 30

M. flexuosa 129, 155,

156, 158, 159, 160, 180, 184

Mauritiella 5, 30

M. armata 79

Maxburretia 23

Maximiliana* 47

Medemia 26

Metroxylinae 26

Metroxylon 28

M. amicarum 129

M. sagu 137, 150, 159, 160

Micrococcus sp. 204

Monocotyledoneae 1

Moratia* 42

Myrialepis 10, 29

Myrialepis paradoxa 54

Nannorrhops 25

M. ritchiana 3, 109, 150, 155

Nelumbo nucifera 197

Nenga 41

N. pumila var. pachystachys 109

N. pumila var. pumila 109

Neodypsis* 36

Neonicholsonia 37

Neophloga* 36

Neoveitchia 41

N. storckii 109

Nephrosperma 45

N. vanhaoutteanum 110

Normanbya 39

N. normanbyi 110, 150

Nypa 30

N. fruticans 55, 79, 155, 158, 179, 184, 202

Nypoideae 18, 21, 30

Oenocarpus 36

O. bacaba 137, 150, 156

O. bataua var. *bataua* 110, 156

O. bataua var. *oligocarpus* 110, 150

O. distichus 137, 159

O. mapora 138

O. regius * 139

Oncocalaminae 27

Oncocalamus 17, 28

Oncosperma 44

O. horridum 79, 150, 170

O. tigillarium 79, 151, 179, 184

O. tinae 34, 44

Orania 35

O. longisquama 179

O. trispatha 179

Oraniinae 34, 35

Oraniopsis 31

Orbignya * 47

Oreodoxa regia * 139

Palandra * 50

Palmae 1

Parajubaea 47

P. cocoides 138, 155

Pelagodoxa 41

P. henryana 110

Phloga * 36

Phoeniceae 21, 25

Phoenicophorium 45

P. borsigianum 110

Phoenix 1, 25

P. acaulis 3, 80, 155, 184

P. canariensis 5, 55, 80, 144

P. cycadifolia * 144

P. dactylifera 4, 55, 138, 151, 155, 158, 170, 179,

P. dactylifera var. *jubae* * 144

P. erecta * 144

P. humilis 2

P. jubae * 144

P. loureiroi var. *loureiroi* 2, 55, 110, 151, 155, 170, 179, 185,

P. loureiroi var. *pedunculata* 110

P. macrocarp * 144

P. paludosa 110

P. pusilla 111, 155, 185

P. reclinata 111, 155, 158, 185

P. roebelenii 55, 111, 159, 202

P. rupicola 111, 160

P. sylvestris 2, 55, 80, 158, 185

P. tenuis * 144

P. vigieri * 144

Pholidocarpus 25

P. kingianus 25

Pholidostachys 49

P. pulchra 111

Physokentia 43

P. dennisii 43

Phytelephantoideae 18

Phytelephas 50

P. aequatorialis 111

P. macrocarpa 129

Pigafetta 29

P. filaris 68, 80, 180

Pigafettinae 27

Pinanga 40

P. acuminate 55

P. adangensis 80

P. baviensis 80

P. bicolana 80

P. caesia 111

P. copelandii 80

P. coronata var. *coronata* 66, 138

P. coronata var. *kuhlii* 138

P. discolor 55, 80

P. disticha 130

P. gracilis 55, 81

P. heterophylla 81

P. hexasticha 55, 81

P. insignis 81

P. isabelensis 81

P. javana 81

P. macroclada 81

P. maculata 112

P. patula 112

P. scortechinii 81

P. sinii 55, 112

P. sylvestris 55, 81

P. tashiroi 55

P. veitchii 112

Piptospatha * 29

Plectocomia 1, 29

P. assamica 55, 130

P. elongata 130, 185

P. himalayana 3, 55, 112, 185

P. microstachys 55, 112

P. pierreana 3, 55, 112

Plectocomiinae 27

Plectocomiopsis 1, 27, 30

Podococceae 32, 33

Podococcus 33

Pogonotium * 28, 29

Polyandrococos * 47

Prestoea 37

P. acuminate 81

Pritchardia 24

P. hillebrandii 3, 112

P. maideniana 112

P. pacifica 12, 82

P. schattaueri 113

P. thurstonii 122

Pritchardiopsis 24

P. jeanneneyi 151

Pseudomonas aeruginosa 204

Pseudophoenix 30

P. ekmanii 82

P. lediniana 82

P. sargentii 8, 82

P. vinifera 65, 82, 159

Ptychococcus 40

P. paradoxus 82

Ptychosperma 40

P. burretianum 113

P. cuneatum 112

P. elegans 82

P. lineare 130

P. macarthurii 83

P. microcarpum 113

P. nicolai 113

P. propinquum 83

P. salomonense 113

P. sanderiana 113

P. schefferi 130

P. waitianum 113

Ptychospermatinae 35, 39

Raphia 26, 28

R. australis 113

R. farinifera 113, 151,
    155, 158, 180, 185

R. regalis 114

R. sudanica 114, 122

R. taedigera 114, 158

R. vinifera 55, 130, 159,
    180, 185

Raphiinae 27

Ravenea 31

R. albicans 151

R. dransfieldii 151

R. glauca 114, 197

R. julietiae 180

R. lakatra 185

R. madagascariensis 180

R. musicalis 138

R. rivularis 114

R. robustior 180

R. sambiranensis 180

R. xerophila 138, 185

Reinhardtia 11, 36

R. gracilis var. gracilis 114

R. gracilis var. rostrata 114

R. latisecta 114

R. paiewonskiana 139

R. simplex 114

Retispatha * 29

Rhapidophyllum 23

R. hystrix 83

Rhapis 1, 23

R. aspera * 141

R. cordata * 141

R. divaricata * 141

R. excelsa 2, 55, 115,
    141, 170, 202

R. flabelliformis * 141

R. gracilis 55, 115

R. humilis var. humilis 55,
    115, 171

R. humilis var. tenerifron

115

R. kwamwonzick * 141

R. laosensis 115

R. major * 141

R. robusta 56, 115

R. subtilis 115

Rhopaloblaste 42

R. augusta 83

R. ceramica 83

R. singaporensis 115

Rhopalostylis 38

R. baueri 83

R. sapida 139, 151, 180

Roscheria 44

R. melanochaetes 83

Roystonea 1, 37

R. altissima 83

R. borinquena 83, 147

R. dunlapiana 84

R. elata * 139

R. floridana * 139

R. jenmanii * 139

R. oleracea 5, 56, 84,
    151, 161

R. regia 2, 56, 84, 139,
    151, 155, 180

R. ventricosa * 139

Roystoneinae 34, 37

Sabal 1, 25

R. bahamensis * 165

R. bermudana 6, 115

R. blackburniana * 165

R. causiara 115

R. domingensis 116

R. jamesiana * 165

R. maritime 84

R. mauritiiformis 116

R. mexicana 116

241

R. minor 13，56，116，151，185

*R. palmetto var. bahamensis** 165

R. palmetto var. palmetto 12，56，116，151，155，165，180，185，202

*R. parviflora** 165

R. rosei 84

*R. schwarzii** 165

*R. viatoris** 165

*Saguerus westerhoutii** 164

Salacca 28

R. affinis 84

R. griffithii 3，56，130，151，155

R. magnifica 116

R. zalacca 130，151，155

*Saribus chinensis** 174

S. merrillii 84

*S. oliviformis** 174

S. rotundifolius 56，151，180，203

S. woodfordii 84

Satakentia 42

S. liukiuensis 139

Satranala decussilvae 84

*Scheelea** 47

Schippia 22

S. concolor 116

Sclerosperma 45

Sclerospermatinae 34，45

Serenoa 24，25

S. repens 12，117，155

*Siphokentia** 40

Socratea 33

S. exorrhiza 4，84，151，180

S. salazarii 117

Sommieria 41

Staphylococcus sp. 204

*Sublimia areca** 171

Syagrus 1，47

S. amara 117，159，203

S. botryophora 85，155

S. comosa 117

S. coronata 117，156，157，161，186

S. macrocarpa 66，117

S. oleracea 117

S. pseudococos 85，156

S. romanzoffiana 2，56，139，151，156，203

S. sancona 85

S. schizophylla 85

S. weddelliana 117

Synechanthus 31

S. fibrosus 118

S. warscewizianus 85

Tectiphiala 44

Thrinax 13，23

S. excelsa 3，85

S. parviflora 85

S. radiate 85

Trachycarpus 1，22

*T. excelsus** 141

T. fortunei 1，56，139，151，171，186，204

T. martianus 86

T. nanus 3，56，118，171

T. princeps 56，118，151，171

Trithrinax 13，22

T. biflabellata 22

T. brasiliensis 86，156，157

T. campestris 86

*Veillonia** 43

Veitchia 39

T. arecina 131

T. filifera 86

T. joannis 86

T. simulans 86

T. spiralis 86

T. vitiensis 118

T. winin 87

Verschaffeltia 44

V. splendida 4，87

*Vonitra** 36

Wallichia 32

W. caryotoides 3，56，118，161

W. disticha 56，118，161

W. gracilis 56，118

W. oblongifolia 56，118

W. triandra 56

Washingtonia 1，24

W. filifera 5，56，87，156

W. robusta 5，56，87，156

Welfia 49

W. regia 119

Wendlandiella 31

Wettinia 17，32，33

Wettiniinae 32

Wodyetia 14，39

W. bifurcata 11，119

Zizania latifolia 146

Zombia 13，23

W. antillarum 14，87

注：黑体为属名，*代表异名。

亚科、族、亚族及属名索引

凹雌椰属* 47
巴帕椰属 33
霸王棕属* 26
北澳椰属 39
北非棕属* 26
贝叶棕亚科* 21
贝叶棕属* 1，13
贝叶棕族* 22
扁果椰亚族* 34，36
扁果椰属* 36
槟榔亚科* 21，31，223，224
槟榔亚族* 35，40
槟榔属* 1，6，40，66，222
槟榔族* 32，33
彩颈椰属* 42，43
彩叶棕属* 9，26
菜椰亚族* 35，36
菜椰属* 37
菜棕属* 1，9，25
侧胚椰属 42
叉刺棕属* 23
叉刺棕属* 5
长穗棕属* 25

橙鞘椰属 42
齿叶椰亚族* 34，41
齿叶椰属* 41
窗孔椰亚族* 34，36
窗孔椰属* 11，36
垂裂棕属* 26
垂羽椰属* 42
唇苞椰属* 49
唇苞椰族* 32，49
刺菜椰亚族* 34，44
刺菜椰属* 44
刺干椰属* 45，48
刺果椰亚族* 26
刺果椰属* 28
刺葵属* 1，25
刺葵族* 21，25
刺瓶椰属 48
刺鞘棕属* 13
刺鱼尾椰属* 48
丛生槟榔属* 40
粗壮椰属 38
大果直叶桐 47
单苞藤属* 17，27
单干鳞果棕属* 30
单梗苞椰属* 31

单生槟榔属 40
单心棕属* 22
单序椰属* 37
帝王椰亚族* 45
帝王椰属 47
帝王椰属* 9
蝶苞椰属* 44
冻椰亚族* 45
冻椰属* 9，46
豆棕属* 13
多鳞藤属* 10，15，29
多蕊象牙椰属* 50
多蕊椰属 47
非洲藤亚族 26
粉轴椰属* 37
凤尾椰属* 45
橄榄椰属* 38
高根柱椰属* 33
戈塞藤属* 10，15，27
根刺鳞果棕属* 5，30
根柱槟榔属* 41
根柱凤尾椰属* 4
根柱椰属* 42
根锥椰属* 8，31
拱叶椰属* 42

243

钩叶藤亚族* 27
钩叶藤属* 1，10，15，18，29，119，222
钩状叶藤亚族* 26
钩状叶藤属* 17
桄椰属* 32
龟果桐属* 12
龟果桐属* 22
国王椰属* 31
哈勒摩里椰属 35
豪威椰属* 38
合被槟榔属 40
红柄椰属* 49
红脉椰属* 5，44
红椰亚族* 34，38
红椰属* 38
红轴椰属* 37
狐尾椰属* 14，39
胡安椰属* 30
环羽椰属* 42
黄藤属 28，29
喙苞椰亚族* 34，35
喙苞椰属* 35
脊果椰属* 47
脊果棕属* 24
脊籽椰属 41
假槟榔亚族* 35，37
假槟榔属* 6
角裂藤属* 15
角裂藤属 28
杰森椰属 37
金刺椰亚族* 27
金刺椰属* 29
金山葵属* 1，47
酒果椰属* 36
酒瓶椰族* 30，31
酒瓶棕属* 31
酒椰亚族* 27

酒椰属* 26，28
巨籽棕属* 12，26
锯齿棕属* 24，25
聚花藤亚族 27
聚花椰属 31
昆士兰裙椰属* 31
阔羽椰属* 4
阔羽椰属* 4，39
蜡椰亚科* 21，30
蜡椰属* 5，30
蜡椰族* 30
蜡轴椰属* 39
蜡棕属* 6，24，185
类钩叶藤属* 1，10，15，30
栗椰亚族* 45
裂柄椰属* 43
裂果椰属* 47
裂鞘椰属 42
鳞果棕属* 30
鳞轴椰属 42
菱叶棕属* 12，23
菱子椰属* 43
琉球椰属* 42
瘤果椰属 41
轮刺棕属* 13，23
轮羽椰属* 47
罗维列椰属 31
马岛窗孔椰亚族* 45
马岛窗孔椰属* 46
马岛椰亚族* 35，36
马岛椰属* 1，6
马氏椰子属 47
毛梗椰属* 41
毛鞘椰属* 33
玫瑰椰属* 38
美苞藤属 29
美洲藤属* 49

密根柱椰属 43
密鳞椰属 43
密序椰属* 45
南非丛椰属* 46
啮籽椰属* 43
欧洲矮棕属* 23
帕兰德拉象牙椰属 50
膨颈椰属* 43
瓶椰属* 42
瓶棕属* 24
蒲葵属* 1，14，25，222，223
鞘刺棕属* 22
琼棕属* 1，25
球棕属* 25
犟毛藤属 28，29
塞舌尔刺椰属* 44
塞舌尔王椰属* 5，44
三叉羽椰属* 39
伞椰属 37
散尾葵属 1
山槟榔属* 40
扇葵属 23
蛇皮果属* 28
肾籽椰属* 45
绳序椰亚族* 32
绳序椰属* 17，32，33
省藤亚科* 21，26，27
省藤亚族* 27
省藤属* 1，10，15，16，17，18，28，29，182，220，221，222，223，224，225
省藤族* 26
石山棕属* 1，22
水椰亚科* 18，21，30
水椰属* 30
丝葵属* 1，14，24

穗序椰属* 38
太平洋棕属* 24
泰国棕属* 25
糖棕属* 1，13，26
糖棕族* 22，25
桃椰族* 30
桃棕属* 7，49
凸花椰属* 33
凸花椰族* 32，33
脱落佛焰苞亚属 29
瓦理棕属* 32
王根柱椰亚族* 32
王根柱椰属* 33
王根柱椰族* 32
王椰亚族* 34，37
王棕属* 1，37
网苞藤属 29
网籽椰属* 33
西谷椰亚族 26
西谷棕亚族* 26
西谷棕属* 28
细鳞椰属* 42，43
线序椰亚族* 34，38
线序椰属* 39
象牙椰亚科* 18，21
象牙椰属* 50
新西兰椰属* 38
星雌椰属* 50
星果椰属* 48
杏果椰属* 49
袖苞椰亚族* 34，35
袖苞椰属* 35
袖珍椰属* 5，31
岩槟椰属* 40
岩棕属* 23
椰子属* 1，47
椰子族* 32，45
异苞椰属* 41，42
银椰属 43
银叶凤尾椰属* 41
银叶狐尾椰属* 39
银叶榈属* 22
银叶棕属* 11，23
隐雌椰属* 50
隐萼椰属* 38
隐蕊椰属* 49
樱桃椰属* 8
硬籽椰亚族* 34，45
硬籽椰属* 45
油椰子属 47
油棕亚族* 45
油棕属* 1，48
鱼尾葵属* 1，9，32
鱼尾葵族* 31，32
泽刺椰属* 28
杖椰属* 39
针棕属* 23
脂种藤属* 27
智利密椰属* 46
中东矮棕属* 25
肿胀藤亚族* 27
肿胀藤属* 17，28
舟状佛焰苞亚属 29
轴榈属* 1，24
皱果椰属* 40
皱籽椰亚族* 35，39
皱籽椰属* 40
纵花椰属* 41
棕榈属* 1，22
棕竹属* 1，23

注：*代表正名。

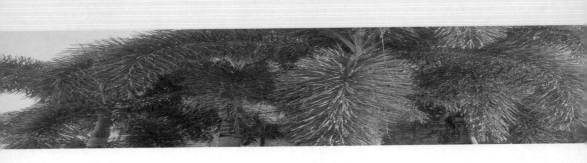

民族名索引

a ri pun　124，126

bin lang　69，171

bu　70

chu　79

dan hong　125，126

dun zhuan meng　139，179，186

dun zhuan wan　142

ga dan ja mu　125

ga dang eng　126

guai　112，130

guo bang　142

guo bao　74，163

guo dao　91，164

guo guo　109

guo hu　140

guo lang　121，197

guo ma　69，74，171

guo ma bao　74，163

haji　112

hewai long　124

he wai wan　124

la wuo buo ma　143

la wuo you di　140

lai ba　144

lai xi pun　140

lei　124

lei bo lei　124

lei lei niu　124

lei lei xiu　124

ma bu　69，171

ma wen　74，163

ma wo man　91，164

mai jing　140

me　140

me wun pun　74，163

sou lou　124

suo yi gang　137，174

suo yi pun　137，139，174，186

tang zan　139，186

wai gan　127

wai hai gong　126

wai ho mu　125

wai lao　112，130

wai men　126

wai nam leng　127

wai nan leng　95，126

wai nuo　125

wai nuo kou　95

wai nuo xian　95

wai xi gai　125

wai xi ling　125

wai xi mi　124，125

wai xian　126

weng　124，126

ye　124，125

zhuan man　77，161

zhuan meng　137，174

zhuan meng din zhang　139

zhuan meng tan　86

zong bie　143

zong gang　90，140

zong shi gang　74，163

zong shi zai　96

民族名代码

D–BN：云南西双版纳傣名

D–DH：云南德宏傣名

H：哈尼族名(云南)

JN：基诺族名(云南)

JP：景颇族名(云南)

Y：彝族名(云南)

Z：德宏载瓦语，属于景颇族(云南)

形态名词解释

苞片(bract)：与花序连在一起的变态叶。

雌蕊体[群](gynoecium)：着生胚珠的花器官，由1个至数个心皮组成，可分为1个子房、1个花柱和1个或几个柱头。

雌雄异株(dioecious)：雄花和雌花着生在不同的植株上。

丛生的/簇生的(caespitose/clustered)：具几个茎。

单生的(solitary)：单茎的，非丛生的。

短枝(spur)：一种短的，常常是弯而尖削的凸起物(见 Kerriodoxa)。

多次开花(结实)的(pleonanthic)：描述花枝连续开花，花后不枯死的现象。

萼片(sepal)：花器官(花萼)的最外面一轮的单个瓣片。

二回羽状叶(bipinnate leaf)：如鱼尾葵属的叶。

二级佛焰苞(secondary spathe)：着生于一级分枝花序轴上的佛焰苞。

分枝花序(partial inflorescens)：通常着生于花序轴上一级佛焰苞口或附近的花序分枝，称为分枝花序。如果整个花序是二回分枝(也有称为分枝至2级，以下类推)，则此分枝花序就是1个小穗状花序(见下条)；若是三回分枝，则此分枝花序上还着生多个小穗状花序，如省藤属的花序。

佛焰苞(spathe)：大型的鞘状苞片，通常指先出叶(prophyll)或花序梗苞片(peduncular bract)；棕榈植物某些种类在花序未抽出时，都有管状、舟状或其他形状的大苞片包着或不完全包着，Beccari 和早期文献均称其为"佛焰苞"(spathe)；近年 Dransfield 等人则称其为苞片(bract)；称套在花序梗上的第一个大苞片为先出叶(prophyll)，以后的1个或几个苞片(不抽生分枝花序的)称其为花序梗苞片(peduncular bracts)，而衬托着一级分枝花序的苞片称为花序轴苞片(rachis bracts)；Bcccari 将佛焰苞描述为不同的级，如一级佛焰苞等。

根（状）茎（rhizome）：根状的地下茎。

根刺（root spines）：由短根发育出的刺。

冠（crown）：着生于茎顶端的叶簇。

冠茎（crownshaft）：由茎顶端的管状叶鞘形成的明显的圆筒，通常无刺，下部常膨大，有些色彩艳丽；如王棕属、槟榔、假槟榔等均具冠茎。

果被（fruiting perianth）：果被发育至成熟时，花被裂片仍保留在果实上，称为结果时的花被；若果被浅裂，则形成杯状或钟状，若深裂则呈平展状或扁平状。

果实鳞片（fruit scale）：在鳞果亚科种类的外果皮覆盖着一层有光泽的覆瓦状排列的鳞片，通常排列成整齐的多数纵列。鳞片的形状特征和列数多少是鳞果亚科特别是省藤属、黄藤属的一个重要分种特征。

果序（infructescence）：着生果实的花序。

合点孔穴（chalazal fovea）：在一些属特别是省藤属的种子腹面中央有一个圆形或椭圆形的凹陷部分，称为合点孔穴；有时则变成一狭长的沟槽。

合心皮果（syncarpous）：具联合的心皮。

合轴的（sympodial）：由许多叠加的分枝组成的茎，没有单一的主轴。

花瓣（petal）：组成花冠的各个瓣片。

花被（perianth）：萼片和花瓣的总称。

花萼（calyx）：花器官的最外面或最下面一轮萼片。

花托（receptacle）：着生花器官（花萼、花瓣、雄蕊、心皮）的中轴。

花序（inflorescence）：着生花的枝条，包括其全部的苞片和枝条。

花序梗（peduncle）：花序下部的不分枝部分。

花序轴苞片（rachis bracts）：包围着花序一级分枝的苞片。

花柱（style）：子房与柱头之间的心皮或雌蕊体的（常常是）变细部分。

戟突（hastula）：一种舌状体，着生于叶柄上面、背面或叶的两面的片状插入物。

假一室（pseudomonomerous）：看似一室，实际上有几室，如一个雌蕊（体）具有一个能发育的心皮和一室，但还存在其他 2 个心皮。

浆果皮（sarcotesta）：棕榈植物中由外果皮发育而来的肉质层。

节（node）：茎上着生叶的部位。

节间（internode）：茎的两片叶之间的连接部分。

近轴的（adaxial）：器官着生于向着轴的一面，如叶的上面（表面），叶柄的上面或管状苞片的内面。

近轴的/近基的（proximal）：最靠近基部的连着点。

具窗孔（fenestrate）：具孔穴或像窗子的开口（如窗孔椰属 *Reinhardtia*）。

具刺叶（acantophyll）：常常是大的，由羽片（小叶）分化而来。

具肋掌状的（costapalmate）：叶的形状像手掌，具短的中肋。

具肋掌状叶（costapalmate leaf）：具掌状叶的叶片，叶柄顶端延伸为短或长的中肋或肋脉者，如贝叶棕属、菜棕属等的对片。

具三对的（trijugate）：指着生 3 对小叶。

具三胚珠的（triovulate）：雌蕊体具 3 个胚珠，每个心皮的室有 1 个胚珠。

具三室的（trilocular）：具 3 个室，通常每室着生 1 个胚珠或种子。

孔穴（pit）：由包围着花的联合苞片形成的凹穴。

离心皮果（apocarpous）：具有离生心皮的果实。

两性的［花］（hermaphrodite）：具有雄蕊和雌蕊体的花。

裂片（segment）：掌状叶或具肋掌状叶的分裂部分，如棕竹属、贝叶棕属、蒲葵属等；以及糖棕亚科的各属的叶片均具裂片。

裂片间纤维（inter segmental fibers）：从掌状叶的裂片之间的中肋（脉）分解出来的纤维。

邻近叶舌型/近距鞘舌型（adjacent-ligular）：种子萌发时，新梢（芽）靠近种子萌发，并由一个叶舌包围着。

芦苇状（arundinaceus）：通常具有像某些草类的空心的茎。有时用于描述棕榈植物。

锚状的（grapnel）：一种具有 3 个或更多个爪钩的小锚。

囊状凸起/膝曲（gibbous/knee）：在叶柄基部的叶鞘上的膨大部分，呈凸圆状或囊状，如省藤属的多数种类，一般无茎或直立茎的省藤属及钩叶藤属的种类的叶鞘不具囊状凸起。

内果皮（endocarp）：果皮的最内一层。

内向折叠（induplicate）：羽片展开前其横断面呈 V 形，如贝叶棕亚科、糖棕亚科、鳞果亚科的多数属的羽片。

偶数羽状的（paripinnate）：均匀的羽状叶，顶端有一对羽片。

胚（embryo）：存在于种子内的雏形植物体。

胚根（radicle）：由胚形成的初生根。

胚乳（endosperm）：在棕榈科植物中种子的营养体。

胚乳嚼烂状（ruminate）：种子的胚乳由于种皮（或珠被）的侵入而形成暗色的极不平整的纹理，如嚼过一样。这种胚乳称为嚼烂状胚乳，如槟榔属、黄藤属和省藤属的一些种类的胚乳。

胚乳均匀或均一状（equable/homogeneous）：种子的胚乳完全均匀一致，如椰子的胚乳。

皮层（cortex）：维管柱与表皮之间的基本组织。

奇数羽状的（imparipinnate）：不均等的羽状（分裂）带顶生的一片小叶。

鞘鞭/花序鞭（flagellum）：一种由花序分化而来的攀缘器官。

全缘叶（entire-leaf）：不分裂的（叶）。

柔荑花序状（catkinlike）：用于描述花朵密集着生在圆柱形的小花轴的情况。

肉穗花序/佛焰花序（spadix）：在棕榈植物中的整个花序。在本书中不使用，因为在其他科植物中有多种解释。

三朵聚生（triad）：指两朵侧生的雄花中间着生一朵雌花的一种特别的花簇，结构上为短的蝎尾状聚伞花序。

三级佛焰苞（tertiary spathe）：着生于二级分枝花序轴上的佛焰苞。

髓（pith）：棕榈植物茎中心的薄壁组织常常是海绵状物。

团集聚伞花序/团伞花序（glomerule）：呈团状着生的花序（见蒲葵属 *Livistona*）。

退化雄蕊（staminode）：发育不全的雄蕊，常常在形状上有很大变化。

托叶鞘（ocrea）：叶柄着生处上面的叶鞘的一个延长部分。在省藤属植物的叶鞘口常见一管状托叶，偶尔劈裂成两部分，多少具硬毛或微刺，或在叶柄腋部退化成短的叶舌，幼时为膜质或纸质，撕裂，最后枯萎或早落，这种结构称为托叶鞘。

外果皮（epicarp）：果皮的最外一层。

外向折叠（reduplicate）：羽片展开前其横断面呈"八"字形，如槟榔亚科多数属的羽片。

网结（anastomose）：通常连接成一种网状物。

无茎的（acaulescent）：无可见的茎。

先出叶/小苞片（prophyll）：着生在花序上的第一个苞片，通常具 2 个龙骨凸起。

纤鞭（cirrus flagellum）：棕榈藤类的攀缘器官有两种，一种是由叶轴顶端延伸成象鞭状的具爪状刺的纤鞭，称为叶鞭（cirrus），它存在于几乎所有具攀缘习性的棕榈藤类，如省藤属、钩叶藤的一些种类；另一种是由叶鞘上抽出的象鞭状的具爪状刺的纤鞭，称为鞘鞭（flagellum），它实际上是幼龄植株上抽出的不育花序，随着植株的成熟，在叶鞘上即抽出花序，则花序轴顶端延伸为纤鞭，一般仅限于省藤属的一些种类。

小苞片（bracteole）：着生在花梗（柄）上的小型苞片，甚至当花是无梗时，它常常是宿存的。

小佛焰苞（spathel）：最末一级分枝（即小穗轴）上的佛焰苞，也称小穗轴苞片（rachilla bracts），它直接着生花朵。

小窠（areola）：在省藤属的种类中，在雌花总苞外侧有 1 个着生中性花的通常为新月形的孔眼，称为"小窠"。它通常是无梗的，但在某些种如滇南省藤中是具短梗的。

小鳞片（ramenta）：稍薄的常常带有不整齐的边的鳞片。

小瘤突（tubercles）：短粗的宿存花柄，像一个小圆丘（驼峰）（见贝叶棕类植物）。

小穗轴（rachilla）：着生花的小枝。

小穗状花序（spiklet）：即花序的最末一级分枝，呈穗状，其上直接着生花朵，在一些属特别是省藤属的种类中，每朵花着生在小穗轴上的小佛焰苞内。

小羽片（pinnule）：一片二回羽状叶的小叶（羽片）。

蝎尾状聚伞花序（cincinnus）：一个花簇里，相继的一朵花着生在前一朵花的花梗上的小苞片的腋部。

序梗苞片（peduncular bracts）：在主花序的主轴上先出叶与第一个花序轴苞片之间的空苞片。

叶柄（petiole）：一片叶子的柄。

叶间的（interfoliar）：着生于叶之中。

叶鞘（leaf-sheath）：叶柄的基部常常延扩成管状或圆筒状，包围或不完全包围着茎，称为叶鞘。有的在成熟时往往劈裂或脱落，上面常具刺，如省藤属、钩叶藤属中具攀缘茎的种类；在非攀缘茎的种类中，叶鞘则多少沿腹面张开（部分包茎）；在另一些属如鱼尾葵属、棕竹属、桄榔属、瓦理棕属等的叶鞘还具网状纤维。

叶鞘（sheath）：叶的最下部分或基部最初总是管状，但在成熟过程中或成熟之后常常劈裂。

叶舌（ligule）：叶鞘顶端的凸起物。

叶下的（infrafoliar）：着生于叶的下部。

叶缘带（rein）：在棕榈植物中，当复叶展开时，其边缘的脱落性的狭条带。

叶轴（rachis）：叶柄上面着生叶子的轴。

腋生的（axillary）：着生在一个腋部，它是茎与叶或其他由茎产生的器官（如苞片）之间形成的角。

一次开花/结实的（hapaxanthic/monocarpic）：植株开花结果一次，然后整个死去。

一级佛焰苞（primary spathe）：着生在花序梗和主轴上的佛焰苞。

羽片/小叶（pinna/leaflet）：棕榈植物羽状叶的种类中，其叶上的小裂片；鳞果亚科的绝大多数的属和槟榔亚科的属的多数种类的叶具羽片。

羽片部分（pinniferous part）：一般指具纤鞭的羽状叶中，其着生羽片的叶轴部分，如省藤属、黄藤属、钩叶藤属中叶具纤鞭的种类。

羽状的（pinnate）：羽毛状侧生的中肋或小叶（羽片）从一个中轴生出。

原始叶/过渡叶(eophyll)：实生苗的第一片叶。

远距管状型/远距叶鞘型(remote-tubular)：种子萌发时，幼小植株通过长管状的无叶舌的子叶柄来同种子连接。

远轴的/远基的(distal)：离着生处最远的。

远距叶舌型/远距鞘舌型(remote-ligular)：种子萌发时，幼小植株通过长管状的着生有叶舌的子叶柄来同种子连接。

杂性同株(polygamo-monoecious)：单性花(雄花或雌花)和两性花着生在同一植株上。

杂性异株(polygamo-dioecious)：单性花(雄花或雌花)和两性花着生在不同的植株上。

掌状的(palmate)：形状像一个手掌，所有的中肋(脉)或裂片均由一个中心部位生出。

支柱根(stilt root/prop root)：斜向生长的侧根，常常较粗，如 *Socratea* 的支柱根。

中果皮(mesocarp)：果皮的中间一层。

中性花(neuter flower)：在省藤属的种类中，每朵雌花侧边往往伴生 1 朵不育、形似雄花但较细小的花，称为中性花。

种脊(raphe)：种子的脊或凹陷部分，通常是产生维管状分枝的地方。

珠被(integument)：包围着胚珠的一层覆盖物。

珠孔(micropyle)：通过胚珠的珠被的一个孔眼。

柱头(stigma)：雌蕊体上的花粉受体。

子房(ovary)：雌蕊内部着生有胚的部分。

总苞(involucre)：在省藤属的种类中，包在雌花或雄花的花被外面的杯状(罕为环状，小苞片状)的梗。

总苞托(involucrophore)：仅见于省藤属的雌花中，在总苞外面套着或托着的杯状或小苞片。

致　谢

　　自 1989 年承担国家自然科学基金"西双版纳藤类竹类资源的民族植物学研究"开始，30 年的风风雨雨，认识棕榈植物，喜爱棕榈植物，流连于棕榈植物的世界，前辈的指导和关心，亲友的支持和帮助，激励我一直向前，收获满满，成就此书。

　　中国科学院昆明植物研究所陈三阳研究员、裴盛基研究员，菲律宾大学（University of the Philippines Los Banos）Mercedes U. Garcia 教授/博士、Edwino S. Fernando 教授/博士、Rodel D. Lasco 教授/博士，指引我走向棕榈植物研究的殿堂。

　　中国科学院西双版纳热带植物园陶国达高级工程师、胡建湘高级工程师、星耀武研究员/博士、杨海鸥先生等，西南林业大学杨宇明教授/博士、陈国兰副研究员/博士等，给予了作者大力支持和帮助。

　　国际竹藤中心江泽慧教授/主任、费本华研究员/博士、刘杏娥研究员/博士、范少辉研究员/博士、刘广路研究员/博士等，中国林业科学研究院热带林业研究所李荣生副研究员/博士、尹光天研究员/博士、黄世能研究员/博士等，中国科学院华南植物园郭丽秀博士、何洁英女士等，给予了作者极大的关心和帮助。

　　云南省德宏傣族景颇族自治州林业科学研究所张恩向高级工程师、余贵湘高级工程师、卢靖高级工程师、何明阐工程师，德宏傣族景颇族自治州林业和草原局邹丽高级工程师、钱强先生、杨正华教授级高级工程师等，德宏傣族景颇族自治州瑞丽市林业和草原局赵见明教授级高级工程师、李黎女士，西双版纳傣族自治州勐腊县尚勇中学原校长李学、勐海县人民医院李家文主任医师，红河哈尼族彝族自治州林业局黄庭国先生、人防办王正友先生，红河哈尼族彝族自治州林业科学研究所张荣贵高级工程师、楚永兴高级工程师，以及作者的学生——彭超、王文俊、苏柠、张江、董诗凡、李斌、张之春、于国栋、鲍雪纤、郑书禄、李杨涛等，支持和参与了较多的棕榈植物野外调查、试验研究工作。

云南省、海南省、广东省和广西壮族自治区多地相关政府部门和众多民间朋友的帮助支持和知识分享，也是本书得以完成的保障。

还有许许多多未列名字的老师、朋友和学生，给予了本书撰写极多的支持。

特别感谢西南林业大学、中国科学院昆明植物研究所、中国科学院西双版纳热带植物园，为作者提供的科研条件和优良环境，促进作者不断前行。

滴水之恩，铭记于心！